TRAINING

Gymnasium

Mathematik 5. Klasse

Klaus Muthsam

STARK

Autor: Klaus Muthsam war nach dem Lehrerexamen zunächst zwei Jahre als Projektingenieur im IT-Bereich tätig. Seit 2002 unterrichtet er an Gymnasien in München bzw. Schongau die Fächer Mathematik und Physik. Neben einer Stärkung des naturwissenschaftlich-technologischen Ausbildungszweigs liegt ihm vor allem die mathematische Grundwissenssicherung am Herzen.

www.stark-verlag.de
1. Auflage 2017

Inhalt

Vorwort
So arbeitest du mit diesem Buch

Methoden **1**

Natürliche Zahlen **5**
1 Einführung der natürlichen Zahlen 6
2 Große natürliche Zahlen 10
3 Zahlenmengen 13
4 Vielfachen- und Teilermenge einer Zahl 16
5 Elemente von Zahlenmengen 19
6 Der Zahlenstrahl 20
7 Runden 21

Addition und Subtraktion natürlicher Zahlen **23**
1 Addition natürlicher Zahlen 24
2 Subtraktion natürlicher Zahlen 27
3 Terme 32
4 Rechengesetze beim Addieren und Subtrahieren natürlicher Zahlen 34

Ganze Zahlen **37**
1 Die Menge der ganzen Zahlen 38
2 Zahlengerade, Gegenzahl, Betrag 40
3 Anordnung der ganzen Zahlen 43
4 Rechnen mit negativen Zahlen 45
4.1 Addition 46
4.2 Subtraktion 47
Vermischte Aufgaben 49

Geometrische Grundbegriffe **53**
1 Koordinatensystem 54
2 Strecke, Halbgerade, Gerade 58
3 Senkrechte und parallele Geraden, Abstand 60
4 Kreise 65
5 Winkel 71
5.1 Allgemeine Winkel 71
5.2 Winkel in Grad 73
6 Figuren 78

Multiplikation und Division natürlicher Zahlen **83**
1 Multiplikation natürlicher Zahlen 84
2 Die Rechengesetze bei der Multiplikation 86
3 Die schriftliche Multiplikation 90
4 Baumdiagramme 92
5 Potenzieren 95
6 Division natürlicher Zahlen 98
7 Die Rechengesetze bei der Division 101
8 Die schriftliche Division 103
9 Primzahlen und Primfaktorzerlegung 105

Multiplikation und Division ganzer Zahlen **107**
1 Multiplikation ganzer Zahlen 108
2 Division ganzer Zahlen 110
3 Kombination der Grundrechenarten 112
4 Lösung von Sachaufgaben 115

Größen und Einheiten **119**
1 Größen und Einheiten 120
2 Länge 122
3 Masse 125
4 Geld 126
5 Zeit 127
6 Addition und Subtraktion von Größen 129
7 Multiplikation und Division von Größen 132
8 Dreisatz 134
9 Maßstab 136

Flächen **139**
1 Flächeninhalt und Flächeneinheiten 140
2 Flächeninhalt und Umfang von Rechtecken 145
3 Flächeninhalt weiterer Figuren 148
4 Körper, Netze und Schrägbilder 151
5 Oberflächeninhalt 157

Grundwissen der 5. Klasse **159**

Lösungen **169**

Autor: Klaus Muthsam

Vorwort an die Schüler

Liebe Schülerin, lieber Schüler,

du hast die Grundschule erfolgreich abgeschlossen und besuchst jetzt das Gymnasium. Wahrscheinlich ist dir aufgefallen, dass du einige Themen bereits aus der Grundschule kennst, die am Gymnasium nun vertieft behandelt werden.

Mit diesem auf den Lehrplan abgestimmten Trainingsbuch kannst du den **gesamten Unterrichtsstoff** für Mathematik in der **5. Klasse** selbstständig wiederholen und dich optimal auf Klassenarbeiten/Schulaufgaben vorbereiten.

- Wie du geschickt auch an schwierige Mathematik-Aufgaben herangehst, erfährst du im Kapitel **Methoden**.
- In den weiteren Kapiteln werden alle **unterrichtsrelevanten Themen** aufgegriffen und anhand von ausführlichen **Beispielen** veranschaulicht. **Hilfreiche Hinweise** erklären dir die einzelnen Rechen- oder Denkschritte genau. Die Zusammenfassungen der **zentralen Inhalte** sind außerdem in farbiger Schrift hervorgehoben.
- **Zahlreiche Übungsaufgaben** mit ansteigendem Schwierigkeitsgrad bieten dir die Möglichkeit, die verschiedenen Themen einzuüben. Hier kannst du überprüfen, ob du den gelernten Stoff auch anwenden kannst. Komplexere Aufgaben, bei denen du wahrscheinlich etwas mehr Zeit zum Lösen brauchen wirst, sind mit einem ✱ gekennzeichnet.
- Zu allen Aufgaben gibt es am Ende des Buches **vollständig ausgearbeitete Lösungen** mit **ausführlichen Hinweisen**, die dir den Lösungsansatz und die jeweiligen Schwierigkeiten genau erläutern.
- Begriffe, die dir unklar sind, kannst du im **Grundwissen der 5. Klasse** nachschlagen. Dort sind alle wichtigen Definitionen zusammengefasst, die du am Ende der 5. Klasse wissen musst.

Ich wünsche dir gute Fortschritte bei der Arbeit mit diesem Buch und viel Erfolg in der Mathematik!

Klaus Muthsam

Vorwort an die Eltern

Liebe Eltern,

ich freue mich, dass Sie Ihr Kind auf dem Weg durch das Gymnasium unterstützen, und wünsche Ihnen dabei viel Erfolg.

Das Buch ist eine ideale Hilfe, Ihrem Kind die Umstellung von der Grundschule auf das Gymnasium zu erleichtern. Es enthält den gesamten **Unterrichtsstoff** im Fach Mathematik der 5. Klasse in prägnanter und schülergerechter Form und ist somit eine optimale Ergänzung zum Unterricht:

- Mithilfe von eingängigen Beispielen und abwechslungsreichen Aufgaben kann Ihr Kind den gesamten **Unterrichtsstoff nacharbeiten und festigen**.
- Bestehende **Lücken** können leicht **beseitigt** werden, indem Sie das entsprechende Kapitel auswählen, es wiederholen und die zugehörigen Aufgaben rechnen lassen.
- Bei den **vermischten Aufgaben** kann Ihr Kind überprüfen, ob es den gelernten Stoff auch dann anwenden kann, wenn es vorher nicht genau weiß, zu welchem Themengebiet die Aufgabe gehört.
- Ihr Kind kann sich mit dem Buch auch ideal **auf Klassenarbeiten/Schulaufgaben vorbereiten** und am Ende des Schuljahres den **gesamten Stoff wiederholen**.

Ihr Kind hat **verschiedene Möglichkeiten**, mit diesem Buch zu **üben**. Diese sind in dem Abschnitt „So arbeitest du mit diesem Buch" aufgeführt. Beachten Sie dabei Folgendes:

- Ihr Kind sollte die Aufgaben immer selbstständig lösen, ohne den Lösungsteil zu benutzen. Dieser dient nur der Überprüfung.
- Gelingt das Lösen einer Aufgabe nicht, sollte Ihr Kind zunächst die Erklärungen und die zugehörigen Beispiele durcharbeiten und sich anschließend erneut mit der Aufgabe befassen.
- Erscheint die Aufgabe dennoch zu schwierig, sollte Ihr Kind die Aufgabe markieren, sie mithilfe des Lösungsteils bearbeiten und nach einer gewissen Zeit die Aufgabe noch einmal selbst lösen.

Ich wünsche Ihrem Kind viel Freude bei der Arbeit mit dem Buch und anhaltenden Erfolg in der Schule.

Klaus Muthsam

So arbeitest du mit diesem Buch

Besonders effektiv kannst du mit diesem Buch **arbeiten**, wenn du dich an den folgenden Vorgehensweisen orientierst:

- Lies dir zunächst die **Methoden** zur Lösung von Mathematikaufgaben gründlich durch. Versuche dann, dich bei der Bearbeitung der Aufgaben an diese Schritte zu halten.

- Um den **Unterrichtsstoff zu trainieren**, hast du grundsätzlich zwei verschiedene Möglichkeiten:

  Methode 1:
  - Bearbeite zunächst den **Unterrichtsstoff mit den Beispielen**.
  - Löse anschließend selbstständig die **Übungsaufgaben** in der angegebenen Reihenfolge.
  - Schlage bei der **Bearbeitung der Aufgaben** erst dann in den Lösungen nach, wenn du mit einer Aufgabe wirklich fertig bist.
  - Solltest du mit einer Aufgabe gar nicht zurechtkommen, dann markiere sie und bearbeite sie mithilfe der Lösung.
  - Versuche, die Aufgabe nach ein paar Tagen noch einmal selbstständig zu lösen.

  Methode 2:
  - Beginne damit, einige **Übungsaufgaben in einem Kapitel zu lösen** und danach mit den angegebenen Lösungen zu vergleichen.
  - Wenn alle Aufgaben richtig sind, bearbeitest du die weiteren Aufgaben des Kapitels.
  - Bei Unsicherheiten oder Schwierigkeiten **wiederholst du die entsprechenden Inhalte** in den einzelnen Kapiteln.

- Die **vermischten Aufgaben** solltest du erst lösen, sobald du das zugehörige Kapitel sicher beherrschst. Dadurch kannst du überprüfen, ob du die erlernten Lösungsmethoden auch dann anwenden kannst, wenn du vorher nicht genau weißt, aus welchem Themengebiet die Aufgabe kommt.

- An die **komplexeren Aufgaben**, die du an dem ✱ erkennst, solltest du dich erst dann wagen, wenn du die übrigen Aufgaben gut lösen konntest. Lass dich jedoch nicht entmutigen, wenn du bei diesen schwierigen Aufgaben nicht sofort auf eine Lösung kommst.

- Stolperst du in den einzelnen Kapiteln oder den Lösungen über Begriffe, die dir unklar sind, kannst du diese im **Grundwissen der 5. Klasse** nachschlagen. Ebenfalls kannst du damit am Ende der 5. Klasse noch einmal alle wichtigen Definitionen wiederholen.

Methoden

Bei der Bearbeitung einer mathematischen Aufgabe ist das folgende Vorgehen hilfreich.

Schritt 1: Aufgabe verstehen

- **Lies** die Aufgabe zunächst **genau** durch.
- Bei reinen Rechenaufgaben wird dir meistens sofort klar sein, was zu tun ist. Bei Textaufgaben oder geometrischen Fragestellungen sieht man häufig nicht auf den ersten Blick, was **gegeben** und was **gesucht** ist. Hier hilft es, **wichtige Begriffe zu unterstreichen**.
- Wenn du einzelne Ausdrücke in der Fragestellung nicht verstehst, so finde zunächst ihre **Bedeutung** heraus. Dabei helfen dir dein Mathematikheft oder die Erklärungen in diesem Buch. Lass dich nicht entmutigen, wenn du die benötigten Informationen nicht auf den ersten Blick findest. Die **aufmerksame Suche** verschafft dir den notwendigen Überblick über den Stoff.

Schritt 2: Aufgabe lösen

- Beim Lösen der Rechenaufgaben solltest du vor allem auf die **Vorzeichen** und die richtige **Reihenfolge der Rechenschritte** achten.
- Bei Summen und Differenzen ist es hilfreich, sich die Rechnungen auf der **Zahlengerade** vorzustellen.
- Bei geometrischen Problemen kann eine **Skizze** helfen. Oft wird dadurch der Lösungsweg klar bzw. die entstehende Zeichnung erinnert an eine bereits gelöste Aufgabe.
- Auch bei Textaufgaben kann eine **grafische Darstellung** nützlich sein, um die Fragestellung in einen Term zu übersetzen.
- Wenn du keine Lösungsidee hast, solltest du **nach vergleichbaren Aufgaben suchen** und die entsprechenden Lösungen durcharbeiten.
- Achte bei allen Aufgabentypen auf **eine saubere und gut nachvollziehbare Lösung**. Vor allem bei Textaufgaben ist es oft notwendig, Zwischenschritte zu benennen und evtl. sogar knapp zu erklären. Du machst deine Gedankengänge auf diese Weise für dich und andere besser verständlich.
- Vergiss nicht, bei Textaufgaben eine **Antwort** zu formulieren.

Schritt 3: Aufgabe kontrollieren

- Selbst bei einfachen Aufgaben solltest du auf eine **Kontrolle** nicht verzichten.
- Die sicherste Kontrollmöglichkeit besteht in einer **Probe**, bei der du vom Ergebnis ausgehend die Umkehrrechnung durchführst.
- Grobe Fehler kannst du mithilfe einer **Überschlagsrechnung** ermitteln, bei der die beteiligten Zahlen stark gerundet werden und die so vereinfachte Rechnung meist im Kopf durchgeführt werden kann.

- Wenn du einen **Fehler** entdeckst, solltest du ihn **deutlich markieren** und die Aufgabe **ausführlich verbessern**. Verwende dabei weder Radiergummi noch Tintenkiller, sondern schreibe die Aufgabe noch einmal korrekt auf. So lernst du am besten aus deinen Fehlern.

Beispiel

Michael arbeitet in der ersten Ferienwoche in einem Getränkemarkt und verdient pro Stunde 11 €. Am Montag schließt das Geschäft bereits am Mittag und Michael hat daher einen kurzen Arbeitstag. Dafür arbeitet er am Dienstag doppelt so lang wie am Montag und am Mittwoch sogar noch eine Stunde länger als am Dienstag. Am Donnerstag arbeitet er von 7 Uhr bis 12 Uhr und von 13 Uhr bis 16 Uhr – das ist so lang wie am Dienstag. Am Freitag verzichtet Michael auf die Mittagspause und arbeitet auf diese Weise eine Stunde länger als am Donnerstag.
Berechne Michaels Gehalt für die ganze Woche.

Lösung:

Schritt 1: Aufgabe verstehen

Wichtige Informationen:

- Michaels **Stundenlohn** in Höhe von 11 €
- **Anzahl** seiner täglichen Arbeitsstunden

Die täglichen Arbeitsstunden müssen geschickt durch die Informationen zu den einzelnen Tagen erarbeitet werden.

Schritt 2: Aufgabe lösen

Die **Informationen** zu den einzelnen Tagen können **grafisch** in Form einer Tabelle dargestellt werden:

Montag	Dienstag	Mittwoch	Donnerstag	Freitag
Halb so lang wie am Dienstag → 8 h : 2 = **4 h**	Wie Donnerstag → **8 h**	Eine Stunde länger als am Dienstag → 8 h + 1 h = **9 h**	7–12 Uhr und 13 –16 Uhr → 5 h + 3 h = **8 h**	Eine Stunde länger als am Donnerstag → 8 h + 1 h = **9 h**

Durch Addition der täglichen Arbeitsstunden erhält man die **Gesamtarbeitszeit**:
$4\ h + 8\ h + 9\ h + 8\ h + 9\ h = 38\ h$

Um Michaels **Gehalt** für die ganze Woche zu berechnen, werden die geleisteten Stunden mit seinem Stundenlohn multipliziert:
$38 \cdot 11\ € = 418\ €$

Antwort: Michael verdient in der ersten Ferienwoche 418 €.

Schritt 3: Aufgabe kontrollieren

- **Überschlage** zunächst, ob die **Gesamtarbeitszeit** von 38 Stunden für die fünf Arbeitstage stimmen kann:
  Für 40 Stunden müsste Michael jeden Tag acht Stunden arbeiten. Ein Blick in die Tabelle zeigt, dass Michael tatsächlich an zwei Tagen jeweils acht Stunden gearbeitet hat. Ein Arbeitstag war deutlich kürzer, zwei andere dafür länger. Auf diese Weise kann Michael durchaus auf die berechneten 38 Arbeitsstunden gekommen sein.
- Die **Multiplikation** der geleisteten Arbeitsstunden mit dem Stundenlohn kann mithilfe einer **Überschlagsrechnung** geprüft werden:
  $38 \cdot 11 \approx 40 \cdot 10 = 400$
  Das berechnete Gehalt von 418 € kann somit stimmen.

Natürliche Zahlen

1 Einführung der natürlichen Zahlen

Bei einem Autorennen müssen zehn Runden gefahren werden. Um die Anzahl der gefahrenen Runden der einzelnen Fahrer zu zählen, werden die Zahlen 1, 2, 3, … benötigt.

Die Zahlen 1, 2, 3, … werden **natürliche Zahlen** genannt.

Es gibt keine größte natürliche Zahl, weil man zu jeder beliebigen Zahl eine Eins hinzuzählen kann, wodurch immer eine größere Zahl entsteht. Die kleinste natürliche Zahl ist die Eins. Die Null gehört nicht zu den natürlichen Zahlen.
Mit den zehn Ziffern 0, 1, 2, 3, 4, 5, 6, 7, 8 und 9 können beliebig große Zahlen aufgeschrieben werden, weil wir ein **Stellenwertsystem** verwenden, bei dem der Wert jeder Ziffer von ihrer Position innerhalb der Gesamtzahl abhängt.

Da wir mit zehn verschiedenen Ziffern arbeiten, wird unser Zahlensystem auch als **Zehner-** oder **Dezimalsystem** bezeichnet.

Beachte den Unterschied zwischen **Ziffer** und **Zahl**: Einstellige Zahlen bestehen nur aus einer Ziffer, mehrstellige Zahlen bestehen aus mehreren Ziffern.

Beispiele

1. zweitausenddreihundertdrei

T	H	Z	E
2	3	0	3

$\mathbf{2} \cdot 1\,000 + \mathbf{3} \cdot 100 + \mathbf{0} \cdot 10 + \mathbf{3} \cdot 1 = 2\,303$

dreitausendzweiunddreißig

T	H	Z	E
3	0	3	2

$\mathbf{3} \cdot 1\,000 + \mathbf{0} \cdot 100 + \mathbf{3} \cdot 10 + \mathbf{2} \cdot 1 = 3\,032$

2. Aus der sechsstelligen Zahl 785 179 sollen zwei Ziffern gestrichen werden, sodass
   a) eine möglichst große Zahl entsteht.
   b) eine möglichst kleine Zahl entsteht.

   Lösung:

   a) Um die größtmögliche Zahl zu erhalten, muss ganz links an der **Tausenderstelle** eine möglichst **große** Ziffer stehen. Die größte in 785 179 vorkommende Ziffer ist zwar die 9, diese kann durch Wegstreichen von 2 Ziffern aber nicht an die Tausenderstelle gebracht werden. Möglich ist das jedoch bei der Ziffer 8, indem die 7 ganz links gestrichen wird. Dadurch entsteht die fünfstellige Zahl 85 179.
   Durch Streichen der nächsten Ziffer muss an der **zweiten Stelle** eine möglichst große Ziffer stehen. Man kann weder die 7 noch die 9 an die zweite Stelle bringen, sodass die 5 an dieser Position passt. Die an dritter Stelle stehende 1 muss dagegen gestrichen werden, weil dadurch die größere Ziffer 7 aufrückt. Insgesamt erhält man die Zahl 8 579.

   b) An der **Tausenderstelle** ganz links muss eine möglichst **kleine** Ziffer stehen. Das erreicht man, indem man die vordere 7 und die 8 streicht. Dadurch erhält man die Zahl 5 179.

3. a) Wie viele verschiedene zweistellige Zahlen kannst du aus den Ziffern 1, 3 und 5 bilden, wenn jede Ziffer nur höchstens einmal verwendet werden darf?
   b) Wie viele verschiedene zweistellige Zahlen kannst du bilden, wenn jede der drei Ziffern 1, 3 und 5 beliebig oft verwendet werden darf?

   Lösung:

   a) Aus den vorgegebenen Ziffern wird eine ausgewählt, die an der Zehnerstelle stehen soll. Hierfür gibt es 3 verschiedene Möglichkeiten:
   1__, **3**__ und **5**__
   Für die **Einerstelle** darf nur noch aus den jeweils verbliebenen **2 Ziffern** ausgewählt werden. Für jede der 3 Möglichkeiten, die Zehnerstelle zu besetzen, gibt es somit 2 Möglichkeiten für die Einerstelle.
   Insgesamt können also **3 · 2** = 6 verschiedene Zahlen gebildet werden:
   13, 15, 31, 35, 51, 53

   Kurzform: $\underline{}\ \ \underline{}$
   $3 \cdot 2 = 6$

   Es gibt **3 · 2** = 6 Möglichkeiten.

   Zeichne für jede zu besetzende Stelle einen Platzhalter und schreibe darunter die Anzahl der möglichen Ziffern. Diese Ziffern müssen miteinander multipliziert werden.

b) Wieder gibt es 3 Möglichkeiten, die Zehnerstelle zu besetzen: **1__**, **3__** und **5__**
Da jede der 3 Ziffern beliebig oft verwendet werden darf, kommen in allen 3 Fällen wieder **3 Ziffern** für die **Einerstelle** infrage. Es können daher insgesamt **3 · 3** = 9 Zahlen gebildet werden:
11, 13, 15, 31, 33, 35, 51, 53, 55
Kurzform: __ __
3 · 3 = 9
Es gibt **3 · 3** = 9 Möglichkeiten.

1 Nenne jeweils Vorgänger und Nachfolger der folgenden Zahlen:

999 999 209 999 20 001

10 000 19 999

2 Bilde durch das Wegstreichen von jeweils drei Ziffern eine möglichst große Zahl.
a) 1 905 642 b) 9 182 736

3 Bilde durch das Wegstreichen von jeweils drei Ziffern eine möglichst kleine Zahl.
a) 9 182 736 b) 1 305 642

4 Gib folgende Zahlen an:
a) die kleinste fünfstellige Zahl
b) die größte fünfstellige gerade Zahl
c) die kleinste sechsstellige ungerade Zahl
✱ d) die drittgrößte sechsstellige Zahl

5 a) Wie viele dreistellige Zahlen gibt es, die an jeder Stelle entweder die Ziffer 1 oder die Ziffer 2 haben?
b) Wie viele sechsstellige Zahlen kann man mit den Ziffern 1 und 2 schreiben?
c) Wie viele vierstellige Zahlen kann man mit den Ziffern 1, 2 und 3 schreiben?

6 Wie viele dreistellige Zahlen gibt es, die …
a) eine 3 als Einerziffer haben?
b) keine 3 als Einerziffer haben?
c) eine 4 als Einer- und Hunderterziffer haben?

7 Bestimme folgende Anzahlen:

a) Wie viele natürliche Zahlen sind größer als zehn?

b) Wie viele natürliche Zahlen sind kleiner als zehn?

8 Setze die Zahlenfolgen bei den Punkten jeweils um 5 Zahlen fort:

a) 7, 14, 21, …

b) …, 22, 25, 28

c) …, 78, 90, 102, …

d) 3, 7, 12, 18, …

9 Entscheide, ob du die Zahlenfolgen aus Aufgabe 8 – wenigstens in Gedanken – unendlich weit fortsetzen kannst, und begründe deine Entscheidung.

10 Der Füller von Lukas ist ausgelaufen. Hilf ihm, seinen Aufschrieb wieder komplett zu machen, und gib alle Ziffern an, die anstelle der Tintenflecke stehen können.

a) 7■8 < 769

b) 537 < 5■2

c) 1411 > 1■2■

* d) 3■2 < ■53

* **11** Wie viele dreistellige gerade Zahlen kannst du aus den Ziffern 1, 2, 3, 4 und 5 bilden, wenn jede Ziffer maximal einmal verwendet werden darf?

2 Große natürliche Zahlen

Wie viele Sonnenblumen stehen wohl auf dieser Wiese? Und wie viele Sonnenblumenkerne befinden sich vermutlich in ihren Blüten? Um diese Anzahlen abschätzen zu können, braucht man sehr große Zahlen.

Obwohl es unendlich viele natürliche Zahlen gibt, braucht man nicht viele Begriffe auswendig zu lernen, um auch sehr große Zahlen benennen zu können.

Zahlen wie 1, 10, 100, 1 000, 10 000, …, die nur aus einer Eins und beliebig vielen Nullen bestehen, heißen **Stufenzahlen**. Ab der Tausend hat jede dritte Stufenzahl einen speziellen Namen:

1 000	Tausend
1 000 000	Million
1 000 000 000	Milliarde
1 000 000 000 000	Billion
1 000 000 000 000 000	Billiarde
1 000 000 000 000 000 000	Trillion
1 000 000 000 000 000 000 000	Trilliarde

Kennt man die Namen dieser Stufenzahlen, so kann man jede beliebige Zahl lesen. Damit man die Dreierbündel gut erkennt, werden bei großen Zahlen häufig **Zwischenräume** oder sogar **Punkte** eingefügt.

Beispiele

1. Schreibe 5 009 506 123 321 in Worten.

   Lösung:

   Die letzten sechs Ziffern werden als eine Zahl gelesen. Hier ist das die **Einhundertdreiundzwanzigtausenddreihunderteinundzwanzig**.

Die siebte bis neunte Ziffer von hinten gibt immer an, wie viele Millionen die Gesamtzahl enthält. Hier sind es **fünfhundertsechs Millionen**.
Die zehnte bis zwölfte Ziffer von hinten gibt an, wie viele Milliarden die Zahl enthält. Hier sind es **neun Milliarden**.
An der dreizehnten bis fünfzehnten Ziffer von hinten kann man ablesen, wie viele Billionen die Gesamtzahl enthält. Hier sind es **fünf Billionen**.
Zusammengesetzt ergibt sich die Zahl **fünf Billionen neun Milliarden fünfhundertsechs Millionen einhundertdreiundzwanzigtausenddreihunderteinundzwanzig**.

2. Schreibe als Zahl: dreißig Billionen siebenundsiebzig Millionen fünfundneunzigtausenddreißig.

   Lösung:
   Zwischen Millionen und Billionen gibt es noch die Milliarden. Da die Zahl **keine Milliarden** enthält, müssen an der passenden Stelle **drei Nullen** eingefügt werden. Außerdem dürfen die beiden Nullen vor der 77 und der 95 nicht vergessen werden:
   30 **000** 077 **0**95 030

Beim Schreiben und Lesen von großen Zahlen ist eine **Stellenwerttafel** hilfreich. Sowohl das Umschreiben in Ziffern als auch das Aufschreiben in Worten ist durch Eintragen der einzelnen Ziffern in die richtigen Spalten sehr einfach.

Beispiel

a) Schreibe siebenhundertzwei Billiarden neunundachtzig Millionen zweitausendeins als Zahl.
b) Schreibe 23 004 500 670 089 in Worten.

Lösung:

19.	18.	17.	16.	15.	14.	13.	12.	11.	10.	9.	8.	7.	6.	5.	4.	3.	2.	1.
Trillionen			Billiarden			Billionen			Milliarden			Millionen	Hunderttausender	Zehntausender	Tausender	Hunderter	Zehner	Einer
	7	0	2	0	0	0	0	0	0	0	8	9	0	0	2	0	0	1
					2	3	0	0	4	5	0	0	6	7	0	0	8	9

a) 702 000 000 089 002 001
b) dreiundzwanzig Billionen vier Milliarden fünfhundert Millionen sechshundertsiebzigtausendneunundachtzig

12 Füge Zwischenräume in die Zahlen ein, sodass sie besser zu lesen sind. Schreibe sie anschließend in Worten.

a) 27315 b) 17300200

c) 12345023002001 d) 10020300405006070080900

13 Schreibe in Ziffern.

a) sechshundertsechs Milliarden fünfhundertfünfzig Millionen fünfundfünfzig

b) siebzig Billionen fünfundzwanzig Millionen zweitausendvier

c) fünf Milliarden siebenhunderttausenddreihunderteins

d) fünfzig Trillionen fünfzig

14 Hannah hat in einer Stellenwerttafel mit Plättchen eine Zahl gelegt.

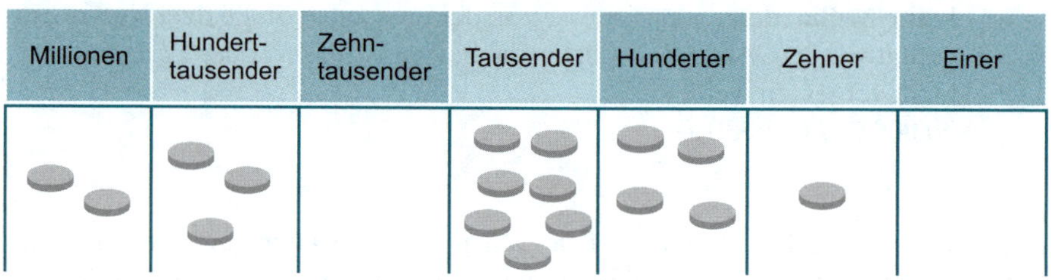

a) Schreibe Hannahs Zahl in Ziffern und in Worten.

b) Verschiebe ein Plättchen so, dass eine möglichst kleine Zahl entsteht. Schreibe diese Zahl in Ziffern.

c) Gehe wieder von Hannahs Anordnung aus und verschiebe jetzt ein Plättchen so, dass die **zweitkleinste** mögliche Zahl entsteht. Schreibe die Zahl in Ziffern.

* d) Welche Zahl entsteht, wenn Hannah in ihrer ursprünglichen Zahl alle geradzahligen Plättchenpakete um zwei Spalten nach rechts und alle ungeradzahligen Pakete um eine Spalte nach links verschiebt? Schreibe die Zahl in Ziffern.

* **15** Die Vorsilbe „bi" bedeutet „zwei" und „tri" steht für „drei".
Betrachte die auf Seite 10 aufgeführten Stufenzahlen bis zur Trilliarde und überlege, wie viele Nullen folgende Stufenzahlen haben:

a) Quadrillion, Quintillion

b) Quadrilliarde, Quintilliarde

Tipp: Als Quad bezeichnet man ein vierrädriges Motorrad. In der Musik spricht man von einer Quinte, wenn zwei Töne 5 Tonstufen voneinander entfernt sind.

3 Zahlenmengen

Eine Fußballmannschaft besteht aus verschiedenen Spielern, die unterschiedliche Positionen einnehmen. So sind z. B. die Stürmer, die Mittelfeldspieler oder auch die Abwehrspieler ein Teil der Mannschaft. Übersetzt man das in die Sprache der Mathematik, handelt es sich bei den Spielern um Elemente einer Menge.

> Als **Zahlenmenge** bezeichnet man eine zusammengehörende Gruppe von Zahlen. Jede in einer Zahlenmenge enthaltene Zahl wird **Element** dieser Menge genannt.

Die natürlichen Zahlen werden als **Menge der natürlichen Zahlen** bezeichnet und mit dem Zeichen **ℕ** abgekürzt. Um zu verdeutlichen, dass die einzelnen Zahlen einer Zahlenmenge angehören, werden sie in geschweiften Klammern notiert. Da es unendlich viele natürliche Zahlen gibt, muss im Anschluss an die ersten natürlichen Zahlen mit drei Punkten angedeutet werden, dass die Klammer noch unendlich viele weitere Zahlen enthält:

$\{1; 2; 3; 4; 5; 6; 7; 8; 9; 10; \ldots\} = \mathbb{N}$

Mengenklammern

Häufig benötigt man bei der Arbeit mit den natürlichen Zahlen zusätzlich die Zahl Null, die in ℕ nicht enthalten ist. Aus diesem Grund wurde die **Menge der natürlichen Zahlen einschließlich der Null** eingeführt:

$\{0; 1; 2; 3; 4; 5; 6; 7; 8; 9; 10; \ldots\} = \mathbb{N}_0$

Sowohl ℕ als auch $\mathbb{N}_0$ sind unendliche Mengen, weil sie jeweils unendlich viele Elemente enthalten.

eispiele

1. Beschreibe in Worten die folgenden Zahlenmengen und gib jeweils an, ob es sich um endliche oder unendliche Mengen handelt:

   a) $A = \{101; 102; 103; \ldots\}$

   b) $B = \{2; 4; 6; 8; \ldots\}$

   c) $C = \{10; 11; 12; \ldots; 98; 99\}$

   d) $D = \{0\}$

Lösung:

a) Die drei Punkte nach der 103 deuten an, dass die Menge A noch weitere Zahlen enthält. Weil die Punkte am Ende der Mengenklammer stehen, folgen unendlich viele Zahlen und A ist daher eine **unendliche Zahlenmenge**. Da es sich bei den drei aufgeschriebenen Zahlen um direkt aufeinanderfolgende natürliche Zahlen handelt, gilt das auch für die unendlich vielen weiteren Zahlen. A ist deshalb die **unendliche Menge** der **natürlichen Zahlen größer als 100**.

b) Wegen der drei Punkte am Ende der Mengenklammer handelt es sich um eine **unendliche Menge**. Weil zwischen den vier aufgeschriebenen Zahlen 2, 4, 6 und 8 jeweils eine Zahl fehlt, gilt dies auch für die unendlich vielen folgenden Zahlen. Etwas ausführlicher könnte man B auch als {2; 4; 6; 8; 10; 12; 14; …} schreiben. B ist die **unendliche Menge** der **geraden natürlichen Zahlen**.

c) Die drei Punkte zwischen 12 und 98 deuten an, dass auch hier noch weitere Zahlen stehen, die aus Zeit- oder Platzgründen aber nicht aufgeschrieben wurden. Weil sowohl vor als auch nach den Punkten Zahlen stehen, wurden aber nicht unendlich viele Zahlen weggelassen, sondern nur die natürlichen Zahlen 13 bis 97. C ist somit die **endliche Menge** der **zweistelligen natürlichen Zahlen**.

d) Die Zahlenmenge D enthält nur die Zahl 0 und ist damit eine **endliche Menge**.
Vorsicht: Auch wenn D nur ein Element enthält, darf man die Mengenklammern nicht einfach weglassen, weil es sich bei **{0}** um eine **Zahlenmenge** und bei **0** um eine **Zahl** handelt.

2. Schreibe die in Worten beschriebene Zahlenmenge in der Mengenklammerschreibweise.

a) A ist die Menge aller dreistelligen natürlichen Zahlen, die ohne Rest durch 50 teilbar sind.

b) B ist die Menge aller zweistelligen natürlichen geraden Zahlen, die größer als 35 und kleiner als 46 sind.

c) C ist die Menge aller natürlichen Stufenzahlen, die kleiner als eine Million sind.

Lösung:

a) Es gibt unendlich viele Zahlen, die **ohne Rest durch 50** geteilt werden können: 50, 100, 150, 200, 250, … Die Menge A enthält davon nur die **dreistelligen Zahlen**: A = {100; 150; 200; …; 900; 950}

b) Gerade Zahlen lassen sich **ohne Rest durch 2 teilen**. Die Zahl 35 ist ungerade und die kleinste in B enthaltene Zahl ist deshalb die 36. 46 ist zwar eine gerade Zahl, aber in B sollen nur gerade Zahlen **kleiner als 46** enthalten sein. Somit gilt: B = {36; 38; 40; 42; 44}

c) Als **Stufenzahlen** werden alle Zahlen bezeichnet, die aus einer Eins gefolgt von beliebig vielen Nullen bestehen. Gesucht ist deshalb folgende Menge: C = {1; 10; 100; 1 000; 10 000; 100 000}

16 Schreibe die in Worten beschriebenen Zahlenmengen in der Mengenklammerschreibweise.

17 Beschreibe in Worten die folgenden Zahlenmengen und gib jeweils an, ob es sich um endliche oder unendliche Mengen handelt:

a) A = {100; 101; 102; …; 999}

b) B = {3; 6; 9; 12; …}

✱ c) C = {1; 2; 4; 8; 16; 32; …; 1 024}

4 Vielfachen- und Teilermenge einer Zahl

Zu jeder natürlichen Zahl existieren zwei Zahlenmengen, die in der Mathematik spezielle Namen haben.

- Die **Vielfachenmenge** einer Zahl enthält die Zahl selbst, das Doppelte der Zahl, das Dreifache der Zahl, das Vierfache der Zahl, …
- Die **Teilermenge** einer Zahl enthält alle Zahlen, durch die sich die vorgegebene Zahl ohne Rest teilen lässt.

Alle Vielfachenmengen sind unendliche Mengen, während jede Teilermenge endlich ist.

Beispiel

Bestimme die Vielfachenmenge und die Teilermenge von 18.

Lösung:

Vielfachenmenge V(18)
„Menge aller Vielfachen von 18“
V(18) = {18; 36; 54; 72; …}

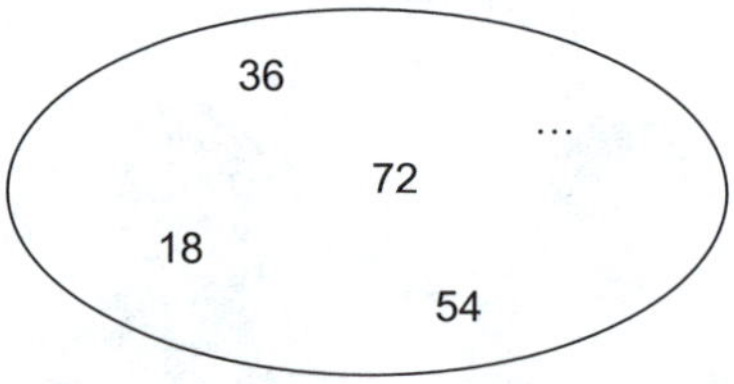

Teilermenge T(18)
„Menge aller Teiler von 18“
T(18) = {1; 2; 3; 6; 9; 18}

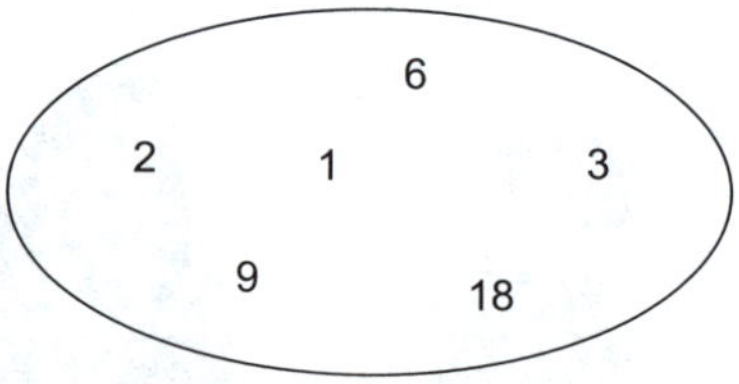

Um die Teiler einer Zahl zu ermitteln, helfen folgende **Teilbarkeitsregeln**:

- Eine Zahl ist durch **2** teilbar, wenn ihre letzte Ziffer gerade ist.
- Eine Zahl ist durch **3** teilbar, wenn ihre Quersumme durch 3 teilbar ist. Die **Quersumme** einer Zahl ist die Summe der Ziffern, aus der die Zahl besteht.
- Eine Zahl ist durch **4** teilbar, wenn die aus ihrer Zehner- und Einerziffer bestehende zweistellige Zahl durch 4 teilbar ist.
- Eine Zahl ist durch **5** teilbar, wenn ihre letzte Ziffer eine 0 oder eine 5 ist.
- Eine Zahl ist durch **9** teilbar, wenn ihre Quersumme durch 9 teilbar ist.
- Eine Zahl ist durch **10** teilbar, wenn ihre letzte Ziffer eine 0 ist.

> Es gibt Zahlen, die nur durch 1 und sich selbst teilbar sind und deren Teilermengen genau zwei Elemente enthalten. Solche Zahlen bezeichnet man als **Primzahlen**.

Die 1 ist keine Primzahl, weil sie nur einen einzigen Teiler hat.

Beispiele

1. Schreibe die folgenden Vielfachenmengen in der Mengenklammerschreibweise.

a) V(1)

b) V(2)

c) V(13)

d) V(15)

Lösung:

a) V(1) = {1; 2; 3; 4; 5; …} alle natürlichen Zahlen

b) V(2) = {2; 4; 6; 8; 10; …} alle geraden natürlichen Zahlen

c) V(13) = {13; 26; 39; 52; 65; …}

d) V(15) = {15; 30; 45; 60; 75; …}

2. Schreibe die folgenden Teilermengen in der Mengenklammerschreibweise.

a) T(1)

b) T(2)

c) T(13)

d) T(15)

Lösung:

a) Es gibt **nur eine Zahl**, durch die man 1 teilen kann, ohne dass ein Rest übrig bleibt. Das ist die 1 selbst. Darum gilt: T(1) = {1}

b) Die 2 lässt sich ebenfalls **durch 1** teilen, ohne dass ein Rest übrig bleibt. Außerdem kann man sie ohne Rest **durch sich selbst** teilen. Die 2 hat keine weiteren Teiler und ist deshalb eine **Primzahl**. Es gilt: T(2) = {1; 2}

c) Auch die 13 ist eine **Primzahl**, weil sie sich ohne Rest nur durch 1 und **durch sich selbst** teilen lässt. Es gilt: T(13) = {1; 13}

d) Die Teilermenge von 15 hat mehr als zwei Elemente. Um kein Element zu übersehen, werden die Zahlen, die als Teiler infrage kommen, in aufsteigender Reihenfolge kontrolliert.
Für alle Zahlen gilt: Zwischen der Hälfte einer Zahl und der Zahl selbst kann kein Teiler liegen, weil das Ergebnis kleiner als 2 und größer als 1 wäre. Es würde also ein Rest entstehen.

Zahl	Teiler	Begründung
1	ja	Jede Zahl lässt sich **durch 1** teilen.
2	nein	15 ist eine ungerade Zahl, was man an ihrer letzten Ziffer erkennt.
3	ja	Die **Quersumme** von 15 ist **durch 3 teilbar**: $QS(15) = 1 + 5 = 6$
4	nein	2 ist kein Teiler von 15. Wäre 4 ein Teiler von 15, so wäre 15 ein Vielfaches von 4. Die Vielfachen von 4 sind aber durch 2 teilbar.
5	ja	Dies erkennt man an der **Einerziffer** von 15.
6	nein	2 ist kein Element von T(15).
7	nein	15 lässt sich **nicht ohne Rest** durch 7 teilen, weil $2 \cdot 7 = 14$ gilt und daher bei $15 : 7$ ein Rest von 1 übrig bleibt.
8–14	nein	Diese Zahlen müssen nicht kontrolliert werden, weil sie größer als die Hälfte von 15 und kleiner als 15 sind.
15	ja	Jede Zahl ist **durch sich selbst** teilbar.

Für die gesuchte Teilermenge gilt somit: $T(15) = \{1; 3; 5; 15\}$

3. Entscheide, ob die Aussagen wahr oder falsch sind, und begründe deine Entscheidung.

   a) Jedes Vielfache von 5 ist auch ein Vielfaches von 10.

   b) Jede durch 10 teilbare Zahl ist auch durch 5 teilbar.

   Lösung:

   a) Die Aussage ist **falsch**. Um dies zu begründen reicht ein **Gegenbeispiel**: 15 ist ein Vielfaches von 5, aber kein Vielfaches von 10.

   b) Die Aussage ist **wahr**. Dies kann man aber **nicht mit einem Beispiel begründen**. Man muss die Aussage für alle durch 10 teilbaren Zahlen zeigen: Wenn eine Zahl durch 10 teilbar ist, ist ihre letzte Ziffer eine 0. Also ist die betrachtete Zahl auch durch 5 teilbar.

18 Bestimme, welche der folgenden Zahlen durch 3, 4, 5 oder 9 teilbar sind:
10, 12, 20, 25, 100, 216, 250, 1 200

19 Bilde folgende Teiler- bzw. Vielfachenmengen:

a) T(6)	b) T(9)	c) V(3)	d) T(7)
e) T(10)	f) V(6)	g) T(41)	h) T(30)

20 Entscheide, ob die Aussagen wahr oder falsch sind, und begründe deine Entscheidung.

a) Jedes Vielfache von 7 ist auch ein Vielfaches von 14.

b) Jedes Vielfache von 10 ist durch 2 teilbar.

c) Jede durch 3 teilbare Zahl ist auch durch 6 teilbar.

d) Mindestens die Hälfte der Zahlen von 11 bis 19 sind keine Primzahlen.

5 Elemente von Zahlenmengen

Geht Lisa in Klasse 5 a oder 5 b? Sind Maren, Benjamin und Leon in einer Klasse? In der Mathematik gibt es bei Zahlen und Zahlenmengen ganz ähnliche Fragestellungen.

> In einer vorgegebenen Zahlenmenge ist eine spezielle Zahl entweder enthalten oder sie ist nicht enthalten. Man spricht davon, dass die Zahl ein **Element** der Zahlenmenge oder **kein Element** der Zahlenmenge ist. Dies lässt sich durch die Zeichen $\in$ und $\notin$ ausdrücken.

Beispiel

Setze in die Lücken eines der Zeichen $\in$ und $\notin$ ein.

a) 0 □ $\mathbb{N}$

b) 0 □ $\mathbb{N}_0$

Lösung:

a) 0 ist **kein Element** von $\mathbb{N}$: $0 \notin \mathbb{N}$

b) 0 ist **Element** von $\mathbb{N}_0$: $0 \in \mathbb{N}_0$

21 Entscheide jeweils, welches der Zeichen $\in$ und $\notin$ in die Lücke gehört.

a) 7 □ $\mathbb{N}$

b) 7 □ $\mathbb{N}_0$

c) 0 □ $\mathbb{N}$

d) 0 □ $\mathbb{N}_0$

e) 16 □ V(2)

f) 2 □ V(16)

g) 2 □ T(16)

h) 16 □ T(2)

6 Der Zahlenstrahl

Ähnlich wie bei einem Lineal können die natürlichen Zahlen in aufsteigender Reihenfolge auf einem Zahlenstrahl angeordnet werden:

Der Zahlenstrahl beginnt meistens bei der Null und hat kein Ende, weil es keine größte natürliche Zahl gibt. Das wird durch eine Pfeilspitze angedeutet.

> Auf dem **Zahlenstrahl** haben aufeinanderfolgende Zahlen jeweils den gleichen Abstand. Dieser Abstand wird als **Längeneinheit LE** bezeichnet.
>
> 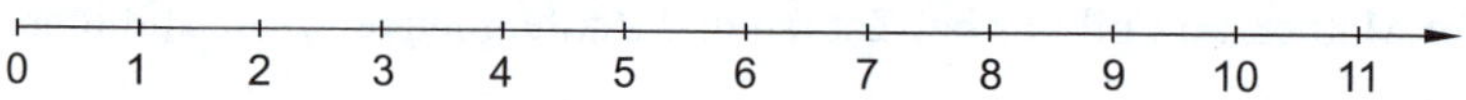
>

Die Längeneinheit wird so gewählt, dass alle benötigten Zahlen auf dem Strahl markiert werden können. Bei Längeneinheiten kleiner als 1 cm genügt es, für jede Zahl am Strahl einen kleinen Strich anzubringen und nur bestimmte Zahlen unter die passenden Striche zu schreiben. Bei sehr kleinen Längeneinheiten muss nicht mehr für jede natürliche Zahl ein Strich angebracht werden.

Beispiel

Markiere T(21) auf einem Zahlenstrahl mit der Längeneinheit 0,5 cm.

Lösung:

Wegen T(21) = {1; 3; 7; 21} müssen 1, 3, 7 und 21 markiert werden.

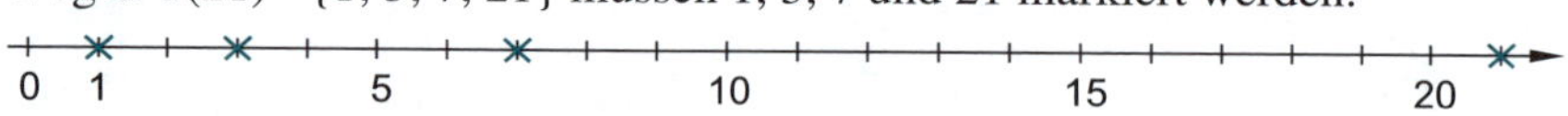

22 Markiere folgende Zahlen auf dem Zahlenstrahl.

a) 2; 5; 17; 25; 34; 53; 76; 89 (1 LE = 1 mm)

b) 250; 700; 1 000; 1 500; 1 750; 1 900 (200 LE = 1 cm)

✱ 23 Markiere jeweils auf einem geeigneten Zahlenstrahl alle Zahlen, die du für x einsetzen kannst.

a) $x \in \mathbb{N}_0$ und gleichzeitig $x \leq 7$ (1 LE = 1 cm)

b) $3 \leq x < 9$ (1 LE = 1 cm)

c) $x \in T(30)$ und gleichzeitig $x \notin V(10)$ (1 LE = 0,5 cm)

✱ 24 Welche Teilermenge wurde an diesem Zahlenstrahl dargestellt?

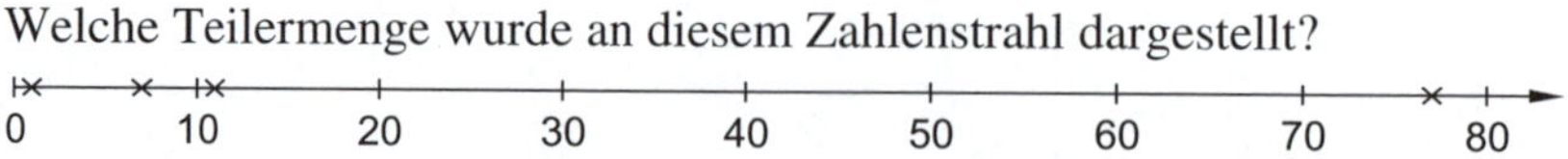

7 Runden

In 653 m musst du links abbiegen. Dennoch zeigt das Navigationsgerät 650 m an. Das Gerät rundet die Entfernungsangaben, um die Wegbeschreibung übersichtlicher darzustellen.

Vorgehen beim Runden:

- Entscheide, auf welche Stelle (<u>Z</u>ehner, <u>H</u>underter, <u>T</u>ausender, …) gerundet werden soll.
- Überprüfe die nachfolgende Ziffer: Es wird **abgerundet**, wenn die nachfolgende Ziffer kleiner als 5 ist. Andernfalls wird **aufgerundet**.

Beispiele

1. Runde die Zahl 1 245 einmal auf Hunderter und einmal auf Zehner.

   Lösung:
   Beim Runden auf Hunderter muss die Ziffer an der **Zehnerstelle** überprüft werden. Hier handelt es sich um eine **4**, also um eine **Zahl kleiner als 5**, weshalb **abgerundet** werden muss:

   1 245 ≈ 1 200 (H)

   Runden auf Hunderter — zu betrachtende Ziffer

   Benutze beim Runden ≈ statt =.

   Beim Runden auf Zehner wird die Ziffer an der **Einerstelle** betrachtet. Es handelt sich hier um eine **5**, weshalb **aufgerundet** werden muss:
   1 245 ≈ 1 250 (Z)

2. Lauras Vater erzählt den Kindern nach der Urlaubsreise, dass die Familie insgesamt 2 800 km gefahren ist. Wie viele Kilometer waren es mindestens bzw. höchstens, wenn der Vater auf Hunderter gerundet hat?

   Lösung:
   Für die **kleinste Zahl**, die aufgerundet 2 800 ergibt, gilt: An der **Hunderterstelle** muss eine **7** stehen, der eine Ziffer **größer als 4** folgt. Bei der gesuchten kleinsten Zahl steht an der Zehnerstelle somit die **5**. Die Einerstelle ist für das Runden unwichtig. Um eine möglichst kleine Zahl zu erhalten, muss hier die **0** eingesetzt werden. Insgesamt ergibt sich 2 750.

   Bei der **größten** auf 2 800 abgerundeten natürlichen Zahl steht an der **Hunderterstelle** eine **8** und an der Zehnerstelle eine Ziffer **kleiner als 5**. Um die größte Zahl zu erhalten, muss an die Zehnerstelle somit die **4** gesetzt werden. Die Einerstelle wird beim Runden auf Hunderter wieder nicht betrachtet, deshalb muss für die größtmögliche Zahl an dieser Stelle die **9** gesetzt werden. Insgesamt ergibt sich somit 2 849.

25 Runde jeweils auf die in Klammer angegebene Stelle.

a) 3 726 (H)
b) 2 945 (Z)
c) 17 051 (T)
d) 456 (T)
e) 1 999 (Z)
f) 38 950 (H)

26 Auf welche Stelle wurde jeweils gerundet?

a) 5 738 ≈ 5 740
b) 6 043 ≈ 6 000
c) 5 899 ≈ 5 900
d) 3 897 ≈ 4 000

27 a) Gib alle natürlichen Zahlen an, die beim Runden auf Zehner die Zahl 60 ergeben. Wie viele Zahlen sind das insgesamt?

b) Nenne die kleinste und größte natürliche Zahl, die auf Hunderter gerundet 500 ergibt.

28 Welche Ziffern kannst du für die Tintenkleckse einsetzen, damit eine wahre Aussage entsteht? Gib jeweils an, auf welche Stelle dabei gerundet wird.

a) 579■ ≈ 5 790
b) 59■4 ≈ 5 900
c) 579■ ≈ 5 800
d) 9■32 ≈ 10 000
e) 3■35 ≈ 3 400
f) ■34 ≈ 1 000

29 Susanne behauptet, es sei egal, ob man 1 492 zuerst auf Zehner, dann auf Hunderter und dann auf Tausender rundet oder direkt auf Tausender. Entscheide, ob sie recht hat, und begründe deine Entscheidung.

30 Entscheide, welche Werte wahrscheinlich gerundet sind:
2016 verdiente der Fußballspieler Cristiano Ronaldo 88 000 000 Dollar. Nach dem Champions-League-Triumph spendete er seine Siegprämie in Höhe von 600 000 Euro für wohltätige Zwecke.

31 Die Zeitungsmeldung hat Leander neugierig gemacht. Er forscht im Internet und findet heraus, dass die Renault-Gruppe im Jahr 2016 insgesamt 173 286 Lkws und Nutzfahrzeuge verkauft hat. Daraufhin erklärt er seinem Bruder Cyprian, dass 2016 von Renault 3 026 714 Pkws verkauft wurden.
Erläutere, was an Leanders Überlegung falsch ist.

Renault-Gruppe meldet gute Verkaufszahlen

Die Renault-Gruppe hat im Jahr 2016 weltweit insgesamt 3 200 000 Fahrzeuge verkauft und die Verkaufszahlen gegenüber dem Vorjahr damit weiter gesteigert.

Addition und Subtraktion natürlicher Zahlen

1 Addition natürlicher Zahlen

Lea möchte für das Sommerfest aller 5. Klassen Muffins backen. Weil jeder Schüler einen Muffin erhalten soll, muss Lea die Anzahl aller Schüler der 5. Klassen herausfinden. Ihre Freundinnen aus den Parallelklassen helfen ihr dabei, indem sie abzählen, wie viele Schüler jeweils in ihren Klassen sind. Wie kann Lea damit die Gesamtanzahl berechnen?

> Das Zusammenzählen mehrerer natürlicher Zahlen bezeichnet man als **Addition**. Die miteinander addierten Zahlen heißen **Summanden** und bilden zusammen die **Summe**. Das Ergebnis der Addition wird **Wert der Summe** oder **Summenwert** genannt.

Beispiel

$$\underbrace{\underset{\text{1. Summand}}{1} + \underset{\text{2. Summand}}{2} + \underset{\text{3. Summand}}{5}}_{\text{Summe}} = \underset{\text{Summenwert}}{8}$$

Die Addition lässt sich am Zahlenstrahl gut veranschaulichen. Der 1. Summand stellt den Startpunkt dar. Die weiteren Summanden geben an, wie viele Schritte man nach **rechts** laufen muss. Auf diese Weise erreicht man den Summenwert.

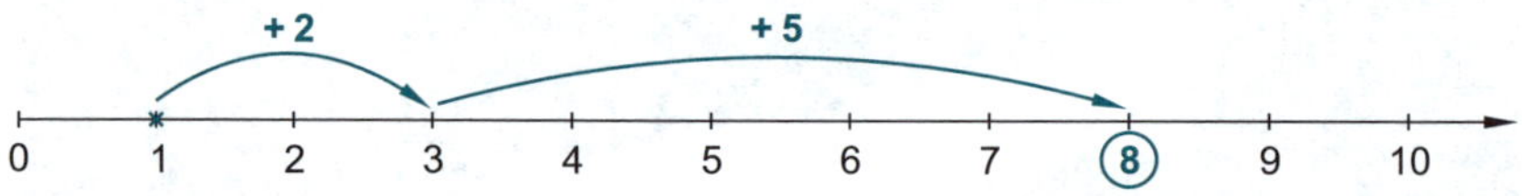

Möchte man größere Zahlen oder mehrere Summanden zusammenzählen, so verwendet man besser die **schriftliche Addition**.

> **Vorgehen beim schriftlichen Addieren:**
> - Schreibe alle Summanden so untereinander, dass die jeweiligen Stellen der Zahlen untereinanderstehen.
> - Addiere die Ziffern der einzelnen Spalten. Beginne dabei mit den Einerstellen.
> - Schreibe das Ergebnis jeweils unter den letzten Summanden.
> - Wenn beim Addieren der Ziffern einer Spalte eine mehrstellige Zahl entsteht, so wird deren Einerstelle in die Lösungszeile eingetragen und der Rest als Übertrag unter die Ziffern der links angrenzenden Spalte gehängt. Er wird beim Summieren dieser Spalte mitberücksichtigt.

Um zu überprüfen, ob richtig gerechnet wurde, kann als Probe eine **Überschlagsrechnung** durchgeführt werden. Die Summanden werden dabei geeignet **gerundet**, was die anschließende Addition stark vereinfacht.

Beispiel

Addiere die Zahlen 29, 328, 77 und 5 058 schriftlich.

Lösung:

Addition der Ziffern an den Einerstellen: $9+8+7+8=\mathbf{3}2$

Addition der Ziffern an den Zehnerstellen mit **Übertrag** von der Einerstelle: $2+2+7+5+\mathbf{3}=\mathbf{1}9$

Addition der Ziffern an den Hunderterstellen: $3+0+\mathbf{1}=4$

An der Tausenderstelle der Lösung wird die 5 des vierten Summanden eingetragen.

			2	9
		3	2	8
			7	7
+	5	0	5	8
		1	3	
	5	4	9	2

Überschlagsrechnung:

$29+328+77+5\,058 \approx 0+300+100+5\,000=5\,400$ ✓

Das Ergebnis der Überschlagsrechnung weicht nur leicht von der Lösung ab. Man kann davon ausgehen, dass die Summe richtig ermittelt wurde.

32 Welchen Weg läuft die Maus durch das Labyrinth?
Addiere und führe als Probe eine Überschlagsrechnung durch.

a) $12+123+1\,234+12\,345$
b) $5\,042+17+904+4\,001$
c) $1\,971+1\,974+2\,004+2\,006$
d) $1\,234+395+79$
e) $9\,250+295+2\,353$
f) $93\,112+9\,343+6\,402$
g) $39\,354+17\,904$
h) $1\,234\;+2\,345+3\,456+4\,567$

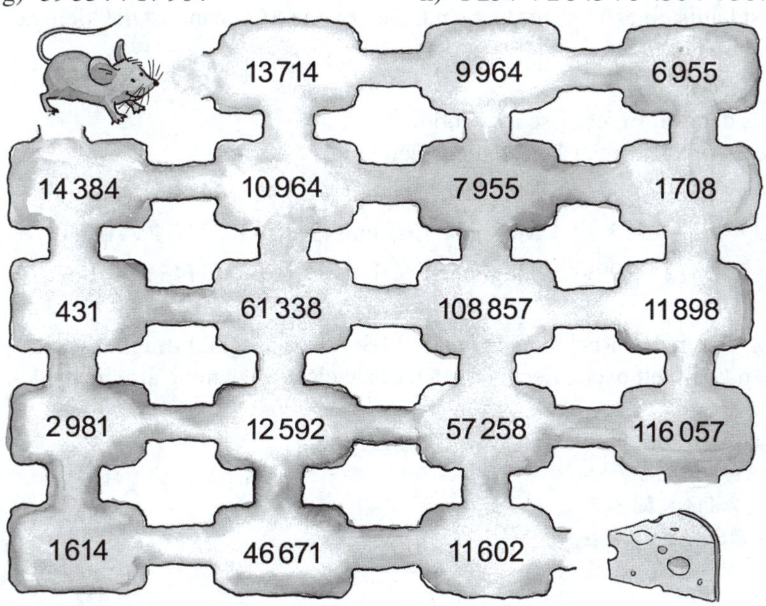

33 Emils Füller ist kaputtgegangen und Tintenflecke verdecken einzelne Ziffern seiner Hausaufgabe.
Hilf Emil, die Aufgaben wieder zu vervollständigen.

a)

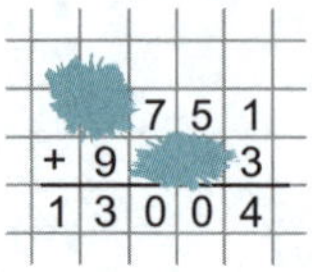

b)

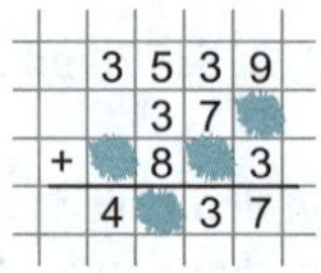

34 Herr Buchenhalt möchte an Silvester die Kosten berechnen, die sein Auto im vergangenen Jahr verursacht hat.
Ermittle die Gesamtkosten und führe zusätzlich eine Überschlagsrechnung durch.

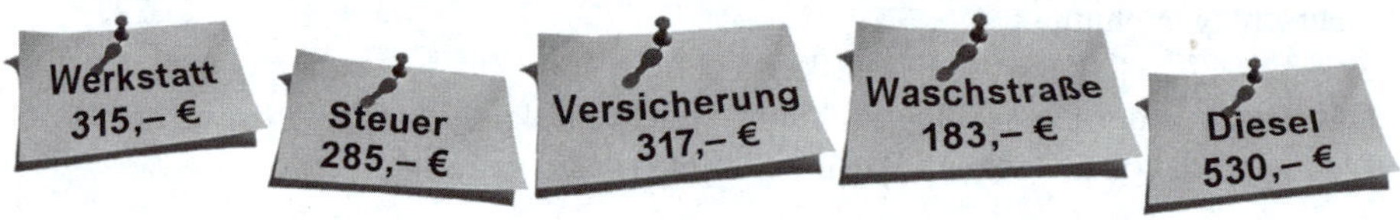

35 Schreibe die folgenden Summen auf und berechne jeweils den Summenwert.

a) Der erste Summand ist 2 017 und der zweite Summand ist 987.

b) Der erste Summand ist um 117 größer als der zweite Summand 539.

c) Der erste Summand ist 77 und damit halb so groß wie der zweite Summand.

d) Die Summe besteht aus drei Summanden, die am Zahlenstrahl aufeinanderfolgen und aufsteigend angeordnet sind. Der zweite Summand ist die kleinste dreistellige Zahl.

36 Jeweils eines der drei Ergebnisse ist richtig.
Ermittle dieses mithilfe einer Überschlagsrechnung.

a) 17 592 + 42 101 — Mögliche Ergebnisse: 3 493, 59 693, 343 493

b) 5 163 + 11 452 + 9 415 — Mögliche Ergebnisse: 32 430, 24 340, 26 030

c) 17 103 + 121 872 + 9 999 — Mögliche Ergebnisse: 147 874, 148 974, 149 374

37 Zwei der folgenden drei Rechnungen wurden fehlerhaft ausgeführt. Finde – ohne die Aufgaben komplett nachzurechnen – heraus, welche Rechnung als einzige korrekt ist.

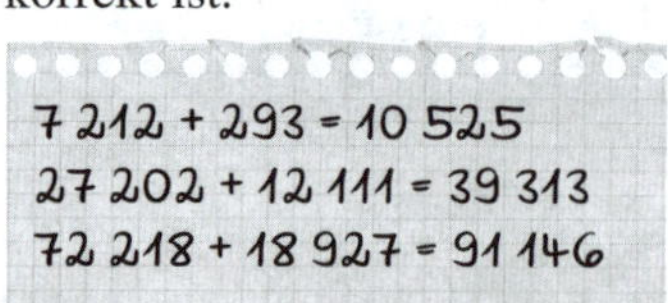

2 Subtraktion natürlicher Zahlen

Will man in der Vorweihnachtszeit feststellen, wie lang es noch bis zum Heiligen Abend dauert, so könnte man am Kalender die verbleibenden Tage abzählen. Wesentlich schneller kommt man zur gesuchten Lösung, wenn man von den insgesamt 24 Adventstagen das aktuelle Datum abzieht.

Natürliche Zahlen voneinander abzuziehen wird als **Subtraktion** bezeichnet. Der **Minuend** ist die Zahl, von der abgezogen wird. Die abgezogene Zahl ist der **Subtrahend**. Minuend und Subtrahend bilden zusammen die **Differenz**. Das Ergebnis der Subtraktion wird **Wert der Differenz** oder **Differenzwert** genannt.

Beispiel

$$\underbrace{\underset{\text{Minuend}}{9} - \underset{\text{Subtrahend}}{5}}_{\text{Differenz}} = \underset{\text{Differenzwert}}{4}$$

Ähnlich wie die Addition lässt sich auch die Subtraktion am Zahlenstrahl veranschaulichen. Der Minuend stellt den Startpunkt dar und der Subtrahend gibt an, wie viele Schritte man nach **links** laufen muss. Auf diese Weise landet man beim Differenzwert.

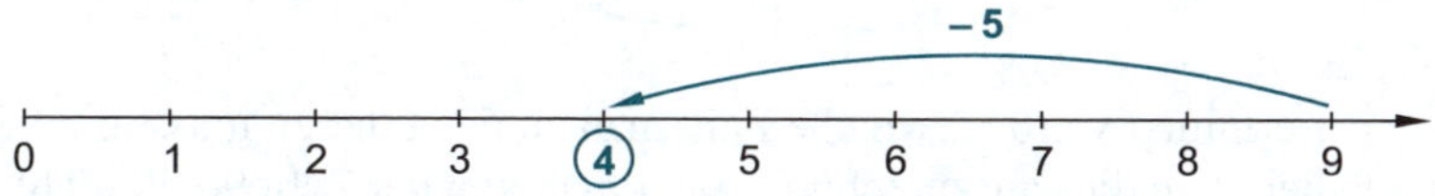

Beim Addieren und Subtrahieren bewegt man sich auf dem Zahlenstrahl in entgegengesetzte Richtungen. Die Subtraktion ist deshalb die **Umkehrung der Addition**, was ausgenutzt werden kann, um das Ergebnis einer Subtraktion zu überprüfen. Man führt dann eine **Probe** durch.

Werden Differenzwert und Subtrahend addiert, so erhält man wieder den Minuenden.

Beispiel

Berechne $403 - 31$.

Lösung:

$403 - 31 = \mathbf{372}$

Probe: $\mathbf{372} + 31 = 403$ ✓

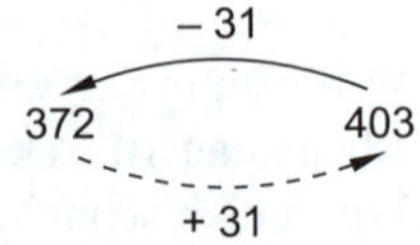

Gelegentlich enthält eine Aufgabe nicht nur Zahlen, sondern auch Platzhalter – z. B. ein leeres Kästchen oder ein x. In solchen Fällen muss man herausfinden, welche Zahl anstelle des Platzhalters eingesetzt werden kann, damit das vorgegebene Ergebnis stimmt.

> Eine Aufgabe mit Platzhaltern wird als **Gleichung** bezeichnet und die gesuchte Zahl ist die **Lösung der Gleichung**.

Die Lösung findet man mithilfe der zugehörigen Umkehraufgabe. Hilfreich kann dabei eine Veranschaulichung am Zahlenstrahl sein.

Beispiele

a) $x - 37 = 12$ b) $67 + \square = 98$ c) $83 - x = 21$

Lösung:

a) Zieht man 37 vom Platzhalter x ab, so bleiben 12 übrig. Die gesuchte Zahl x ist daher um 37 größer als 12. Deshalb liefert die Umkehraufgabe $12 + 37 = x$ für die Lösung der Gleichung den Wert 49.

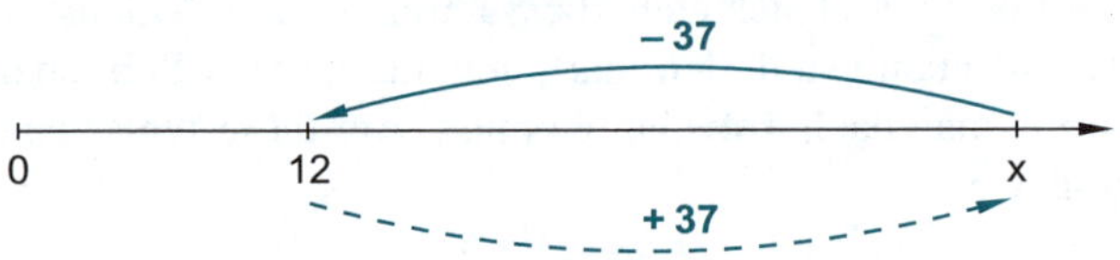

b) Es muss ermittelt werden, welche Zahl man zu 67 addieren muss, um 98 zu erhalten. Um dies auszurechnen, zieht man von der Zahl 98 die Zahl 67 ab. Die entsprechende Umkehraufgabe lautet also $98 - 67 = \square$ und liefert die Lösung 31.

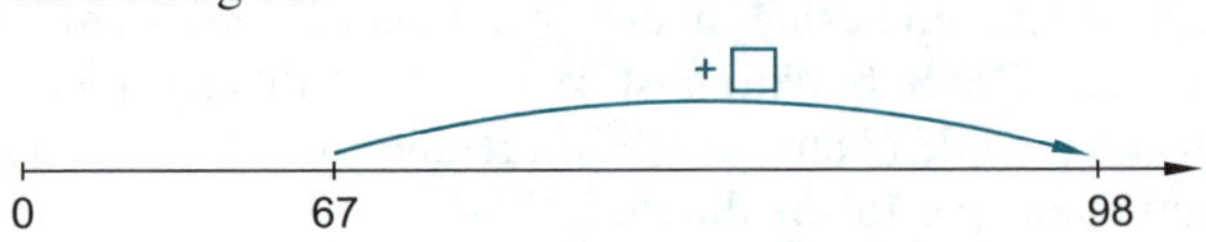

c) Hier stellt sich die Frage, welche Zahl man von 83 abziehen muss, um 21 zu erhalten, wie viele Schritte also zwischen 83 und 21 liegen. Das lässt sich mit einer Differenz ermitteln: $83 - 21 = 62$

Auch wenn das Subtrahieren meist schwerer fällt als das Addieren, kann die Differenz zweier kleiner Zahlen im Kopf ermittelt werden. Bei größeren Zahlen hilft das **schriftliche Subtrahieren**.

> **Vorgehen beim schriftlichen Subtrahieren:**
> - Schreibe Minuend und Subtrahend so untereinander, dass die jeweiligen Stellen der Zahlen untereinanderstehen.
> - Ziehe für jede Stelle von der Ziffer des Minuenden die Ziffer des Subtrahenden ab.

Das funktioniert allerdings nicht problemlos, wenn die Ziffer des Subtrahenden größer als die zugehörige Ziffer des Minuenden ist. Für solche Fälle hast du in der Grundschule das **Abziehverfahren mit Entbündeln** kennengelernt.

Beispiel

Subtrahiere schriftlich 285 von 537.

Lösung:

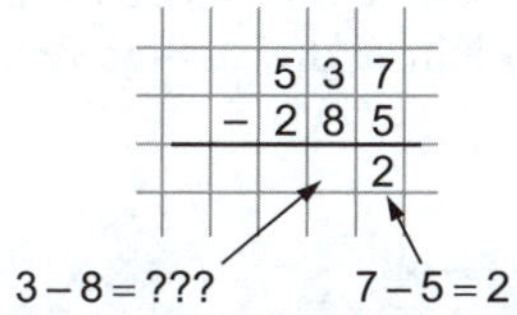

Für die Zehnerstelle wird an der Hunderterstelle entbündelt. Die 5 Hunderter werden dadurch zu 4 Hundertern und 10 Zehnern. Zur Erinnerung wird ein **senkrechter Strich** rechts unterhalb der 5 angebracht. An der Zehnerstelle des Minuenden hat man statt 3 Zehnern jetzt 13 Zehner zur Verfügung und kann die 8 Zehner des Subtrahenden abziehen: $\mathbf{13} - 8 = 5$

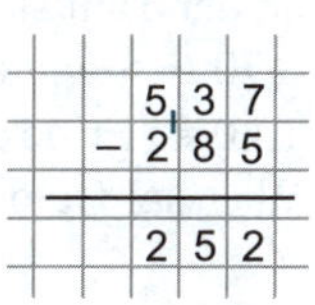

An der Hunderterstelle werden von den 5 Hundertern des Minuenden 1 Hunderter für das Entbündeln und die 2 Hunderter des Subtrahenden abgezogen: $5 - \mathbf{1} - 2 = 2$

38 Subtrahiere schriftlich.

a) 98 765 – 56 789 b) 90 482 – 1 953

c) 10 056 – 5 600 d) 20 502 – 909

39 Subtrahiere und führe als Probe die Umkehrrechnung durch.

a) 1 595 – 1 492 b) 707 – 296

c) 71 031 – 29 842 d) 9 009 – 2 020

40 Franz unternimmt eine dreitägige Fahrradtour und notiert dabei gelegentlich den Kilometerstand seines Tachometers.

a) Wie weit ist Franz insgesamt gefahren?

b) An welchem Tag hat Franz die längste Strecke zurückgelegt?

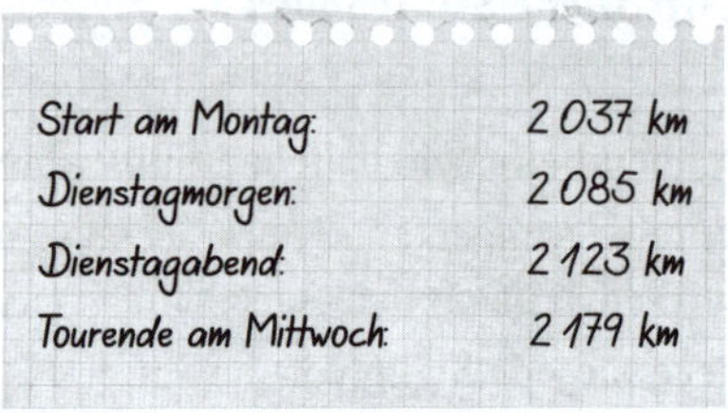

41 Schreibe folgende Differenzen auf und berechne jeweils den Differenzwert:

a) Der Minuend ist 846 und damit doppelt so groß wie der Subtrahend.

b) Subtrahiere 198 von 311.

c) Der Minuend ist die größte dreistellige Zahl und der Subtrahend ist die kleinste dreistellige Zahl.

d) Subtrahiere die größte zweistellige Zahl von der kleinsten dreistelligen Zahl.

e) Der Minuend ist die größte dreistellige Zahl, die aus lauter verschiedenen ungeraden Ziffern besteht, und der Subtrahend ist die kleinste dreistellige Zahl aus lauter ungeraden Ziffern.

42 Herr Ruf betankt sein Auto für 32,65 € und kauft an der Tankstellenkasse noch eine Zeitung für 1,70 € sowie eine Flasche Apfelschorle für 1,40 €. Er bezahlt mit einem 100-€-Schein. Wie viel Geld bekommt er zurück?

43 Mira berechnet: 18 765 – 500 = 18 265
Beschreibe, wie sich das Ergebnis verändert, wenn …

a) sie eine kleinere Zahl subtrahiert.
b) sie einen größeren Minuenden verwendet.
c) sie Minuend und Subtrahend um den gleichen Wert vergrößert.

44 Jeweils eines der drei Ergebnisse ist richtig.
Ermittle dieses mithilfe einer Überschlagsrechnung.

a) 134 002 – 11 101 Mögliche Ergebnisse: 12 901, 92 901, 122 901
b) 11 472 – 9 515 Mögliche Ergebnisse: 1 257, 1 957, 3 057
c) 170 103 – 121 872 + 9 909 Mögliche Ergebnisse: 47 240, 58 140, 69 340

45 Löse die Gleichungen und schreibe die zu den Lösungen gehörenden Buchstaben der Reihe nach auf, um den Namen eines beliebten Urlaubsziels zu erhalten.

a) 129 + □ = 200
b) 321 + x = 499
c) x – 73 = 100
d) □ – 111 = 112
e) 29 + □ = 200 – 157

46 Schreibe passende Gleichungen mit einem Platzhalter deiner Wahl auf und ermittle ihre Lösungen.

a) Zu welcher Zahl muss 74 addiert werden, um 134 zu erhalten?
b) Welche Zahl muss von 124 subtrahiert werden, um 33 zu erhalten?

47 a) Um wie viel unterscheiden sich die Zahlen 97 531 und 24 680?
b) Wie viel fehlt von 97 107 bis zu einer Million?
c) Um wie viel ist 20 907 297 größer als eine Million?
d) Wie viel fehlt von 37 629 825 bis zu einer Milliarde?
e) Welche Zahl liegt am Zahlenstrahl in der Mitte zwischen 2 087 und 3 903?

3 Terme

Im Straßenverkehr geben Ampeln und Schilder vor, in welcher Reihenfolge die Verkehrsteilnehmer eine Kreuzung überqueren dürfen. Ähnliche Regeln gibt es in der Mathematik: Bei mehreren Rechenschritten ist eindeutig festgelegt, in welcher Reihenfolge die einzelnen Rechnungen durchgeführt werden müssen.

> Ein sinnvoller aus Zahlen, Rechenzeichen und Klammern bestehender Rechenausdruck wird als **Term** bezeichnet. Wenn der Term nur aus Strichrechenarten (Addition und Subtraktion) besteht, müssen folgende Regeln beachtet werden, um den zugehörigen Wert zu ermitteln:
>
> - **Klammern** werden **zuerst** berechnet. Wenn Klammern ineinander geschachtelt sind, muss von innen nach außen gearbeitet werden.
> - Wird durch Klammern keine andere Reihenfolge vorgeschrieben, so muss **von links nach rechts** gerechnet werden.

Dadurch wird die Bearbeitungsreihenfolge eindeutig festgelegt. Der Rechenschritt, der als **Letztes** durchgeführt wird, gibt dem Term seinen Namen. Beschreibt man einen Term vollständig mit Worten, so spricht man vom **Gliedern** des Terms. Dabei geht man vom letzten Rechenschritt aus und gibt Schritt für Schritt an, ob die jeweils verwendeten Zahlen bereits im Term angegeben waren oder ob sie das Ergebnis einer vorhergehenden Rechnung sind. Grafisch kann man dies in einem **Gliederungsbaum** darstellen.

Beispiel

Berechne $1\,099-(382+110+(479-272))$ und erstelle einen Gliederungsbaum.

Lösung:

Hier sind zwei Klammern ineinander geschachtelt. Weil gleiche Klammerarten verwendet werden, ist auf den ersten Blick schlecht erkennbar, welche der Klammern jeweils zusammengehören. Häufig werden aus diesem Grund **unterschiedliche Klammerarten** verwendet:

$1\,099-[382+110+(479-272)]$

Die erste Regel verlangt, dass die **innerste Klammer** – hier die runde – **zuerst** berechnet wird.

$1\,099-[382+110+(479-272)]$
$=1\,099-[382+110+\mathbf{207}]$
$=1\,099-[\mathbf{492}+207]$
$=1\,099-\mathbf{699}$
$=\mathbf{400}$

Innerhalb der eckigen Klammer wird von links nach rechts gerechnet.

Wenn du geübter bist, kannst du die ersten beiden Schritte auf einmal durchführen und sparst dir auf diese Weise eine Rechenzeile.

Der letzte Rechenschritt ist die Subtraktion von 1 099 und 699. Der gesamte Term ist deshalb eine **Differenz**. Ihr Minuend ist die Zahl 1 099 und ihr Subtrahend ist die eckige Klammer. Der Term in der eckigen Klammer ist eine Summe aus drei Summanden. Die ersten beiden Summanden sind die Zahlen 382 und 110, der dritte Summand ist die Differenz mit dem Minuenden 479 und dem Subtrahenden 272.
Gliederungsbaum:

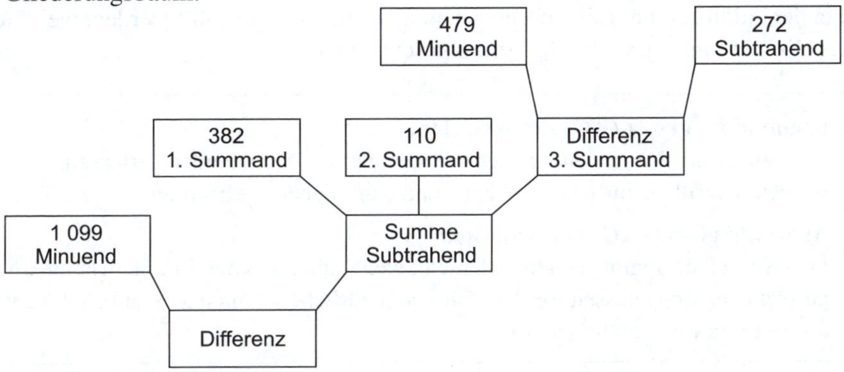

48 Berechne jeweils den Termwert, gib an, um was für einen Term es sich handelt, und erstelle einen Gliederungsbaum.

a) $(302-198)+(431-341)$

b) $(132-62)+131-(321-216)$

c) $(993+117)-((879-234)-395)$

d) $51+(525-104+96)-76$

49 Schreibe die zugehörigen Terme auf und berechne.

a) Subtrahiere die Summe der Zahlen 387 und 168 von der Differenz der Zahlen 1 024 und 299.

b) Addiere die Differenz von 166 und 34 zur Differenz von 87 und 45.

c) Subtrahiere die Differenz der Zahlen 89 und 24 von der Differenz der Zahlen 154 und 45.

50 Ergänze den Term $2\,945-1\,833+302+89-213-115$ durch Klammern so, dass sein Wert einmal möglichst klein und einmal möglichst groß wird. Berechne jeweils den entstehenden Termwert.

4 Rechengesetze beim Addieren und Subtrahieren natürlicher Zahlen

Es gibt Rechengesetze, mit deren Hilfe die Ausdrücke in einem Term umgestellt werden können, ohne dass sich der Wert des Terms verändert. Dadurch werden die notwendigen Rechenschritte häufig sehr viel einfacher. Beispielsweise darf bei der Addition die Reihenfolge der Bearbeitung frei gewählt werden, weil hier das Kommutativ- und das Assoziativgesetz gelten.

Kommutativgesetz (KG) der Addition:
Der Wert einer Summe ändert sich nicht, wenn ihre Summanden vertauscht werden. Für alle natürlichen Zahlen a und b gilt daher: $a+b=b+a$

Assoziativgesetz (AG) der Addition:
Der Wert einer Summe ändert sich nicht, wenn innerhalb der Summe Klammern gesetzt oder weggelassen werden. Für alle natürlichen Zahlen a, b und c gilt daher: $a+b+c=(a+b)+c=a+(b+c)$

Beispiel

Peter und Lukas sammeln von Freitag bis Sonntag für das Jugendherbergswerk. Am Freitag gehen sie zusammen von Haus zu Haus und nehmen 123 € ein. Am Samstag teilen sie sich auf und stellen am Abend fest, dass Peter 77 € und Lukas 89 € eingenommen hat. Auch am Sonntag machen sich die beiden einzeln auf den Weg und sammeln 55 € bzw. 11 €.
Wie viel haben die beiden insgesamt gesammelt?

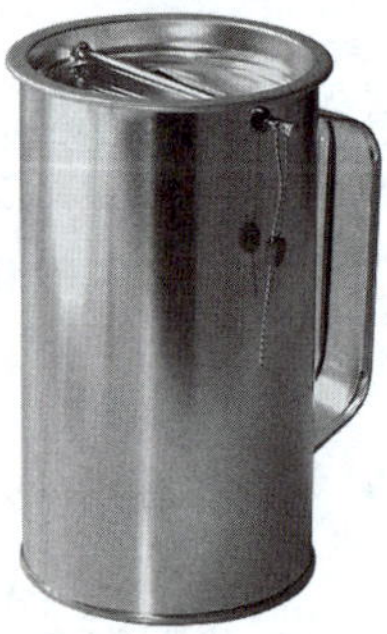

Lösung:

$123+(77+89)+(55+11)$ Anwendung des Assoziativgesetzes
$=123+77+89+55+11$ Anwendung des Kommutativgesetzes
$=123+77+89+\mathbf{11}+\mathbf{55}$ Anwendung des Assoziativgesetzes
$=(123+77)+(89+11)+55$
$=200+100+55$
$=355$

Bei der Subtraktion gilt weder das Kommutativ- noch das Assoziativgesetz. Kommen in einem Rechenausdruck Summen und Differenzen vor, so kann die Reihenfolge der Berechnungen zwar auch verändert werden, man muss dabei aber sehr vorsichtig sein und die Rechenzeichen mitnehmen. Gefährlich ist auch das Setzen zusätzlicher Klammern, sobald diese ein Minuszeichen erfassen. Steht ein Minuszeichen vor der Klammer, so kann die Klammer nicht einfach weggelassen werden.

Beispiele

1. Zeige anhand von Beispielen, dass Assoziativ- und Kommutativgesetz bei der Subtraktion nicht gelten.

Lösung:

Assoziativgesetz:
$12-5-2=7-2=\mathbf{5}$
$12-(5-2)=12-3=\mathbf{9}$

Kommutativgesetz:
$12-5=\mathbf{7}$
$5-12$ liefert **keine natürliche Zahl**.

2. Verwende Assoziativ- und Kommutativgesetz, wenn möglich und sinnvoll.

a) $72-18+28$
b) $605-(105+17)$

Lösung:

a) $72-18+28=72+28-18$
$=100-18$
$=82$

Beim Anwenden des Kommutativgesetzes müssen die Rechenzeichen mitgenommen werden.

b) $605-(105+17)=605-122$
$=483$

Da vor der Klammer ein Minuszeichen steht, darf die Klammer nicht weggelassen werden. Will man die Klammer weglassen, muss man das Rechenzeichen vor der 17 austauschen: $605-(105+17)=605-105-17=\ldots$

51 Berechne im Kopf, indem du die Rechengesetze geschickt anwendest.

a) $3\,500+883+500+17$
b) $13+205-100+95$

52 Streiche möglichst viele Klammern, ohne dass der Wert des Terms sich ändert. Berechne die Terme jeweils mit und ohne die überflüssigen Klammern.

a) $212+(253-111)$
b) $205-(100-27)$
c) $82+\{(98-67)-10\}-5$
d) $234+\{99-[(66-11)-22]-33\}$

53 Berechne möglichst geschickt und verwende das Kommutativ- und das Assoziativgesetz. Die zu den Ergebnissen gehörenden Buchstaben ergeben ein Lösungswort.

a) $105+298+(52+100)+45$
b) $312+(44+(36+38))+(64+6)$
c) $264+(328+264)+(507+201)$
d) $925-137+225+337$
e) $924+385-624+115$
f) $2\,076+2\,593-1\,800+624-343$

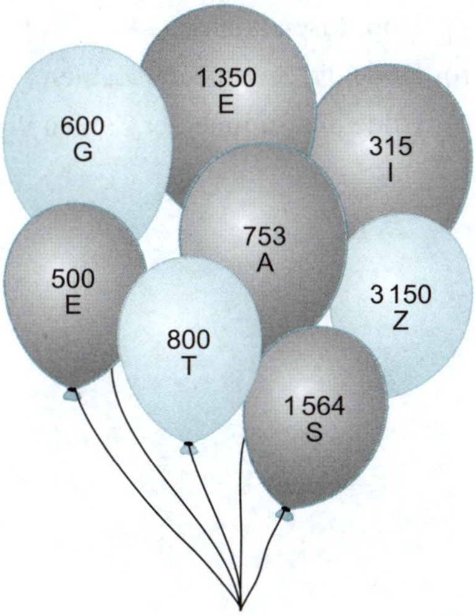

54 Tim hat falsch gerechnet. Kannst du die Fehler erklären und berichtigen?

a) $97+16-3=97+3-16=100-16=84$

b) $237-64+36=237-(64+36)=237-100=137$

c) $333-(133-22)=333-133-22=200-22=178$

✱ 55 Beschreibe Sabines Strategie, mit der sie die vom Lehrer gestellte Aufgabe geschickt im Kopf löst.

✱ 56 a) Carl Friedrich soll alle natürlichen Zahlen von 1 bis 10 addieren. Er rechnet:
$1+10+2+9+3+8+4+7+5+6=11+11+11+11+11=55$
Beschreibe die Strategie, mit der Carl Friedrich die Aufgabe geschickt im Kopf lösen konnte.

b) Bilde die Summe der Zahlen von 1 bis 100.

c) Bilde die Summe der Zahlen von 1 bis 19.

Ganze Zahlen

1 Die Menge der ganzen Zahlen

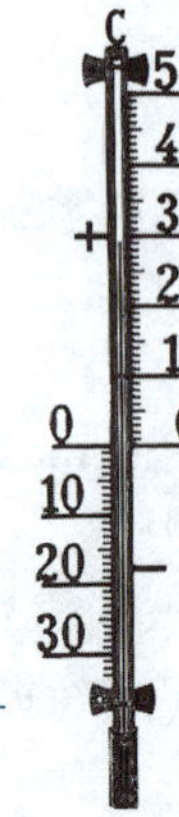

Mithilfe eines Thermometers lässt sich die Temperatur leicht bestimmen. Da es im Winter oft kälter als null Grad ist, reichen hier die positiven Zahlen nicht aus. Bei Temperaturen unter null Grad schreibt man vor die Zahl ein Minuszeichen. Diese Zahlen werden als negative Zahlen bezeichnet.

Wird die Menge der natürlichen Zahlen einschließlich der Null durch die negativen Zahlen ergänzt, so entsteht die Menge der **ganzen Zahlen**, die mit einem $\mathbb{Z}$ abgekürzt wird:

$$\mathbb{Z} = \{\underbrace{\ldots; -3; -2; -1}_{\text{negative Zahlen}}; 0; \underbrace{1; 2; 3; \ldots}_{\text{positive Zahlen}}\}$$

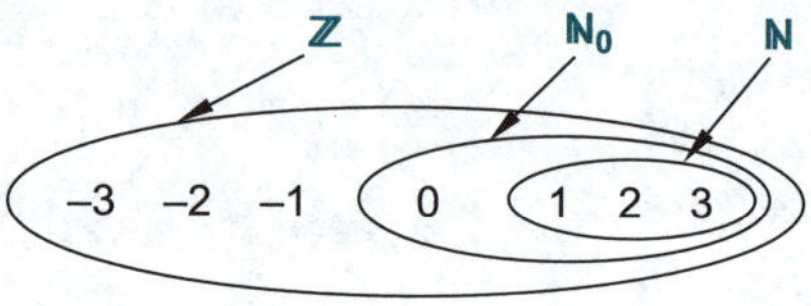

Beispiel

Entscheide jeweils, welches der Zeichen $\in$ oder $\notin$ in die Lücke gehört.

a) $0 \square \mathbb{Z}$ b) $-3 \square \mathbb{N}$
c) $0 \square \mathbb{N}$ d) $2 \square \mathbb{Z}$
e) $0 \square \mathbb{N}_0$ f) $-3 \square \mathbb{Z}$

Lösung:

a) Die Menge der ganzen Zahlen $\mathbb{Z}$ enthält zusätzlich zu den natürlichen Zahlen auch die negativen Zahlen und die Null: $0 \in \mathbb{Z}$

b) Die Menge der natürlichen Zahlen $\mathbb{N}$ enthält nur positive Zahlen. Die Zahl –3 ist deshalb kein Element der natürlichen Zahlen: $-3 \notin \mathbb{N}$

c) Die Menge der natürlichen Zahlen $\mathbb{N}$ enthält nur positive Zahlen: $0 \notin \mathbb{N}$

d) Da die Menge der ganzen Zahlen $\mathbb{Z}$ auch alle natürlichen Zahlen enthält, gilt: $2 \in \mathbb{Z}$

e) In $\mathbb{N}_0$ ist zusätzlich zu den natürlichen Zahlen auch die Null enthalten: $0 \in \mathbb{N}_0$

f) Die Menge der ganzen Zahlen $\mathbb{Z}$ enthält auch die negativen Zahlen: $-3 \in \mathbb{Z}$

57 Welche der folgenden Zahlen gehören zu den natürlichen und welche zu den ganzen Zahlen?

2 **–13** **0** **–5** **100 000** **7**

58 Wer hat recht? Begründe deine Entscheidung.

59 Welche der Zahlenmengenzeichen $\mathbb{Z}$, $\mathbb{N}_0$ und $\mathbb{N}$ können jeweils in die Lücke eingesetzt werden?

a) $-17 \in \square$ b) $0 \in \square$ c) $7 \in \square$

60 Entscheide jeweils, welches der Zeichen $\in$ und $\notin$ in die Lücke gehört.

a) $0 \; \square \; \{-4; -3; -2; \ldots\}$

b) $0 \; \square \; \{-7; -5; -3; \ldots\}$

2 Zahlengerade, Gegenzahl, Betrag

Beim Tauziehen bewegt sich der Knoten in der Mitte des Seils nach rechts oder links. Beim Start befindet sich der Knoten auf Höhe der Null. Ist das rechte Team stärker, wird der Knoten zu den positiven Zahlen gezogen. Was passiert aber, wenn die linke Mannschaft fester zieht? In diesem Fall benötigt man auf dem Zahlenstrahl auch noch einen Bereich, der links neben der Null verläuft.

Der Zahlenstrahl wird zur Zahlengeraden erweitert. Die Zahlengerade hat **nur eine Pfeilspitze** in Richtung der positiven Zahlen. Sie zeigt an, dass der Wert der Zahlen in diese Richtung wächst.

Für die gesamte **Zahlengerade** wird eine einheitliche Längeneinheit verwendet. Zwei aufeinanderfolgende negative Zahlen müssen deshalb den gleichen Abstand wie zwei aufeinanderfolgende positive Zahlen haben.

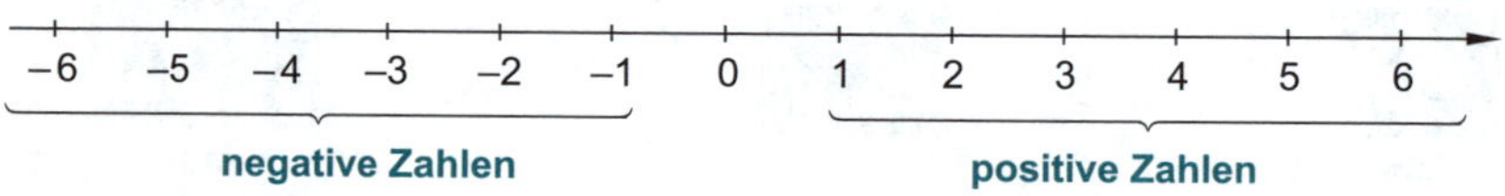

Die negativen Zahlen **müssen** durch ein negatives Vorzeichen kenntlich gemacht werden, die positiven Zahlen **dürfen** ein positives Vorzeichen erhalten. So können an der Zahlengeraden rechts auch die Zahlen +1, +2, +3, … stehen. Die Null ist weder negativ noch positiv und erhält kein Vorzeichen.

Auf der Zahlengeraden sind die positiven und negativen Zahlen spiegelbildlich um die Null angeordnet. Im **gleichen Abstand zur Null** findet man deshalb auf den beiden Seiten der Zahlengeraden immer zwei Zahlen, die sich nur durch ihr Vorzeichen unterscheiden. Solche Zahlenpaare werden als **Zahl und Gegenzahl** bezeichnet.

Beispiel

Zahl	2	–1	–102	5
Gegenzahl	–2	1	102	–5

Gegenzahlen können sowohl negativ als auch positiv sein.

Manchmal interessiert man sich nur für den Abstand einer Zahl von der Null und nicht dafür, ob sie negativ oder positiv ist. In solchen Fällen spricht man vom Betrag der Zahl.

> Der **Betrag** einer Zahl aus $\mathbb{Z}$ ist …
> - die Zahl selbst, wenn es sich um eine positive Zahl oder die Null handelt.
> - ihre Gegenzahl, wenn die Zahl negativ ist.
>
> Zahl und Gegenzahl haben den gleichen Betrag.

eispiele

1. Bilde den Betrag von –3, 3 und 0.

   Lösung:
   $|-3|=3$ Sprechweise: „Betrag von –3 ist 3"
   $|3|=3$
   $|0|=0$

2. Markiere auf einer geeigneten Zahlengeraden folgende Zahlen:
   –4, $|-3|$, $|1|$ und die Gegenzahlen von –5 und 2

   Lösung:
   Es gilt: $\mathbf{|-3|=3}$ und $\mathbf{|1|=1}$
   Die Gegenzahl von –5 ist **5** und die Gegenzahl von 2 ist **–2**.
   Auf der gezeichneten Zahlengeraden muss daher der Bereich von –4 bis +5 zu sehen sein. Dafür eignet sich eine Längeneinheit von 1 cm.

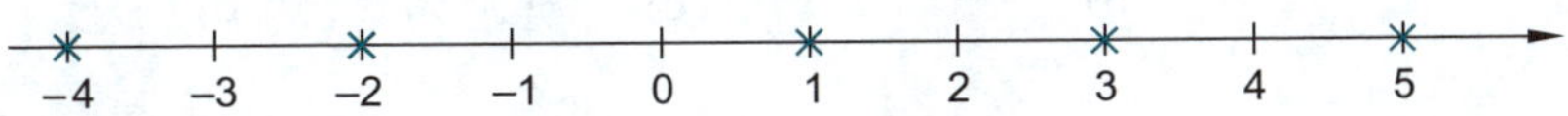

61 Gib alle Zahlen mit folgenden Beträgen an.

a) 5 b) 18
c) 0 d) –10

62 Wie viele Längeneinheiten sind die Zahlen auf der Zahlengeraden voneinander entfernt?

a) –2 und 8 b) –30 und 240
c) –9 und –4 d) –6 und die Gegenzahl von 8

63 Markiere folgende Zahlen auf einer Zahlengeraden.

a) 3, –5, 4, –2, 0, –1 (1 LE = 1 cm)

b) –35, 7, –28, –20, 33, –40, 22 (1 LE = 1 mm)

c) 120, 300, –400, –200, 450, –280 (100 LE = 1 cm)

d) –18, –65, –95, –33 (1 LE = 1 mm)

64 Gib die Zahlen an, die mit Pfeilen markiert sind.

a)

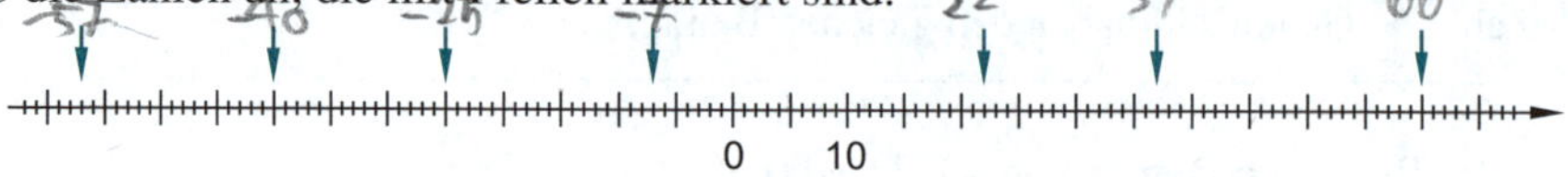

b)

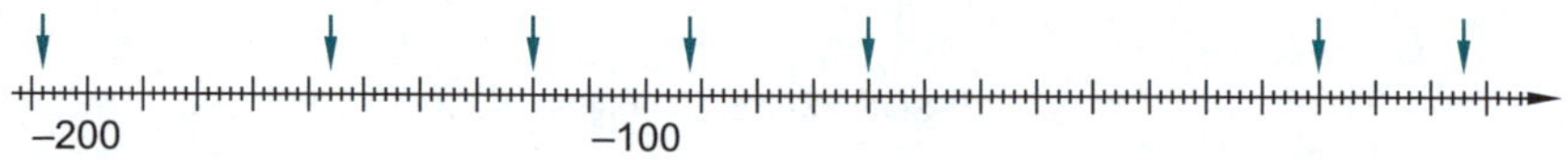

65 Zeichne eine Zahlengerade (LE = 1 cm) und markiere folgende Zahlen.

a) T(5) und die entsprechenden Gegenzahlen

b) Die Gegenzahlen aller negativen Zahlen, deren Betrag kleiner als 5 ist.

c) Alle negativen Zahlen, deren Abstand zu ihrer jeweiligen Gegenzahl kleiner als 6 ist.

66 Lies die Temperaturen ab und bestimme den Betrag der abgelesenen Zahl.

a)

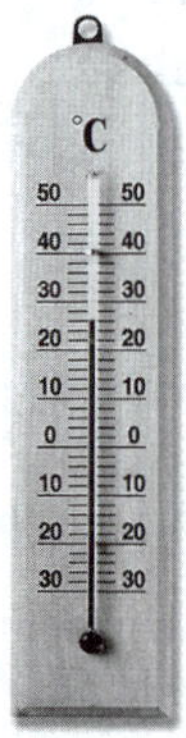

b)

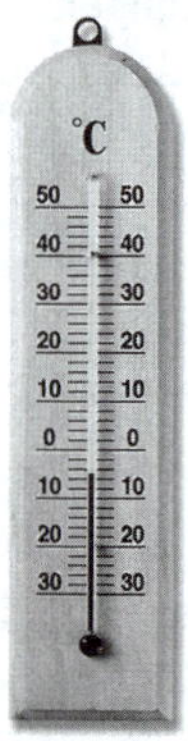

c)

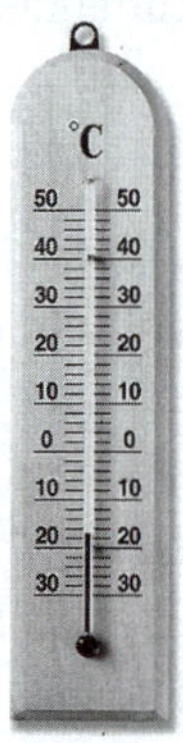

d)

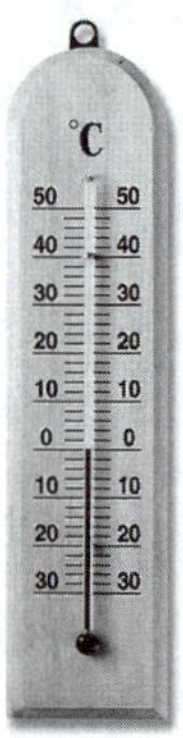

67 Drücke die folgenden Aussagen jeweils mithilfe der Betragsschreibweise aus.

a) Die Zahlen –8 und 8 haben auf der Zahlengeraden den gleichen Abstand zur Null.

b) Die Zahl –10 ist auf der Zahlengeraden weiter von der Null entfernt als die Zahl 3.

c) Die Zahl 5 liegt auf der Zahlengeraden näher an der Null als die Zahl –7.

3 Anordnung der ganzen Zahlen

Ist es kälter, wenn das Thermometer –5 °C anzeigt oder wenn es –10 °C anzeigt? –10 °C ist die niedrigere Temperatur. Dementsprechend ist –10 auch kleiner als –5. Das ist auf den ersten Blick vielleicht etwas erstaunlich, weil man von den positiven Zahlen gewohnt ist, dass die Zahl mit dem größeren Betrag auch größer ist. Bei den negativen Zahlen ist es aber genau umgekehrt.

> Je größer der Betrag einer negativen Zahl ist, umso kleiner ist die Zahl.

Das liegt daran, dass eine Zahl umso kleiner ist, je weiter links auf der Zahlengeraden sie liegt. Für negative Zahlen bedeutet „weiter links" aber einen größeren Abstand zur Null und damit einen größeren Betrag.

Beispiel

Sortiere der Größe nach: $-1\,077, |999|, -222, 568, 45, -753, |-754|, 0$

Lösung:

Positive Zahlen:
$|999| = 999, 568, 45, |-754| = 754$

Sortierte positive Zahlen:
$45 < 568 < |-754| < |999|$

Sortierte negative Zahlen:
$-1\,077 < -753 < -222$

Ergebnis:
$-1\,077 < -753 < -222 < 0 < 45 < 568 < |-754| < |999|$

Sortiere erst alle positiven Zahlen und beachte dabei, dass auch negative Zahlen in Betragsstrichen positiv sind.
Kümmere dich anschließend um die negativen Zahlen und die Null.

68 Nenne jeweils den Vorgänger und den Nachfolger der Zahlen 9, –5, 0, –187, 8 999 und –98 999 999.

69 Ordne in aufsteigender Reihenfolge und gib das Ergebnis als Ungleichungskette an.

a) $5, 8, -3, -8, -1, 0$

b) $8, 5, -24, -12, -23, 9, -16$

c) $|69|, 79, |-67|, -65, -78, 76, -79, 10$

d) $|388|, -387, 389, -390, |-390|, -389, -388$

70 Streiche aus den vorgegebenen Zahlen jeweils drei Ziffern, sodass eine möglichst große Zahl entsteht.

a) $-832\,745$ b) $-603\,741$

71 Ordne den Ereignissen auf dem Zahlenstrahl die richtigen Jahreszahlen zu.

776 v. Chr.	800 n. Chr.	44 v. Chr.	79 n. Chr.
753 v. Chr.	125 n. Chr.	1 000 n. Chr.	333 v. Chr.

Tipp: Sortiere die Jahreszahlen chronologisch.

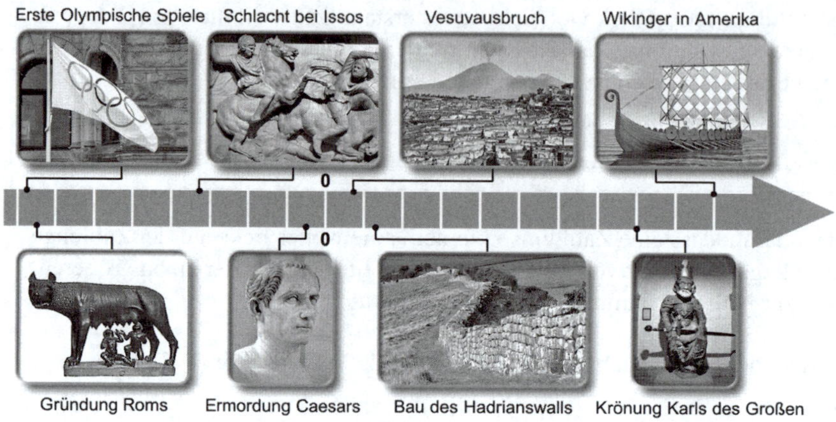

72 Gib alle ganzen Zahlen an, die du einsetzen kannst, sodass die Aussage richtig ist.

a) $\square < -1$ b) $\square > -5$ c) $-3 < \square \leq 5$

d) $|\square| < 5$ e) $|\square| > 4$ f) $|\square| \geq -5$

73 Welche Bedingungen erfüllen die markierten Zahlen jeweils? Gib die Bedingungen so an, wie sie in Aufgabe 72 formuliert wurden.
Gehe davon aus, dass bei den Teilaufgaben a und e auch alle Zahlen größer als 7 markiert sind, und bei den Teilaufgaben b und e entsprechend alle Zahlen kleiner als –7.

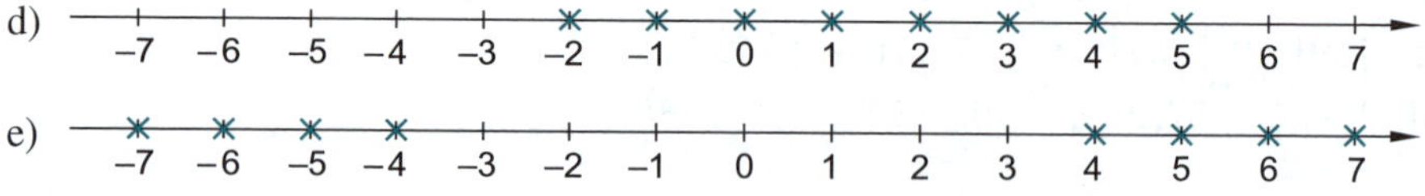

74 Lena behauptet: „5 ist kleiner als 15, also ist auch –5 kleiner als –15.“
Nimm Stellung.

4 Rechnen mit negativen Zahlen

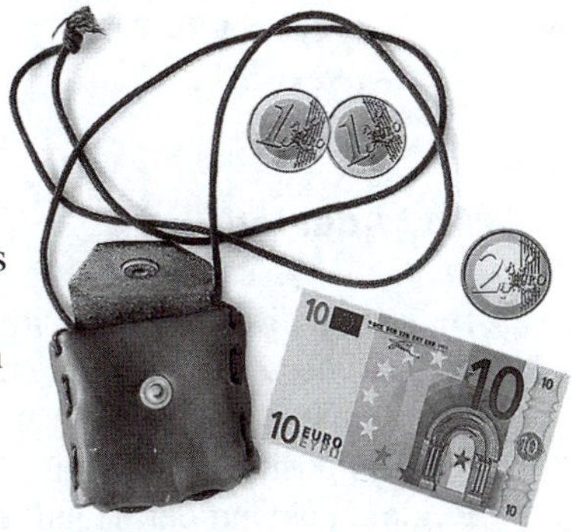

Das Rechnen mit ganzen Zahlen kann man sich mit Geldbeträgen veranschaulichen. Das Addieren einer positiven Zahl entspricht dem Geldverdienen und das Subtrahieren dem Geldausgeben. Beim Addieren einer negativen Zahl kommen zum aktuellen Guthaben Schulden dazu. Das Gesamtguthaben wird dadurch kleiner. Werden Schulden vom Gesamtguthaben abgezogen, so vergrößert sich das Guthaben.

Sowohl Minus- als auch Pluszeichen haben beim Rechnen mit ganzen Zahlen zwei unterschiedliche Bedeutungen.

> **Vorzeichen** gehören direkt zu einer Zahl. Sie geben an, ob die Zahl positiv oder negativ ist. **Rechenzeichen** zeigen, ob die folgende Zahl addiert oder subtrahiert werden soll.

Rechen- und Vorzeichen dürfen nicht direkt nebeneinanderstehen. In solchen Fällen muss die Zahl samt Vorzeichen eingeklammert werden.

Beispiel

Vorzeichen

5 – (+2)

Rechenzeichen

Treffen ein Rechen- und ein Vorzeichen aufeinander, so können sie zu einem Plus- oder Minuszeichen zusammengefasst werden.

> - Beim Addieren einer positiven Zahl wird das Vorzeichen weggelassen:
>   + (+ ___) = + ___
> - Das Addieren einer negativen Zahl entspricht dem Subtrahieren ihres Betrages:
>   + (– ___) = – ___
> - Beim Subtrahieren einer positiven Zahl wird das Vorzeichen weggelassen:
>   – (+ ___) = – ___
> - Das Subtrahieren einer negativen Zahl entspricht dem Addieren ihres Betrages:
>   – (– ___) = + ___

Durch dieses Ersetzen lassen sich Addition und Subtraktion ganzer Zahlen auf das Addieren bzw. Subtrahieren positiver Zahlen reduzieren.

Beispiel

$5-(-2)=5+2=7$ $\quad$ $5+(+2)=5+2=7$

$5-(+2)=5-2=3$ $\quad$ $5+(-2)=5-2=3$

4.1 Addition

Bei der Addition einer positiven Zahl geht man auf der Zahlengeraden nach **rechts**. Startet man auf der positiven Seite, so erhält man ein positives Ergebnis.
Beginnt man auf der negativen Seite, so ist das Vorzeichen des Ergebnisses davon abhängig, welche der beiden Zahlen den größeren Betrag hat.

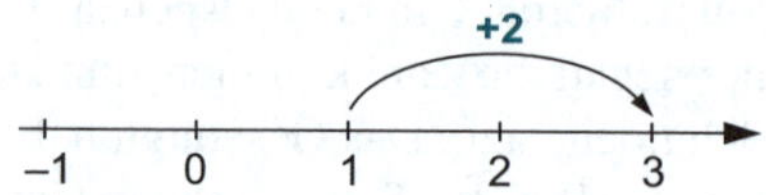

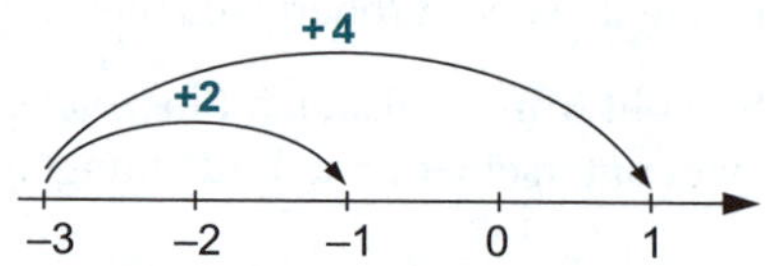

Addition einer positiven Zahl zu einer positiven Zahl

- Das Ergebnis erhält ein positives Vorzeichen.
- Addiere die Beträge beider Zahlen.

Addition einer positiven Zahl zu einer negativen Zahl

- Vergleiche die Beträge beider Summanden.
  Das Ergebnis erhält das Vorzeichen der Zahl mit dem größeren Betrag.
- Ziehe den kleineren Betrag vom größeren ab.

Beispiele

1. Löse $-17+23$.

   Lösung:
   Der Betrag von -17 ist 17 und damit **kleiner** als 23. Das Ergebnis ist daher **positiv**.
   $-17+23=+(23-17)=23-17=6$

   Du startest auf der Zahlengeraden an einer Stelle, die weniger Schritte links von der Null liegt, als du im Verlauf der Rechnung nach rechts gehen musst. Von -17 bis zur Null werden 17 Schritte benötigt. Also bleiben rechts von der Null noch $23-17=6$ Schritte übrig.

2. Addiere -171 und 68.

   Lösung:
   Der Betrag von -171 ist 171 und somit **größer** als 68. Das Ergebnis ist deshalb **negativ**.
   $-171+68=-(171-68)=-103$

   Du startest an einer Stelle, die mehr Schritte links von der Null liegt, als du nach rechts laufen musst. Daher wirst du die Null nicht erreichen. Der Startabstand zur Null beträgt 171 Schritte und wird um 68 Schritte reduziert.

Anfangs hilft dir der Zwischenschritt vermutlich. Du solltest aber so viel üben, dass du die Rechnung auch ohne den Zwischenschritt lösen kannst.

75 Berechne folgende Summen.

a) $14+88$ b) $-25+14$

c) $-34+120$ d) $-298+189$

e) $-1\,194+1\,092$ f) $-942+3\,844$

76 Gib für alle Plus- und Minuszeichen an, ob es sich um ein Vor- oder Rechenzeichen handelt. Ersetze dann jede Kombination aus Rechen- und Vorzeichen durch ein Rechenzeichen und berechne anschließend.

a) $-27-(-47)$ b) $-37+(-24)$

c) $-838+(+382)$ d) $-3\,898-(-291)$

4.2 Subtraktion

Bei der Subtraktion einer positiven Zahl geht man auf der Zahlengeraden nach **links**.
Startet man auf der positiven Seite, so ist das Vorzeichen des Ergebnisses davon abhängig, welche der beiden Zahlen den größeren Betrag hat.
Wird von einer negativen Zahl eine positive Zahl abgezogen, so ist das Ergebnis negativ.

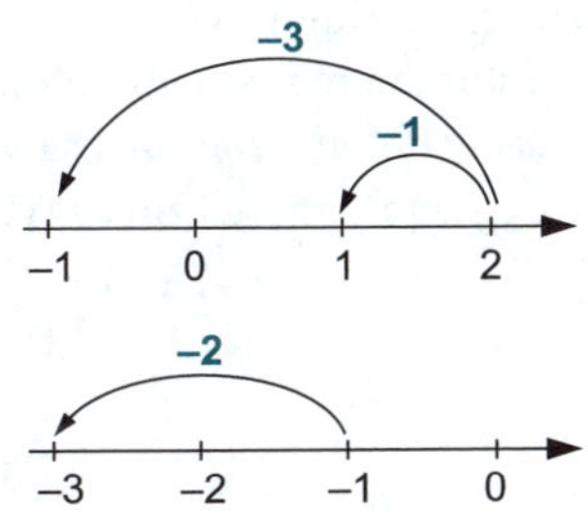

Subtraktion einer positiven Zahl von einer positiven Zahl

- Vergleiche die Beträge von Minuend und Subtrahend.
  Ist der Minuend kleiner als der Subtrahend, so erhält das Ergebnis ein negatives Vorzeichen. Andernfalls ist das Ergebnis positiv.
- Ziehe den kleineren Betrag vom größeren ab.

Subtraktion einer positiven Zahl von einer negativen Zahl

- Das Ergebnis erhält ein negatives Vorzeichen.
- Addiere die Beträge beider Zahlen.

Beispiele

1. Löse $32-53$.

Lösung:

32 ist **kleiner** als 53, daher ist das Ergebnis **negativ**.
$32-53=-(53-32)=-21$

Du startest an einer Stelle, die weniger Schritte rechts von der Null liegt, als du dich nach links bewegen musst. Um die Null zu erreichen, benötigst du 32 Schritte. Anschließend läufst du noch $53-32=21$ Schritte weiter nach links.

2. Berechne $-32-53$.

   Lösung:

   Beide Beträge werden addiert und das Ergebnis erhält ein negatives Vorzeichen.

   $-32-53=-(32+53)=-85$

   Du startest 32 Schritte links von der Null und läufst 53 Schritte nach links. Dann landest du $32+53=85$ Schritte links von der Null.

3. $-30-43-13$

   Lösung:

   Möglichkeit 1:

   $-30-43-13=-(30+43+13)=-86$

   Du startest 30 Schritte links von der Null und läufst zunächst 43 und dann weitere 13 Schritte nach links. Danach stehst du $30+43+13=86$ Schritte links von der Null.

   Möglichkeit 2:

   Diese Rechnung könnte auch Schritt für Schritt gelöst werden. Zunächst wird ermittelt, wie viele Schritte links von der Null man sich nach dem Subtrahieren von 43 befindet. Anschließend wird berechnet, wo man durch das weitere Subtrahieren von 13 landet.

   $$\begin{aligned}-30-43-13&=-\mathbf{(30+43)}-13\\&=\mathbf{-73}-13\\&=-(73+13)\\&=-86\end{aligned}$$

   Beim schrittweisen Lösen der Aufgabe musst du auf die richtige Reihenfolge der einzelnen Rechnungen achten. Du darfst nicht zuerst von der 43 die 13 abziehen!

77 Berechne die folgenden Differenzen.

a) $-8-9$ b) $150-134$

c) $28-98$ d) $88-338$

e) $-77-372$ f) $-8\,288-9\,392$

78 Gib für alle Plus- und Minuszeichen an, ob es sich um ein Vor- oder Rechenzeichen handelt. Ersetze dann jede Kombination aus Rechen- und Vorzeichen durch ein Rechenzeichen und berechne anschließend.

a) $24-(+36)$ b) $94+(-298)$

c) $-259-(+198)$ d) $-3\,398+(-22\,528)$

Vermischte Aufgaben

79 Setze die folgenden Zahlenreihen jeweils um drei Zahlen fort.

a) 31, 24, 17, 10 … b) –15, –11, –7, …

80 Ersetze die Kombination aus Rechen- und Vorzeichen durch ein Rechenzeichen und berechne:

a) $-57-(-113)$ b) $(+4)+(-8)$

c) $-(+234)-(-76)$ d) $+(+8\,987)-(-987)$

81 Beachte die von den Klammern vorgegebene Rechenreihenfolge und berechne.

a) $-73-(-15+22)$ b) $-125+[-18+(-53-17)]$

c) $-(86-119)-[43+(-68)]$ d) $-14-(24-34)-44$

82 Gib, ohne zu rechnen, an, welche Rechenausdrücke das gleiche Ergebnis haben.

a) $1\,777+(-3\,811)$ $3\,811-1\,777$ $1\,777-3\,811$
$-3\,811+1\,777$ $-1\,777-(-3\,811)$ $-1\,777+3\,811$

b) $-486-(-579)$ $-579+(-486)$ $-579-486$
$579+(-486)$ $-(+579+486)$ $-486+579$

83 Setze in die Lücken jeweils ein Plus- oder Minuszeichen, sodass die Gleichung korrekt ist.

a) $-565\ \square\ (-25)=-540$ b) $\square\ 217+(+176)=-41$

c) $(-107\ \square\ 139)+178=210$ d) $364\ \square\ (-11)=353$

e) $82\ \square\ (-53\ \square\ 44)=-15$ f) $-105\ \square\ (-72)=\square\ 177$

84 a) Welche Zahl muss man zu –185 addieren, um –176 zu erhalten?

b) Welche Zahl muss man von 146 subtrahieren, um 200 zu erhalten?

c) Zu welcher Zahl muss man –76 addieren, um –50 zu erhalten?

d) Von welcher Zahl muss man –105 subtrahieren, um 25 zu erhalten?

85 Welche ganzen Zahlen musst du in die Lücken einsetzen, damit die Gleichung jeweils korrekt ist?

a) $335-(\square)=275$ b) $-1\,024-(\square)=512$

c) $|\square+5|=3$ d) $|9-\square|=6$

e) $|79-\square|=13$ f) $|\square+103|=-251$

86 Schreibe die zugehörigen Terme auf und berechne.

Tipp: Beachte, dass bei einer Differenz der Minuend zuerst genannt wird. Mit „Differenz der Zahlen –15 und –37" ist z. B. folgender Term gemeint: $-15-(-37)$.

a) Subtrahiere die Summe der Zahlen –22 und 263 von der Differenz der Zahlen 1 001 und –31.

b) Addiere die Differenz der Zahlen 13 und –23 zur Differenz der Zahlen –37 und –19.

c) Subtrahiere die Differenz der Zahlen –33 und 47 von der Summe dieser beiden Zahlen.

87 Zeichne den Gliederungsbaum des Terms und berechne den Termwert.

a) $[73+(-22)]-(-11+32)$

b) $[186-(-53-101)]+[(-197+76)-(81-(-111))]$

88 Kapitän Nemo übergibt dem Steuermann das Kommando über sein U-Boot 317 m unter dem Meeresspiegel. Der Steuermann muss zunächst einer Untiefe ausweichen und steuert 71 m nach oben. Daraufhin folgt er einem Fischschwarm und lässt das Boot dabei erst um 183 m und dann noch einmal um 33 m absinken. Kurz bevor Kapitän Nemo das Steuer wieder übernimmt, steigt das U-Boot um 177 m.
In welcher Tiefe übergibt der Steuermann das U-Boot an den Kapitän?

89 Luft wird bei –196 °C flüssig und erstarrt bei –218 °C.
Um wie viel Grad muss man Luft nach der Verflüssigung weiter abkühlen, damit sie fest wird?

90 Ein Aufzug startet in der Tiefgarage im 3. Untergeschoss. Er fährt erst 7 Stockwerke nach oben, dann 3 nach unten. Anschließend weitere 2 nach unten und dann, ohne anzuhalten, bis zur Penthousewohnung im 21. Stockwerk. Wie viele Stockwerke fährt der Aufzug bei der letzten Fahrt nach oben?

91 Daniel hat seine Hausaufgaben fehlerhaft gelöst.
Begründe jeweils – ohne die Rechnung komplett durchzuführen –, warum das Ergebnis nicht korrekt sein kann.

a) $-1\,024+768=256$
b) $-74-18=-91$
c) $-12+37=49$
d) $-(-1\,028)+113=-1\,141$
e) $396+(-404)=8$
f) $-294-44=-250$

92 Wie verändert sich der Wert des Terms $\{-176-123\}-[727-(188-92)]$, wenn alle fünf enthaltenen Zahlen um jeweils 5 verkleinert werden?
Führe keine konkreten Gesamtberechnungen durch, sondern überlege, wie sich die Werte der einzelnen Klammern verändern und welche Auswirkung das insgesamt hat.

93 Gib jeweils mit Begründung an, ob die Rechengeschichte zu folgendem Term passt: $-1\,732-3\,267+397$

a) Herr Bracht hat Ende Juli 1 732 Euro Schulden bei der Bank. Am 1. August überweist sein Arbeitgeber das Juligehalt in Höhe von 3 267 Euro und einen Tag später bucht die Krankenkasse den monatlichen Beitrag von 397 Euro ab.

b) Das U-Boot Explorer erforscht den Marianengraben im Pazifischen Ozean, als in 1 732 m Tiefe ein Defekt am Steuerungscomputer auftritt und das Boot innerhalb von 30 Minuten um 3 267 m absinkt. Nachdem die Techniker den Fehler behoben haben, steigt die Explorer 397 m auf, um anschließend Wasserproben zu entnehmen.

c) Der Betriebsrat des Konzerns Coasterblitz beobachtet die Änderung der Angestelltenzahlen. Wegen schlechter Verkaufszahlen musste im Geschäftsjahr 2013 die Belegschaft um 1 732 Angestellte reduziert werden und im Folgejahr wurde weiteren 3 267 Mitarbeitern gekündigt. Eine bessere Auftragslage führte dazu, dass im Verlauf des Jahres 2015 insgesamt 397 Techniker neu eingestellt werden konnten.

94 Beim „Mauerrechnen“ arbeitest du wie auf einer Baustelle. Zuerst wird das Fundament gelegt und dann wachsen die Wände Reihe für Reihe. Dabei musst du sehr sorgfältig arbeiten, weil fehlerhafte Stellen in den unteren Reihen nur schwer auszubessern sind und sich auf alle weiteren Rechnungen auswirken.

a) Die **Summe** von zwei nebeneinanderliegenden Zahlen ergibt bei der folgenden Mauer immer die mittig über diesen Zahlen stehende Zahl. Bestimme mithilfe geeigneter Rechnungen alle fehlenden Zahlen.

Tipp zur Kontrolle: Die gefärbten Steine enthalten Zahlen mit der Quersumme 10.

b) Bei der nebenstehenden Mauer musst du die nebeneinanderstehenden Zahlen voneinander **subtrahieren**, um den Wert des darüberliegenden Steins zu erhalten.

Tipp zur Kontrolle: Hier enthalten die gefärbten Steine Zahlen mit der Quersumme 9.

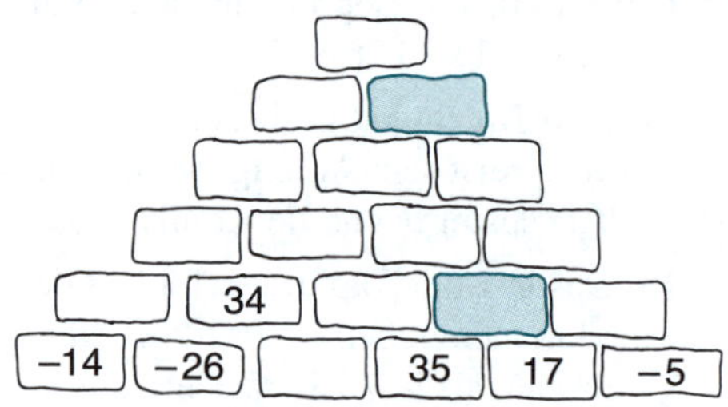

Geometrische Grundbegriffe

1 Koordinatensystem

In der Geometrie beschäftigt man sich unter anderem mit Punkten, Linien und zweidimensionalen Figuren. Um die Position dieser geometrischen Gebilde eindeutig angeben zu können, haben die Mathematiker ein spezielles System entwickelt.

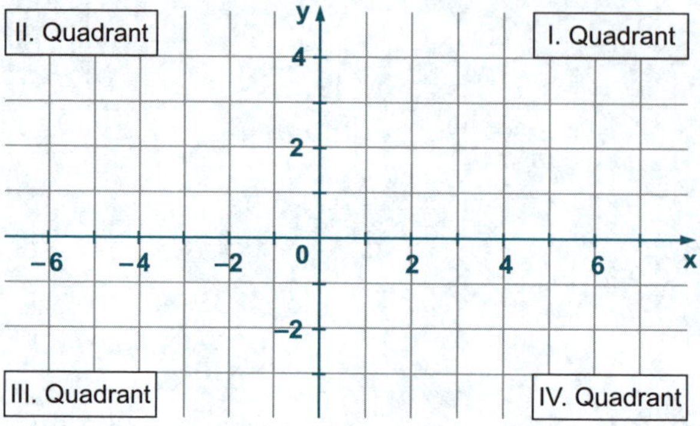

Um Positionen auf einem Blatt Papier oder der Schultafel eindeutig beschreiben zu können, verwendet man ein **Koordinatensystem**.

- Es besteht aus einer **waagrechten** und einer **senkrechten** Zahlengeraden. Diese beiden Geraden kreuzen sich bei ihren Nullpunkten.
- Der Schnittpunkt heißt **Ursprung** oder auch **Nullpunkt** des Koordinatensystems.
- Die nach rechts verlaufende Zahlengerade wird als **Rechtswertachse** oder **x-Achse** bezeichnet, die nach oben verlaufende Zahlengerade heißt **Hochwertachse** oder **y-Achse**.

Achte beim Zeichnen des Koordinatensystems darauf, dass die beiden Zahlengeraden nur **jeweils eine Pfeilspitze** haben und dort **mit x bzw. y beschriftet** sind. Auf beiden Achsen muss jeweils **mindestens eine Längeneinheit markiert** sein und der Achsenschnittpunkt sollte mit der 0 beschriftet werden. Es ist nicht notwendig, dass für x- und y-Achse die gleiche Längeneinheit verwendet wird.

Die Koordinatenachsen trennen die vier Quadranten voneinander und werden keinem der Quadranten zugeordnet.

Die Lage eines Punktes P lässt sich eindeutig durch seine Koordinaten beschreiben.

- Die **x-Koordinate** (auch als Rechtswert bezeichnet) gibt an, wie viele Längeneinheiten man sich vom Ursprung aus in Richtung der x-Achse bewegen muss.
- Die **y-Koordinate** (auch Hochwert genannt) liefert diese Information für die y-Achse.
- Eine negative x-Koordinate bedeutet, dass man sich vom Ursprung aus nach links bewegen muss. Solche Punkte liegen daher links von der y-Achse. Punkte mit negativer y-Koordinate liegen entsprechend unterhalb der x-Achse.

P(**2**|4)

x-Koordinate ↗ ↖ y-Koordinate

Der Punkt P liegt im I. Quadranten.

Jedes Koordinatensystem sollte genügend Platz für die einzuzeichnenden Punkte bieten.

Häufig wird der **Platzbedarf** in der Aufgabenstellung angegeben:

$-1 \leq x \leq 3$ und $-3 \leq y \leq 2$

Oder kürzer:

$$\begin{array}{ccc} & 2 & \\ -1 & 0 & 3 \\ & -3 & \end{array}$$

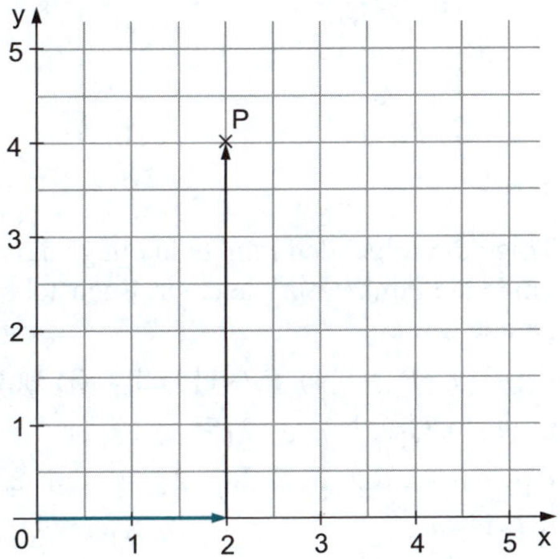

Beispiel

Gegeben sind die Punkte $P_1(-1|-3)$, $P_2(-1|2)$, $P_3(1|0)$, $P_4(3|2)$ und $P_5(3|-3)$.

Gib zunächst an, in welchen Quadranten die Punkte jeweils liegen. Trage die Punkte dann in ein geeignetes Koordinatensystem ein und verbinde sie der Reihe nach jeweils durch eine gerade Linie.

Lösung:

$P_1(-1|-3)$ liegt im III. Quadranten.

Vom Ursprung aus eine Längeneinheit nach links und dann drei Längeneinheiten nach unten.

$P_2(-1|2)$ liegt im II. Quadranten.

$P_3(1|0)$ liegt auf der positiven x-Achse und kann daher keinem Quadranten zugeordnet werden.

$P_4(3|2)$ liegt im I. Quadranten.

$P_5(3|-3)$ liegt im IV. Quadranten.

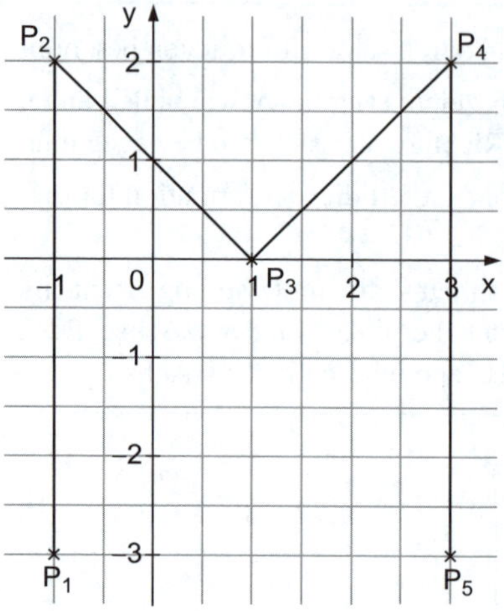

Überlegung zum Platzbedarf:
Die kleinste x-Koordinate ist –1 und die größte 3.
Die kleinste y-Koordinate ist –3 und die größte 2.
Die x-Achse des Koordinatensystems muss daher von –1 bis 3, die y-Achse von –3 bis 2 reichen.

95 Trage die folgenden Punkte in ein geeignetes Koordinatensystem ein und verbinde die Punkte mit gleichem Buchstaben der Reihe nach jeweils durch eine gerade Linie.

$P_1(-3\,|\,1)$, $P_2(-1\,|\,1)$, $P_3(-1\,|\,3)$, $P_4(-3\,|\,3)$, $P_5(-3\,|\,5)$, $P_6(-1\,|\,5)$

$Q_1(1\,|\,5)$, $Q_2(3\,|\,5)$, $Q_3(2\,|\,5)$, $Q_4(2\,|\,1)$

$R_1(-4\,|\,-4)$, $R_2(-3\,|\,0)$, $R_3(-2\,|\,-4)$, $R_4(-2{,}5\,|\,-2)$, $R_5(-3{,}5\,|\,-2)$

$S_1(-1\,|\,-4)$, $S_2(-1\,|\,0)$, $S_3(1\,|\,0)$, $S_4(1\,|\,-2)$, $S_5(-1\,|\,-2)$, $S_6(1\,|\,-4)$

$T_1(2\,|\,-4)$, $T_2(2\,|\,0)$, $T_3(2\,|\,-2)$, $T_4(4\,|\,0)$, $T_5(2\,|\,-2)$, $T_6(4\,|\,-4)$

96 Gib die Koordinaten der eingezeichneten Punkte an.

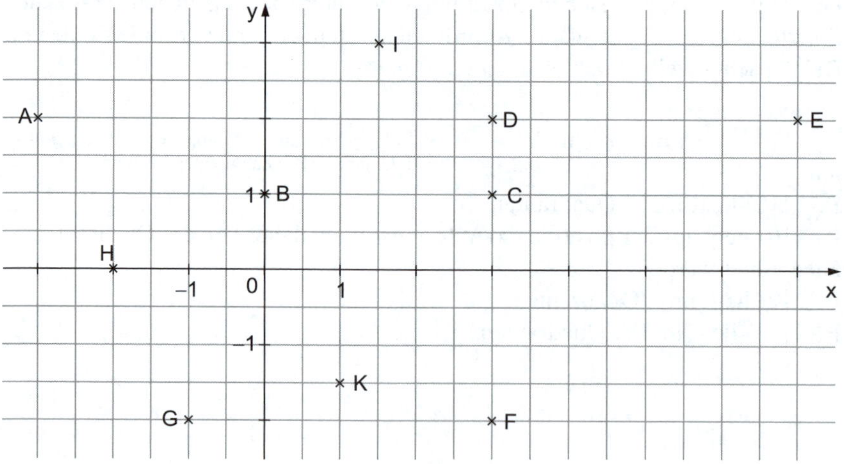

97 Für die x- und y-Koordinaten von Punkt P werden die Platzhalter a und b verwendet. Der Punkt kann daher als P(a | b) geschrieben werden. In dieser Darstellung ist noch nicht klar, an welcher Stelle des Koordinatensystems P liegt.
Welche Zahlen dürfen für die Platzhalter a und b jeweils eingesetzt werden, damit ein Punkt entsteht, der …

a) im II. Quadranten liegt?

b) im III. Quadranten liegt?

c) unterhalb der x-Achse liegt?

d) auf der y-Achse liegt?

98 Wie in Aufgabe 97 werden für die x- und y-Koordinaten von Punkt P die Platzhalter a und b verwendet.
Markiere in einem geeigneten Koordinatensystem die Bereiche, in denen der Punkt P(a | b) liegen kann, wenn für die Platzhalter jeweils gilt:

a) $a \leq 0$ und b beliebig

b) $a \geq 4$ und $b < 0$

c) $a \geq 2$ und $b \geq 1$

✱ 99 Die linke Spalte ergibt jeweils die x-Koordinate eines Punktes, die rechte Spalte die zugehörige y-Koordinate.
Berechne die Koordinaten und trage die Punkte in ein geeignetes Koordinatensystem ein. Verbinde die Punkte anschließend durch gerade Linien zu einem Gegenstand, der gut zum Monat Dezember passt.

(234 – 364) + 127	19 – [20 + (–23 + 19)]	(|)
2 + 4 – 8	568 – 571	(|)
–22 + 85 – (–201) – 266	46 – 235 – (–192)	(|)
–52 – (–47)	15 + (–16)	(|)
45 – 46	–31 + 34	(|)
[34 – (24 + 12)] + 2	–6 455 + 6 458	(|)
378 – 380	1 + (–1) – (–1) – 1 – (–1)	(|)
458 – (–687 + 457) – 689	–23 – 38 + 58	(|)
23 + (–24)	467 – [392 – (–74)]	(|)
–46 + 44	56 + (–44) – 13	(|)
339 – 340	24 – 36 – (–11)	(|)
12 + 32 – (13 + 29)	–43 581 – (–43 580)	(|)
–25 – (–26)	19 – [20 – (–23 + 39)] – 14	(|)
[(49 – 75) – 20] + 42	2 – 1 + 1 – (–2) – 2 + (–1)	(|)
–2 + 0,5	18 + 17 – 30	(|)

2 Strecke, Halbgerade, Gerade

Zwei Punkte können unterschiedlich miteinander verbunden werden, z. B. durch einen Bogen, eine Schlangenlinie oder mithilfe von Lineal oder Geodreieck. Die gerade Linie stellt die kürzeste Verbindung zwischen den beiden Punkten dar.

- Die kürzeste Verbindung zwischen zwei Punkten A und B wird als **Strecke $\overline{AB}$** bezeichnet.
- Wird die Strecke $\overline{AB}$ über einen Endpunkt hinaus verlängert, entsteht eine Halbgerade. Die **Halbgerade [AB** bzw. **BA]** beginnt in A und verläuft durch B.
- Die Verlängerung der Strecke $\overline{AB}$ über beide Endpunkte hinaus ergibt die **Gerade AB**.

Sowohl Geraden als auch Halbgeraden sind unendlich lang, auch wenn sie in Zeichnungen irgendwo enden.

Für die **Länge der Strecke $\overline{AB}$** wird die Abkürzung $|\overline{AB}|$ verwendet.

Abkürzungen:

- Strecken, Halbgeraden und Geraden werden häufig mit kleinen lateinischen Buchstaben (g, h, s, ...) bezeichnet.
- Zur besseren Unterscheidung werden für Punkte immer große lateinische Buchstaben (A, B, C, ...) verwendet.
- Oft werden an die Buchstaben kleine Ziffern (g_1, g_2, A_1, A_2, ...) angehängt. Eine solche Ziffer wird als **Index** bezeichnet.

Beispiel

Gegeben ist die nebenstehende Abbildung.

a) Welche Punkte, Geraden, Halbgeraden und Strecken sind in der Abbildung zu erkennen?

b) Wie verlaufen die Geraden, Halbgeraden und Strecken zueinander?

c) Gib die Länge der eingezeichneten Strecke in Millimetern an.

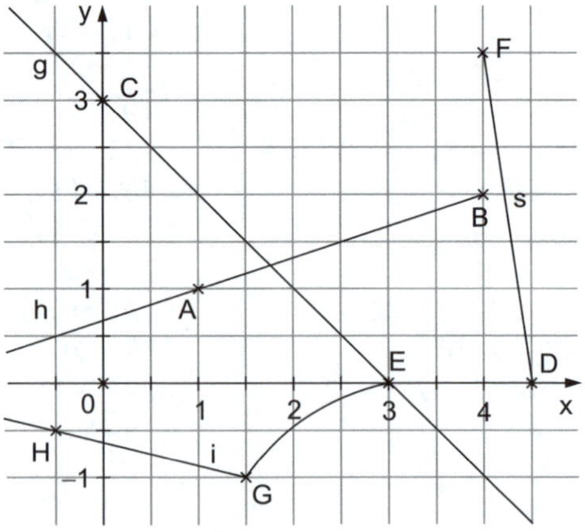

Lösung:

a) **Punkte:** A(1 | 1), B(4 | 2), C(0 | 3), D(4,5 | 0), E(3 | 0), F(4 | 3,5), G(1,5 | –1) und H(–0,5 | –0,5)

Strecke: s = $\overline{DF}$ Auch möglich: s = $\overline{FD}$

Gerade: g = CE Auch möglich: g = EC

Halbgeraden: h = [BA und i = [GH Auch möglich: h = AB] und i = HG]

Die gekrümmte Linie zwischen den Punkten G und E ist nicht die kürzeste Verbindung zwischen diesen Punkten und somit keine Strecke.

b) Die Gerade g und die Halbgerade h **schneiden** sich in einem Punkt. Auch die beiden Halbgeraden h und i **schneiden** sich in einem Punkt, der in der Zeichnung aber außerhalb des Koordinatensystems liegt.

c) Mit dem Geodreieck kann man die Länge der Strecke s ermitteln. Sie ist ungefähr **35 mm** lang.

Kurzschreibweise: $|\overline{DF}| = 35$ mm Auch möglich: $|\overline{FD}| = 35$ mm

100 a) Welche Punkte, Geraden, Halbgeraden und Strecken sind in der Abbildung zu erkennen?

b) Bestimme $|\overline{AB}|$, $|\overline{CD}|$ und $|\overline{AC}|$.

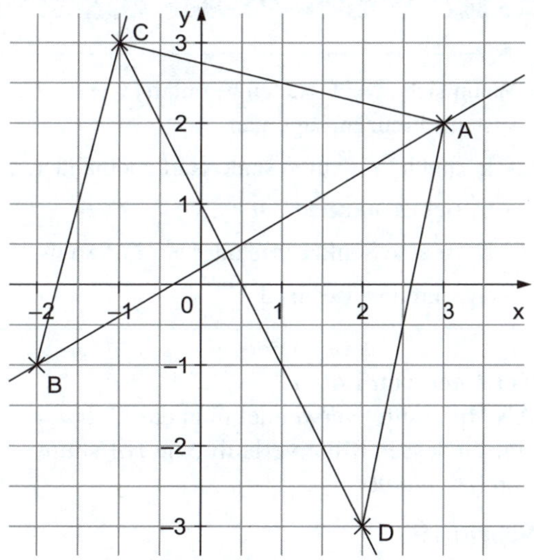

101 a) Zeichne in ein Koordinatensystem folgende Punkte und Linien ein:
A(–2 | 2), B(1 | 3), C(2 | –2), D(–3 | –3), E(–1 | 0), F(–3 | 3),
$\overline{AB}$, AC, [AD, [BC, $\overline{BD}$

b) Welche Aussagen sind richtig, welche sind falsch? Kreuze an.

	richtig	falsch		richtig	falsch
(1) $|\overline{ED}| = 3{,}6$ cm	☐	☐	(2) F liegt auf [AC.	☐	☐
(3) $\overline{FB} = 4$ cm	☐	☐	(4) E liegt auf BD.	☐	☐

3 Senkrechte und parallele Geraden, Abstand

Zwei Geraden können sich schneiden oder ohne gemeinsamen Schnittpunkt nebeneinanderher laufen. Dies ist z. B. bei Eisenbahnschienen der Fall.

> Wenn sich zwei Geraden h_1 und h_2 wie die beiden Achsen eines Koordinatensystems kreuzen, sagt man:
>
> - h_1 und h_2 verlaufen **senkrecht** zueinander.
> - h_1 steht **senkrecht** auf h_2.
> - h_1 ist eine **Senkrechte** oder ein **Lot zu** h_2.
>
> Kurzschreibweise: $\mathbf{h_1 \perp h_2}$

Zeichnen von Loten

Als Hilfsmittel verwendet man das Geodreieck. In dessen Mitte verläuft eine Hilfslinie durch 0 und 90.

Schritt 1:
Die Hilfslinie des Geodreiecks wird direkt über die Gerade gelegt, an die das Lot gezeichnet werden soll.

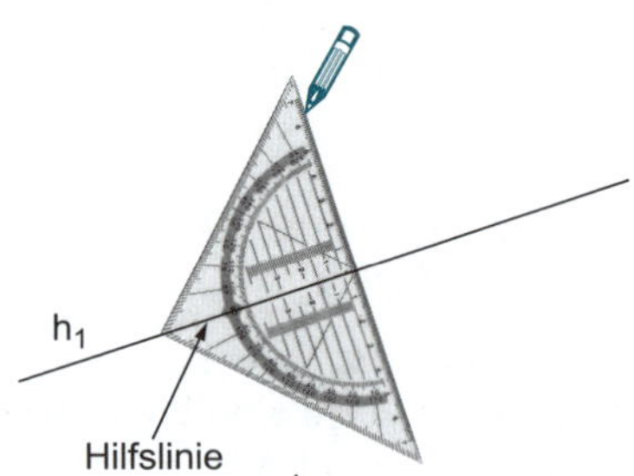

Schritt 2:
An der langen Seite des Geodreiecks kann man anschließend das Lot einzeichnen. Es wird in der Zeichnung durch einen Viertelkreis mit einem Punkt gekennzeichnet.

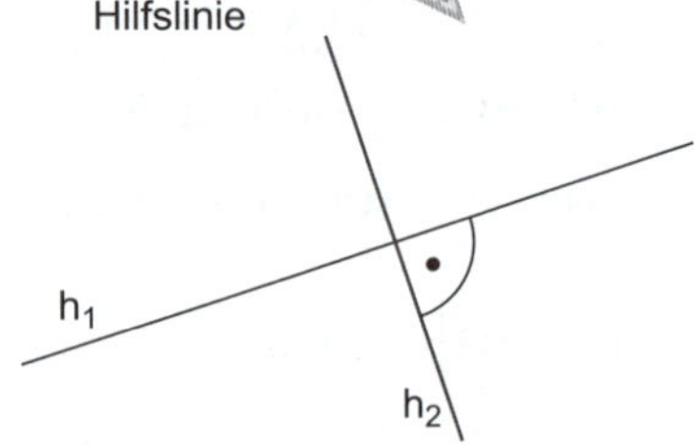

Wenn zwei Geraden g_1 und g_2 mit gleichbleibendem Abstand nebeneinander verlaufen, sagt man:

- g_1 und g_2 verlaufen **parallel** zueinander.
- g_1 ist eine **Parallele** zu g_2.

Kurzschreibweise: $\mathbf{g_1 \parallel g_2}$

Abstand $d(g_1, g_2)$ zweier paralleler Geraden g_1 und g_2

Schritt 1:
Es wird ein Lot zu g_1 und damit auch zu g_2 gezeichnet. Die Schnittpunkte des Lots mit den Geraden g_1 und g_2 werden mit S_1 und S_2 bezeichnet.

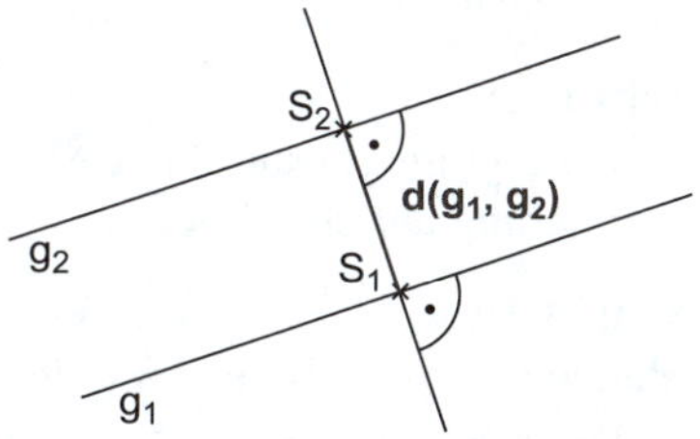

Schritt 2:
Der Abstand von g_1 und g_2 entspricht der Länge der Strecke zwischen den Schnittpunkten S_1 und S_2 und kann mit dem Geodreieck gemessen werden.
Kurzschreibweise: $d(g_1, g_2) = |\overline{S_1S_2}|$

Abstand d(P, g) zwischen Punkt P und Gerade g

Schritt 1:
Es wird das Lot durch den Punkt P auf die Gerade g gezeichnet. Der Schnittpunkt dieses Lots mit der Geraden wird als **Lotfußpunkt F** bezeichnet.

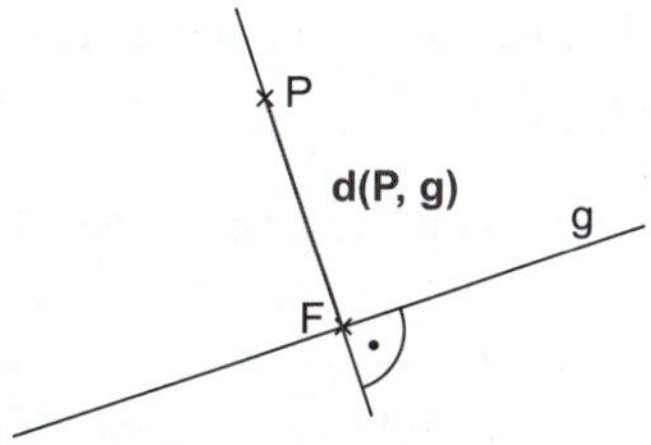

Schritt 2:
Der gesuchte Abstand zwischen P und g ist die Länge der Strecke von P zu F und kann mit dem Geodreieck abgemessen werden.
Kurzschreibweise: $d(P, g) = |\overline{PF}|$

Zeichnen paralleler Geraden

Möglichkeit 1:
Man legt das Geodreieck mit der passenden Hilfslinie auf g_1 an und zeichnet die parallele Gerade g_2 entlang der langen Geodreieckseite ein.

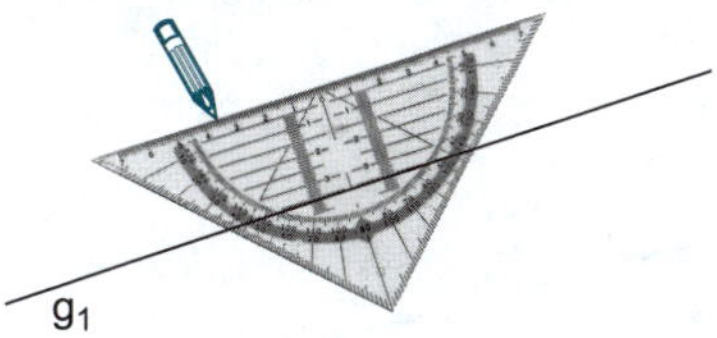

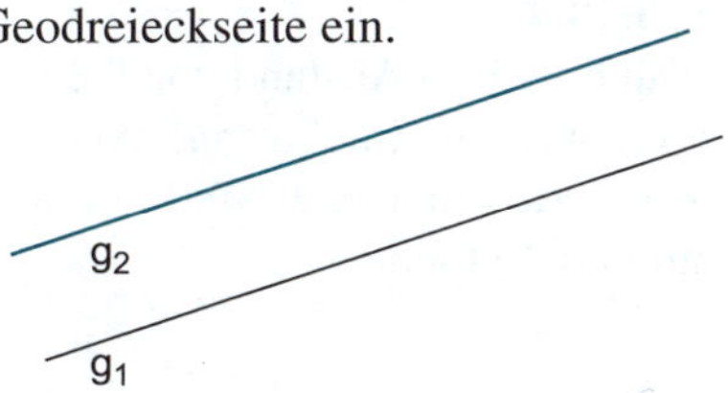

Mit den Hilfslinien eines Geodreiecks normaler Größe lassen sich nur Parallelen bis zu einem Abstand von maximal 4 cm einzeichnen. Bei größeren Abständen kann man ausnutzen, dass jedes Lot zu einer Geraden g gleichzeitig Lot zu allen parallel verlaufenden Geraden ist.

Möglichkeit 2:

Schritt 1:
Zunächst errichtet man irgendwo auf g_1 ein Lot, indem man das Geodreieck mit der mittleren Hilfslinie an g_1 anlegt und das Lot einzeichnet.

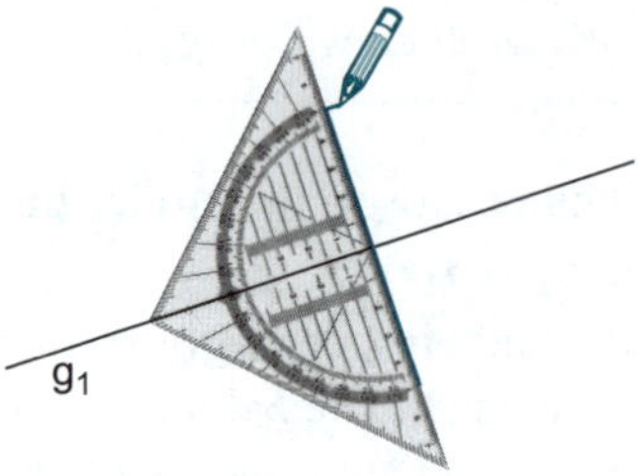

Schritt 2:
Man bringt im gewünschten Abstand eine Markierung auf dem Lot an.

Schritt 3:
Man legt das Geodreieck mit der mittleren Hilfslinie so auf das gerade gezeichnete Lot, dass seine lange Seite an die zuvor angebrachte Markierung stößt. Entlang dieser Seite zeichnet man die parallele Gerade ein.

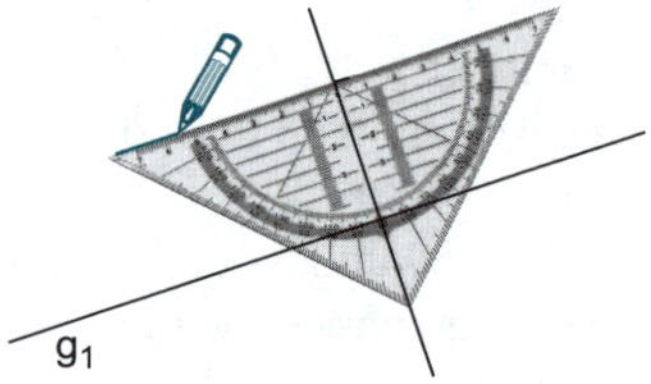

Soll eine parallele Gerade durch einen vorgegebenen Punkt gezeichnet werden, kann ebenso vorgegangen werden. Das Lot wird dabei von diesem Punkt aus auf die Gerade gezeichnet und die parallele Gerade anschließend durch diesen Punkt gezogen.

Beispiele

1. Zeichne zu einer gegebenen Geraden g alle Geraden ein, die im Abstand von 3 cm parallel zu g verlaufen.

   Lösung:
   Es gibt zwei solche Geraden p_1 und p_2. Zur Konstruktion geht man folgendermaßen vor:

   Schritt 1:
   Zunächst errichtet man irgendwo auf g ein Lot.

   Schritt 2:
   Man bringt im Abstand von 3 cm nach oben und im Abstand von 3 cm nach unten eine Markierung auf dem Lot an.

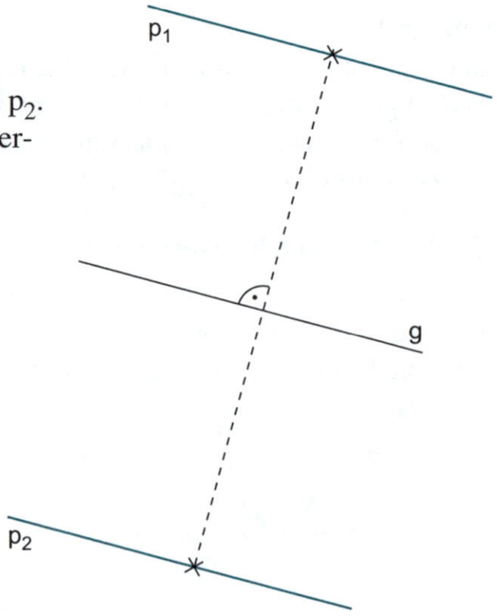

Schritt 3:
Man legt das Geodreieck mit der mittleren Hilfslinie auf das gerade gezeichnete Lot und zeichnet die parallelen Geraden p_1 und p_2 ein.

2. Bestimme den Abstand von P zur Geraden g.

   Lösung:
   Man legt das Geodreieck so auf die Gerade g, als würde man ein Lot zu g durch den Punkt P zeichnen. An der langen Seite des Geodreiecks kann man den Abstand ablesen.

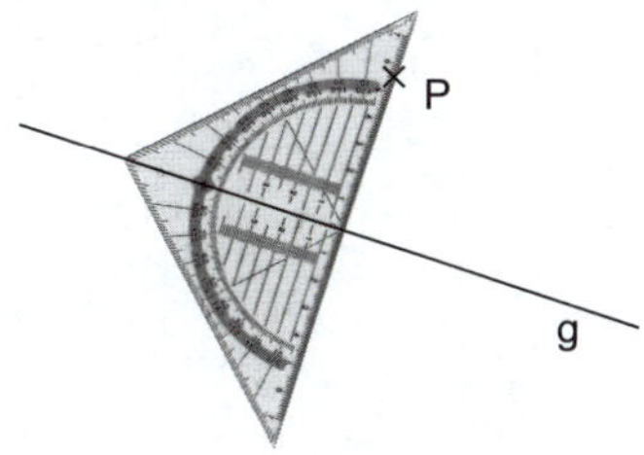

102 Die Punkte A(3 | 0), B(2,5 | –3), C(–1 | 2), D(0 | –1) und E(–2,5 | –1,5) seien gegeben.

a) Lege ein Koordinatensystem an und trage die gegebenen Punkte ein. Trage zusätzlich folgende Strecken, Halbgeraden und Geraden in das Koordinatensystem ein: [CA, ED, $\overline{BD}$.

Platzbedarf: –3 0 3,5 (oben 2,5; unten –3) Längeneinheit: 1 cm

b) Ermittle den Abstand der Halbgeraden [CA zum Ursprung des Koordinatensystems.

c) Zeichne eine durch den Ursprung verlaufende Parallele zu [CA.

d) Zeichne eine Gerade durch C, die parallel zu ED verläuft.

e) Zeichne eine im Abstand von 1 cm parallel zu $\overline{BD}$ verlaufende Gerade, die nicht durch den I. Quadranten verläuft.

f) Schneiden sich die in den Teilaufgaben d und e gezeichneten Geraden?

103 Die Punkte P(25 | 5), Q(–15 | 20), R(10 | –15), S(–10 | –7,5) und T(20 | 60) seien gegeben.

a) Lege ein Koordinatensystem an und trage die gegebenen Punkte ein. Trage zusätzlich die Geraden PQ und RS in das Koordinatensystem ein.

Platzbedarf: –20 0 30 (oben 65; unten –20) Längeneinheit: 1 mm

b) Bestimme den Abstand von PQ und RS in Längeneinheiten.

c) Bestimme den Abstand von T zu RS.

104 Entscheide mit Begründung, ob die folgenden Behauptungen richtig oder falsch sind.

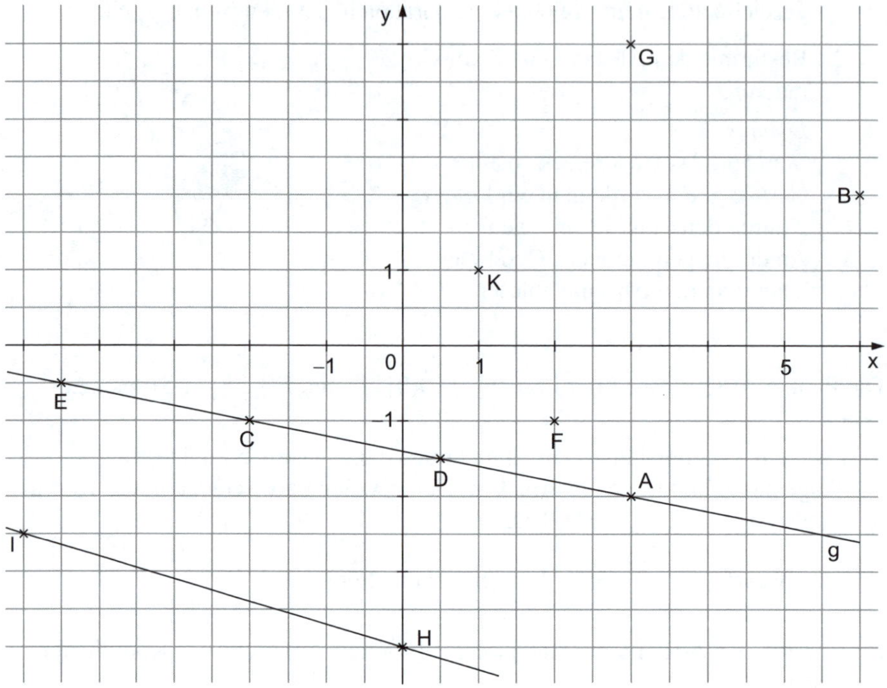

a) $CD = DA$ b) $HI \parallel g$

c) $GF \perp g$ d) $GF \perp HI$

e) $HD \perp CA$ f) $F \in DB$

g) $K \in \overline{DH}$ h) $|AB| = 5$ LE

*** 105** Markiere am linken Rand eines Blattes den Punkt P und 3 cm rechts daneben den Punkt Q. Zeichne die Halbgerade [PQ und trage darauf den Punkt R so ein, dass gilt:

a) $|\overline{PR}| = 2 \cdot |\overline{PQ}|$

b) Trage nun zusätzlich einen Punkt S auf der Halbgeraden [PQ ein, für den Folgendes gilt:
$|\overline{PS}| + |\overline{SR}| = |\overline{PR}|$ und $|\overline{RS}| < |\overline{PS}|$

4 Kreise

Das Rad gilt als eine der wichtigsten Erfindungen der Menschheit. Die ältesten Funde von Karren und Wagen stammen aus dem 4. Jahrtausend vor Christus. Seitdem versuchen die Menschen, das Rad immer weiter zu verbessern. Ein optimales Rad soll die Form eines Kreises haben, also gleichmäßig rund sein.

- Ein Kreis wird von allen Punkten gebildet, die vom **Mittelpunkt M** den Abstand r haben.
- Dieser Abstand wird **Kreisradius r** genannt.
- Die Linie, die den Kreis bildet, wird als **Kreislinie** bezeichnet.
- Eine Strecke, die zwei Kreispunkte verbindet und durch den Mittelpunkt M verläuft, wird als **Durchmesser d** des Kreises bezeichnet.
- Die Kurzschreibweise für den Kreis um den Mittelpunkt M mit Radius r ist **k(M; r)**.

Sind nicht Mittelpunkt und Radius gegeben, sondern Mittelpunkt M und ein Kreispunkt P, so lautet die Kurzschreibweise $k\left(M; r = \left|\overline{MP}\right|\right)$ oder $k\left(M; \left|\overline{MP}\right|\right)$.

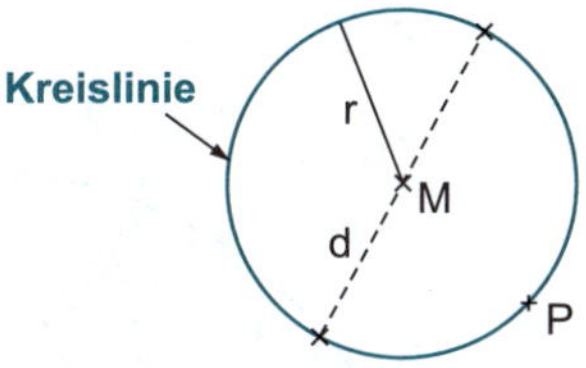

Ein Kreis und eine Gerade können …
- sich in **zwei** Punkten schneiden (g_1).
- sich in genau **einem** Punkt berühren (g_2).
- **keinen** gemeinsamen Punkt haben (g_3).

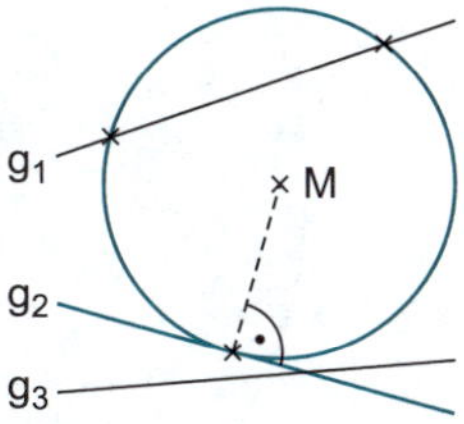

Berühren sich Kreis und Gerade in genau einem Punkt, so wird die Gerade als **Tangente** bezeichnet. Sie steht senkrecht auf der Strecke, die den Kreismittelpunkt mit dem Berührpunkt verbindet.

Zwei Kreise mit unterschiedlichen Radien können …

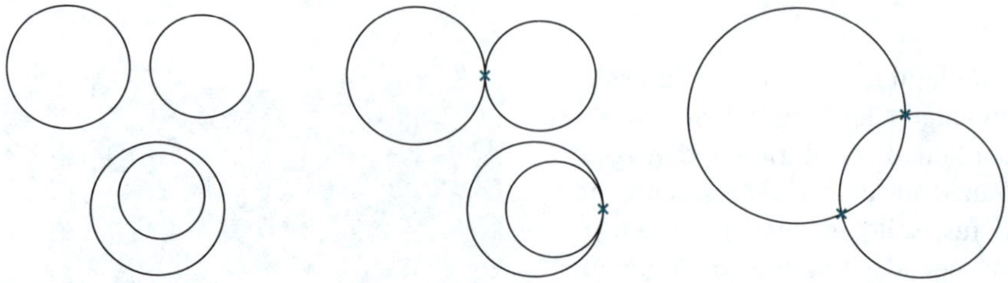

keinen gemeinsamen Punkt haben.

sich in **einem** Punkt berühren.

sich in **zwei** Punkten schneiden.

Zwei Kreise mit gleichem Radius können außerdem direkt aufeinanderliegen und deshalb **unendlich viele** gemeinsame Punkte haben.

Beispiele

1. Zeichne zwei Punkte P und Q mit $\left|\overline{PQ}\right| = 3\,\text{cm}$ und markiere farbig alle Punkte, die von P höchstens 3 cm und von Q mindestens 4 cm entfernt sind.

   Lösung:

   Die von P höchstens 3 cm entfernten Punkte entsprechen dem ausgefüllten Kreis um P mit Radius 3 cm. Da $\left|\overline{PQ}\right| = 3\,\text{cm}$ gilt, handelt es sich um den Kreis mit Mittelpunkt P durch den Kreispunkt Q: $\mathbf{k_1\left(P; \left|\overline{PQ}\right|\right)}$

   Mindestens 4 cm von Q entfernt sind alle Punkte, die auf oder außerhalb der Kreislinie um den Mittelpunkt Q mit Radius 4 cm liegen: $\mathbf{k_2(Q; 4\,cm)}$

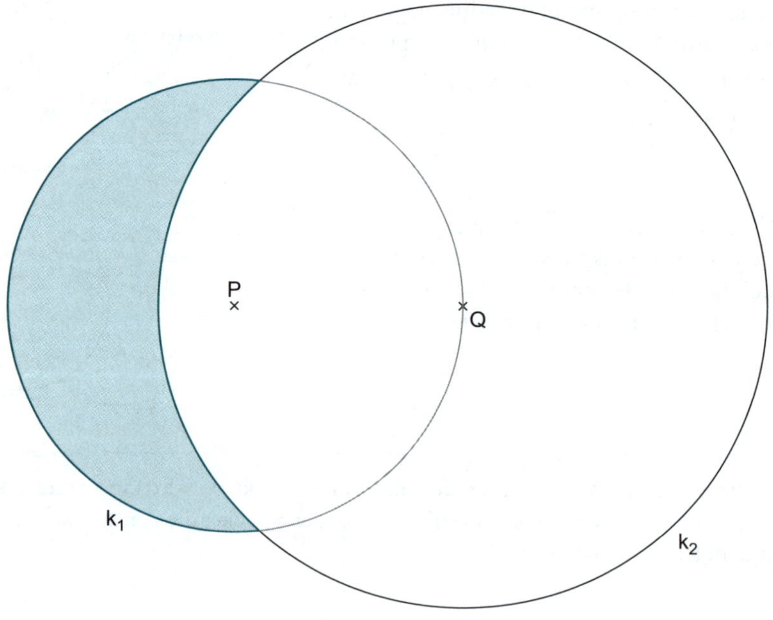

Der außerhalb von Kreis k_2 liegende sichelförmige Bereich von Kreis k_1 entspricht der Menge aller Punkte, die gleichzeitig von P höchstens 3 cm und von Q mindestens 4 cm entfernt sind. Die Kreislinien müssen in diesem Bereich jeweils markiert werden, da der Abstand von Q **mindestens** 4 cm und von P **höchstens** 3 cm betragen soll.

2. Trage in einem Koordinatensystem die Punkte A(3 | –1), B(–1 | 3) und M(1 | 2) ein und markiere alle Punkte, für die gleichzeitig gilt:
   - Sie liegen auf der Geraden durch A und B.
   - Sie liegen nicht in Quadrant I.
   - Sie sind von M höchstens 3 Längeneinheiten entfernt.

   Lösung:
   Die drei Forderungen liefern zwei Abschnitte auf der Geraden, die jeweils von der Kreislinie **k(M; 3 LE)** und den Koordinatenachsen begrenzt sind. Sowohl die beiden **Kreispunkte** als auch die zwei **Punkte auf x- und y-Achse** gehören zur gesuchten Punktmenge.

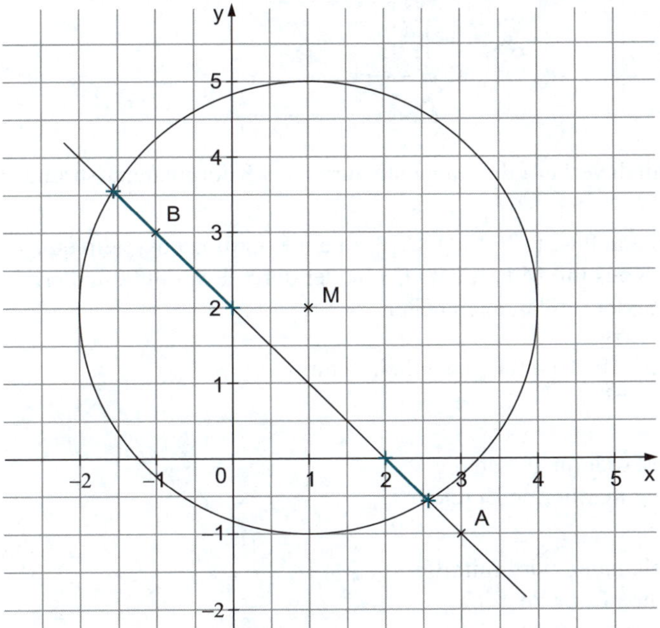

3. Zeichne den Kreis mit Mittelpunkt M(7 | 1), der durch den Punkt P(4 | –3) verläuft. Überprüfe, ob die Tangente durch den Punkt P auch durch den Koordinatenursprung verläuft.

Lösung:
Zunächst werden die Punkte M und P in ein Koordinatensystem eingetragen und der Kreis $k(M; |\overline{MP}|)$ sowie die Strecke $\overline{MP}$ eingezeichnet.

Die zu untersuchende Tangente ist das Lot auf $\overline{MP}$ im Punkt P und kann mit dem Geodreieck eingezeichnet werden.

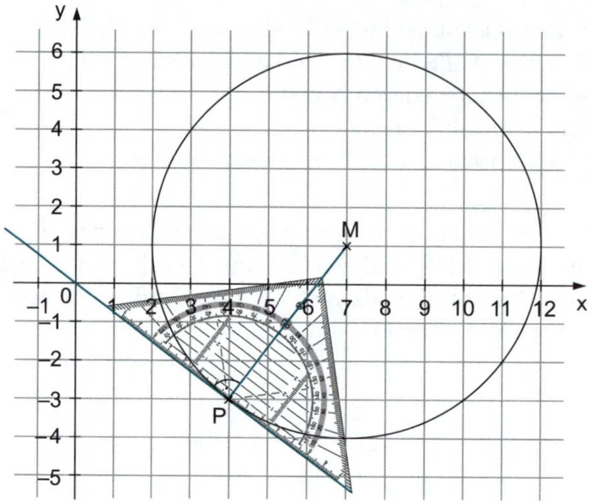

Tatsächlich verläuft die Tangente durch den Koordinatenursprung.

106 Zeichne die Punkte P(–2 | –3) und Q(6 | 3) in ein Koordinatensystem ein. Trage zusätzlich den Kreis mit Mittelpunkt Q ein, der durch P verläuft, und ermittle seinen Durchmesser in Längeneinheiten.

Platzbedarf: –5 0 16 (oben: 14, unten: –8) Längeneinheit: 5 mm

107 Gib an, welche Forderungen an die Punkte im farbig markierten Bereich gestellt wurden.

Tipp: In der Zeichnung wird mithilfe einer gestrichelten Linie deutlich gemacht, dass die entsprechende Linie nicht zum farbig markierten Bereich gehört.

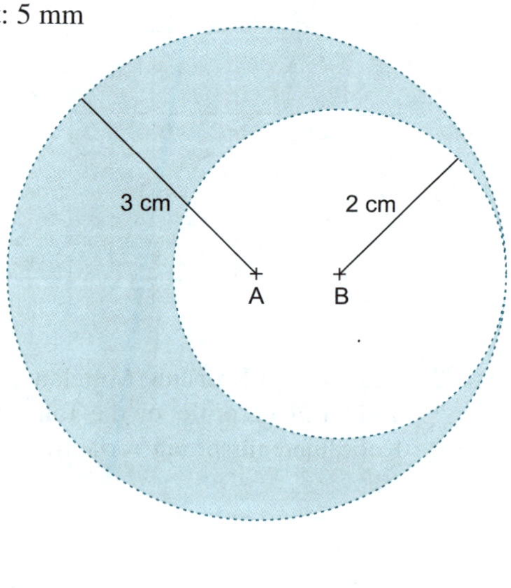

108 Trage in ein geeignetes Koordinatensystem die Punkte M(–1 | 1) und P(1 | –2) ein. Gib alle Punkte I_1, I_2, … an, die von M einen kleineren Abstand haben als der Abstand von M zu P und deren Koordinaten aus der Menge der negativen ganzen Zahlen $\mathbb{Z}^-$ stammen.

109 Bei der Ortung eines eingeschalteten Handys wird ausgenutzt, dass ein Handy fast immer von mehreren Sendemasten gleichzeitig empfangen wird. Im regulären Betrieb ist immer der Sendemast mit der höchsten Empfangsstärke für das Handy zuständig. Je weiter das Handy von einem Funkmast entfernt ist, umso niedriger ist die Empfangsstärke. Aus der Empfangsstärke kann daher die ungefähre Entfernung zwischen Handy und Sendemast berechnet werden. Für eine Ortung ruft der Mobilfunknetzbetreiber von allen Funkmasten die Empfangsstärke des Handys ab und ermittelt daraus die Entfernung zu den Funkmasten.
Bei einer Ortung registrieren drei Sendemasten das gesuchte Handy H. Die Positionen dieser Sendemasten werden vom Netzbetreiber in Koordinatenschreibweise geliefert: S_1(150 m | 300 m), S_2(500 m | 100 m) und S_3(400 m | –150 m). Aus den Empfangsstärken werden folgende Abstände ermittelt: $|\overline{S_1H}| = 200$ m, $|\overline{S_2H}| = 300$ m und $|\overline{S_3H}| = 325$ m.
Ermittle die ungefähren Koordinaten des Handys H. Benutze dazu ein geeignetes Koordinatensystem.

110 Zeichne an den Kreis k, der den Mittelpunkt M(3 | 3) besitzt und durch den Punkt P(5 | 4) verläuft, die Tangente durch P und ermittle den Schnittpunkt S der Tangente mit der x-Achse.

111 Bei einem Quiz treten Zweierteams gegeneinander an. Jeweils einem Spieler wird eine geometrische Figur gezeigt, die er seinem Partner in Worten beschreiben muss. Dieser zeichnet die Figur auf und die Jury entscheidet anschließend, welches Team eine höhere Genauigkeit erreicht hat. Wie würdest du deinem Partner die folgenden Figuren beschreiben?

a)

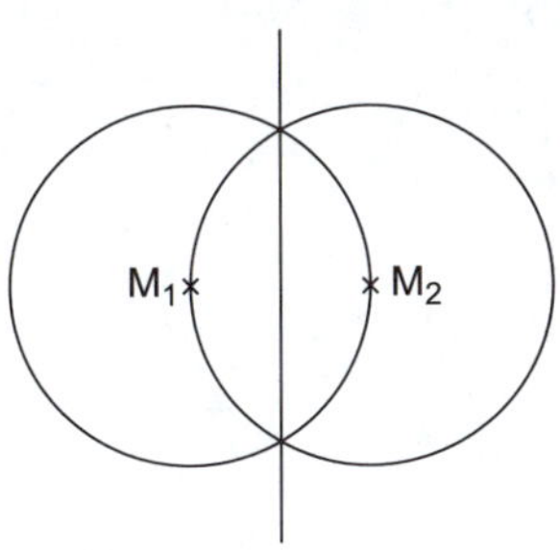

b)

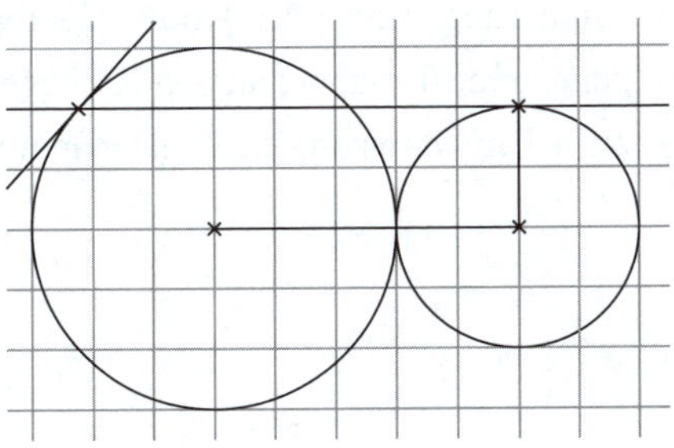

112 Eine Gerade verläuft durch die Punkte A(2|2) und B(3|0). Sie ist eine Tangente an einen Kreis mit Radius r = 2 LE (2 Längeneinheiten), den sie im Punkt B berührt. Zeichne die Gerade in ein Koordinatensystem ein und trage einen Kreis ein, der auf die Beschreibung passt.

*** 113** Rolf hat mit einem geraden Brett eine Rampe vom Tisch auf den Fußboden gebaut. Das Brett berührt den Tisch im Punkt A(0|5) und den Boden im Punkt B(12|0). Ein Ball mit Mittelpunkt M und Durchmesser d = 2 LE rollt unter die Rampe und bleibt zwischen Boden und Brett stecken.

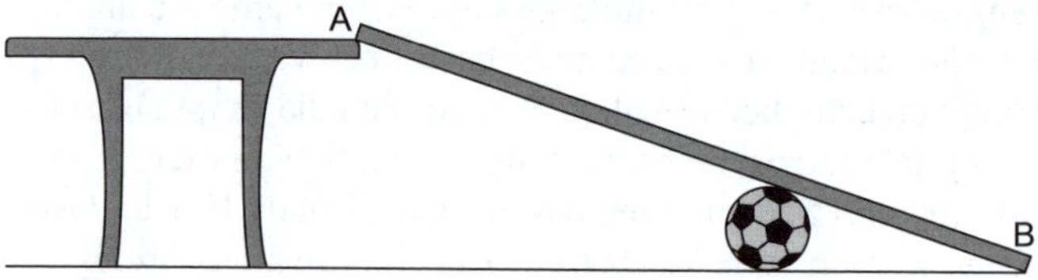

Übertrage die Situation in ein geeignetes Koordinatensystem und ermittle die Koordinaten von M.

*** 114** Ein Schaf ist bei P(4|4) angepflockt, die Leine ist 4 LE lang. Auf der Wiese steht eine Schäferhütte, deren Ecken die Koordinaten $H_1(5|4)$, $H_2(7|4)$, $H_3(7|6)$ und $H_4(5|6)$ haben.

a) Kann das Schaf am Ursprung des Koordinatensystems grasen? Begründe deine Entscheidung in Worten und ohne Verwendung einer Zeichnung.

b) Markiere in einer geeigneten Zeichnung den gesamten Bereich der Wiese, den das Schaf abgrasen kann. Beachte, dass die Leine durch die Hütte aufgehalten wird.

*** 115** Der Mittelpunkt eines Kreises liegt bei M(4|3). Wie groß kann der Radius des Kreises gewählt werden, damit vom Koordinatenursprung aus …

a) keine Tangente an den Kreis gelegt werden kann?

b) genau eine Tangente an den Kreis gelegt werden kann?

c) zwei Tangenten an den Kreis gelegt werden können?

5 Winkel

5.1 Allgemeine Winkel

Immer mehr Strom wird mit Solarzellen erzeugt, deren Ertrag am größten ist, wenn die Sonnenstrahlen senkrecht auf die Zellen treffen. Da sich der Sonnenstand ständig ändert, ist es wichtig, die Einstrahlrichtung mathematisch erfassen zu können, um die Solarzellen der Sonne nachführen zu können.

Ein **Winkel** wird von zwei Halbgeraden mit gleichem Anfangspunkt gebildet.

- Der gemeinsame Anfangspunkt wird als **Scheitel** und die beiden Halbgeraden werden als **Schenkel** des Winkels bezeichnet.
- Vom ersten zum zweiten Schenkel gelangt man durch Drehung um den Scheitel **entgegen dem Uhrzeigersinn**.
- Zwischen den beiden Schenkeln liegt das **Winkelfeld**.

Wie weit vom ersten zum zweiten Schenkel gedreht werden muss, wird in Grad (Abkürzung: °) angegeben.

Der abgebildete Winkel kann auf verschiedene Arten benannt werden.

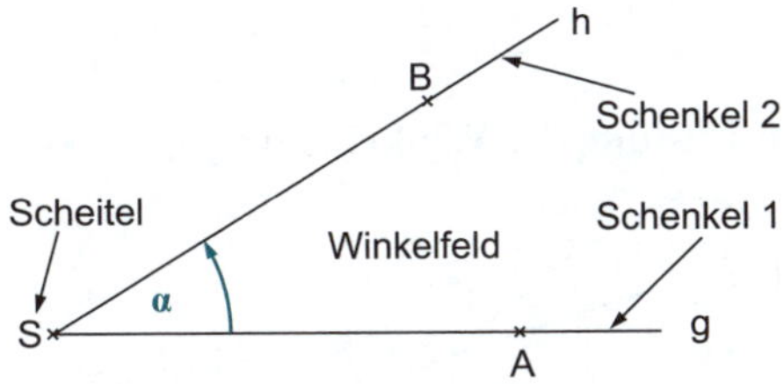

- **∢ASB** Genannt wird zuerst ein Punkt auf dem ersten Schenkel, dann der Scheitel und zuletzt ein Punkt auf dem zweiten Schenkel.
- **∢(g, h)** Bezeichnet man die beiden Halbgeraden als g und h, wird zuerst immer die Halbgerade genannt, die den ersten Schenkel bildet.
- **α** Der Winkel wird im Winkelfeld nahe des Scheitels durch einen kleinen griechischen Buchstaben (α, β, γ, δ, ε, φ, μ, …) gekennzeichnet.

Bei der Benennung von Winkeln spielt die Reihenfolge eine große Rolle:

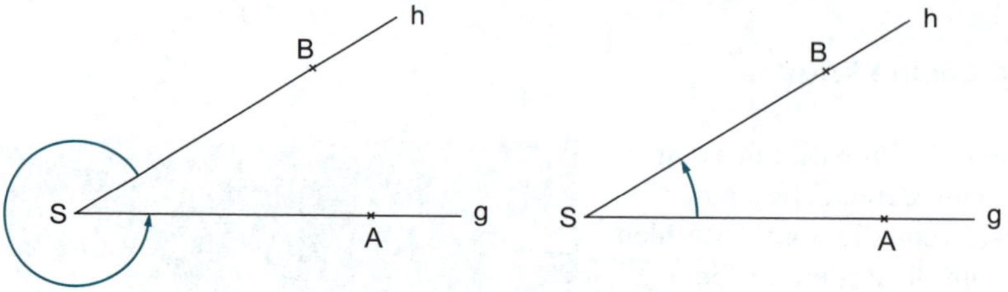

$$\sphericalangle BSA = \sphericalangle(h, g) \neq \sphericalangle ASB = \sphericalangle(g, h)$$

Winkel werden in verschiedene Klassen eingeteilt:

spitzer Winkel: $0° < \varphi < 90°$

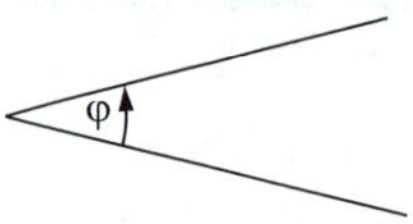

rechter Winkel: $\varphi = 90°$

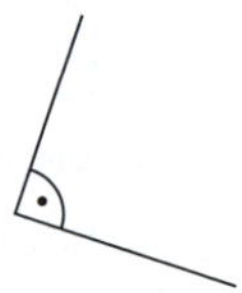

stumpfer Winkel: $90° < \varphi < 180°$

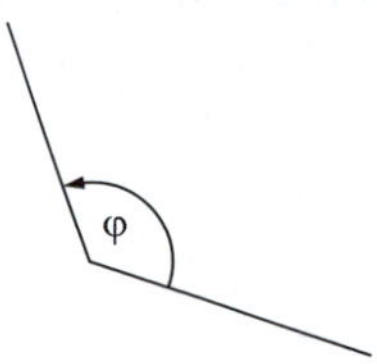

gestreckter Winkel: $\varphi = 180°$

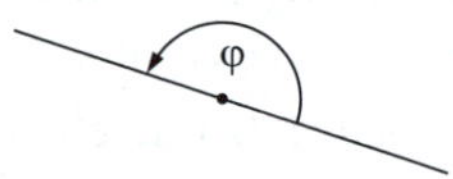

überstumpfer Winkel: $180° < \varphi < 360°$

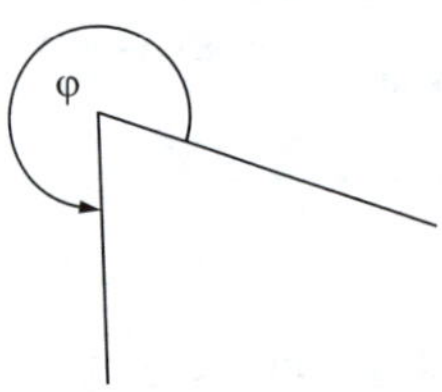

Vollwinkel: $\varphi = 360°$

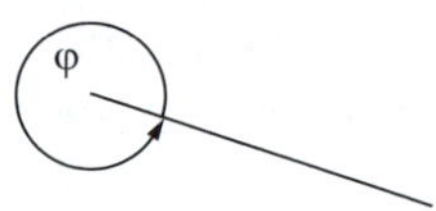

Beispiel

Gib für die eingezeichneten Winkel möglichst viele eindeutige Schreibweisen an und entscheide jeweils, ob es sich um einen spitzen, rechten, stumpfen oder überstumpfen Winkel handelt.

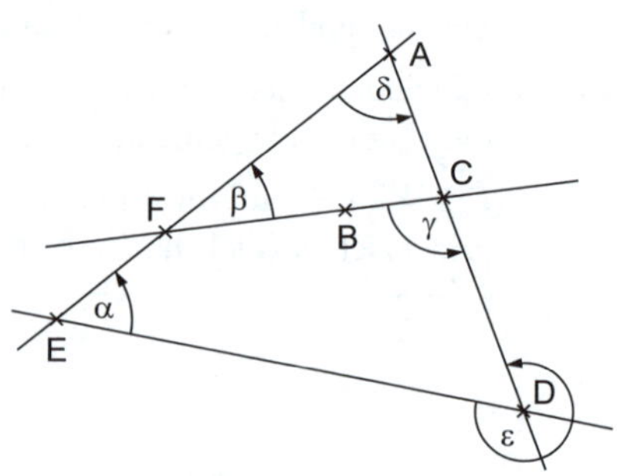

Lösung:

$\alpha = ∢DEA = ∢DEF = ∢([ED, [EA) = ∢([ED, [EF)$	spitzer Winkel
$\beta = ∢CFA = ∢BFA = ∢([FC, [FA) = ∢([FB, [FA)$	spitzer Winkel
$\gamma = ∢FCD = ∢BCD = ∢([CB, [CD) = ∢([CF, [CD)$	stumpfer Winkel
$\delta = ∢EAD = ∢EAC = ∢FAD = ∢FAC = ∢([AE, [AD)$	
$= ∢([AE, [AC) = ∢([AF, [AD) = ∢([AF, [AC)$	spitzer Winkel
$\varepsilon = ∢EDA = ∢EDC = ∢([DE, [DA) = ∢([DE, [DC)$	überstumpfer Winkel

116 Trage die Winkel in der Zeichnung ein, gib weitere Bezeichnungen an und entscheide, ob es sich um spitze, rechte, stumpfe, gestreckte oder überstumpfe Winkel handelt.

$\alpha = ∢EAB$ $\beta = ∢FEG$

$\gamma = ∢([ED, [EA)$ $\delta = ∢BDH$

$\varepsilon = ∢FCB$ $\varphi = ∢([BA, [BH)$

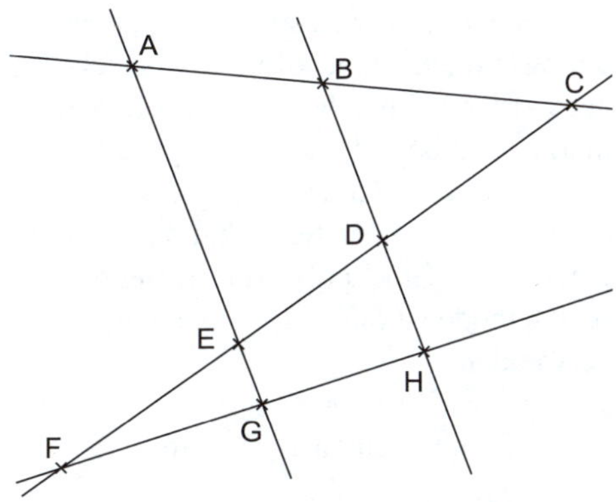

5.2 Winkel in Grad

In den meisten Fällen genügt die Einteilung in spitze, stumpfe und überstumpfe Winkel nicht, sondern Winkel müssen auf Grad genau abgemessen oder gezeichnet werden. Hier hilft das Geodreieck mit seiner halbkreisförmigen Winkelskala.

Zeichnen von Winkeln

Es gibt zwei unterschiedliche Methoden, einen Winkel zu zeichnen. Begonnen wird jeweils mit dem ersten Schenkel, auf dem der Scheitel markiert sein muss.

Möglichkeit 1:

Schritt 1:
Das Geodreieck wird mit seiner langen Seite so am ersten Schenkel angelegt, dass die Nullmarkierung beim Scheitel liegt.

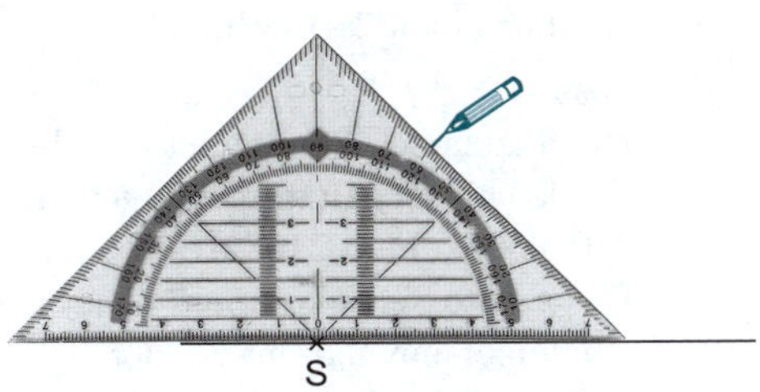

Schritt 2:
An der passenden Skala wird die gewünschte Gradzahl abgelesen und eine Markierung angebracht.

Schritt 3:
Mithilfe des Geodreiecks trägt man anschließend den zweiten Schenkel so ein, dass er durch den Scheitel und die zuvor angebrachte Markierung verläuft.

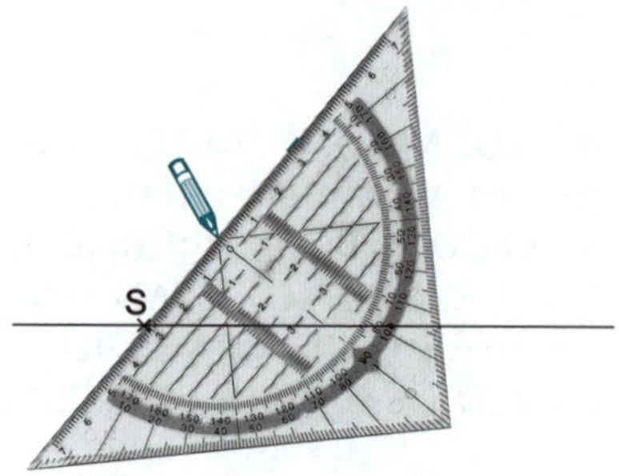

Möglichkeit 2:
Das Geodreieck wird so angelegt, dass der zweite Schenkel sofort eingezeichnet werden kann. Wieder muss die Nullmarkierung beim Scheitel liegen, allerdings wird das Geodreieck jetzt so gedreht, dass der erste Schenkel durch die gewünschte Gradzahl verläuft. Bei dieser Methode ist die andere Skala zu verwenden.

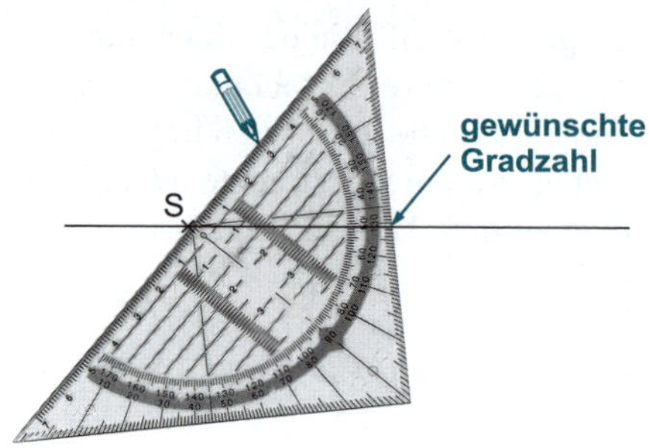

Beispiele

1. Zeichne einen 125°-Winkel.

   Lösung:

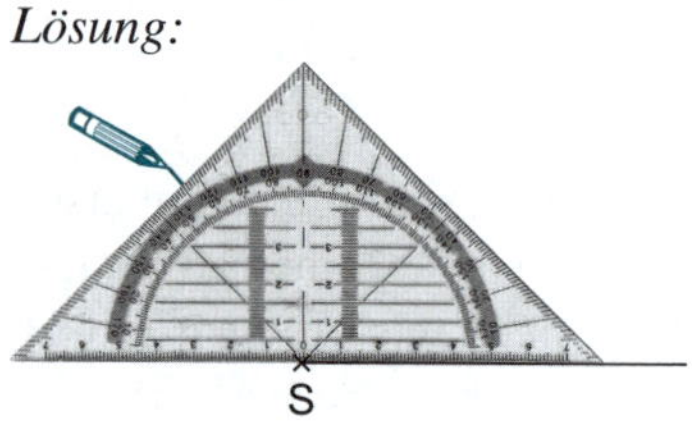

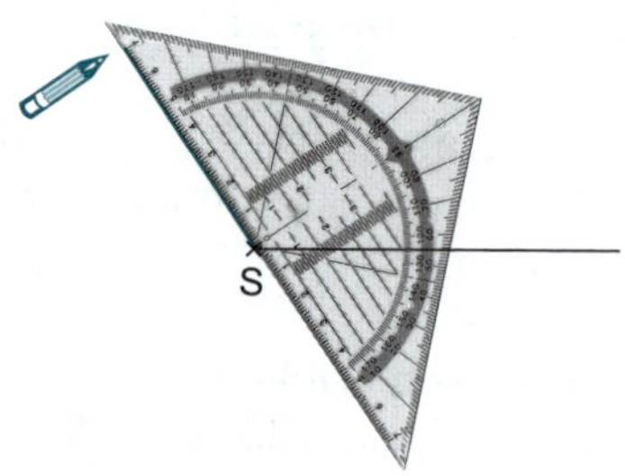

Daraus ergibt sich:

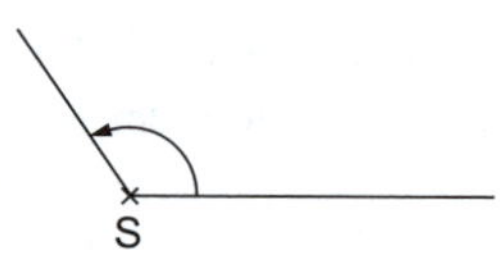

2. Zeichne einen 210°-Winkel.

   Lösung:
   Die Skalen des Geodreiecks reichen nur bis 180°. Überstumpfe Winkel werden als **Ergänzung des gestreckten Winkels** behandelt. So ist ein 210°-Winkel um **210° – 180°** = 30° größer als ein gestreckter Winkel. Der zweite Schenkel muss daher noch um 30° weiter entgegen dem Uhrzeigersinn gedreht werden bzw. es muss an den 180°-Winkel ein 30°-Winkel angehängt werden.
   Auch hier lassen sich beide oben beschriebenen Methoden verwenden.

Möglichkeit 1:
Das Geodreieck wird so von unten an den ersten Schenkel angelegt, dass der Scheitel bei der Nullmarkierung liegt.

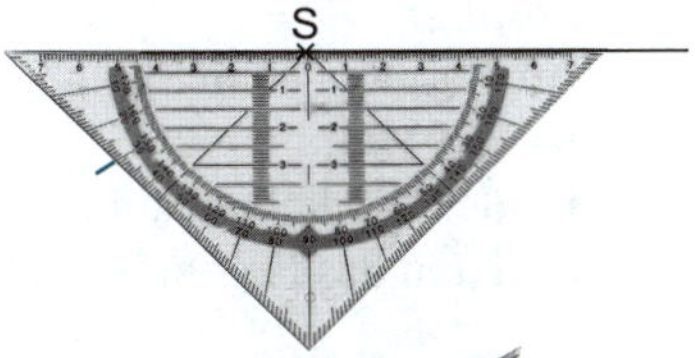

Möglichkeit 2:
Das Geodreieck wird mit der Nullmarkierung von unten am Scheitel angelegt, dann aber so entgegen dem Uhrzeigersinn gedreht, dass der erste Schenkel durch die 30°-Markierung der passenden Skala verläuft.
Der zweite Schenkel kann dann sofort eingezeichnet werden.

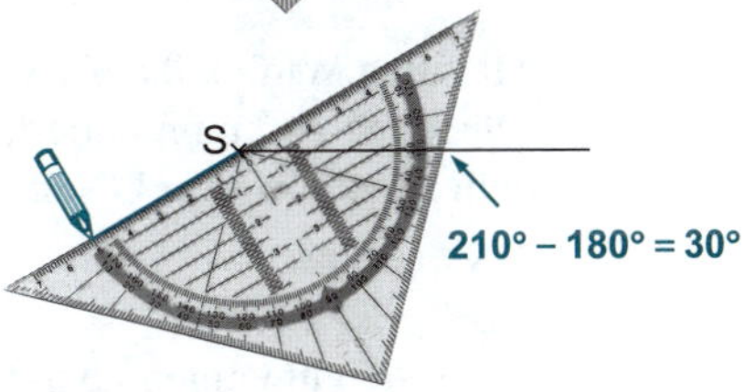

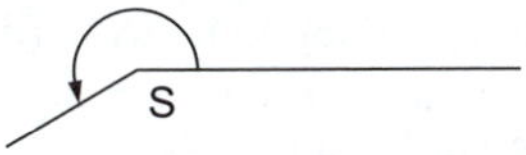

Messen von Winkeln

Beim Messen von Winkeln geht man entsprechend der ersten Methode zum Zeichnen von Winkeln vor. Man richtet das Geodreieck mit seiner langen Seite so am ersten Schenkel aus, dass die Nullmarkierung beim Scheitel liegt. Sind die Schenkel des Winkels so kurz, dass sie die Skalen des Geodreiecks nicht erreichen, sollte man sie vor der Messung mit Geodreieck und Bleistift verlängern.

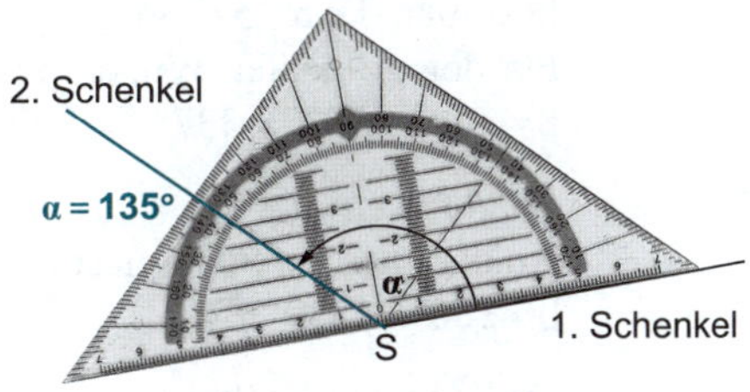

Winkel bis 180°:
Man legt das Geodreieck vom Winkelfeld her an den ersten Schenkel an und liest beim zweiten Schenkel die gesuchte Gradzahl auf der passenden Skala ab.

Winkel über 180°:
Möglichkeit 1:
Das Geodreieck wird von der anderen Seite an den ersten Schenkel angelegt und beim zweiten Schenkel wird abgelesen, um wie viel Grad der Winkel größer als ein gestreckter Winkel ist. Zu dieser Gradzahl werden anschließend 180° addiert.

Möglichkeit 2:
Es wird der Restwinkel ermittelt, der dem zu vermessenden Winkel bis zum Vollwinkel fehlt. Wird diese Gradzahl von 360° abgezogen, so erhält man auch die gesuchte Größe.

eispiele

1. Miss den Winkel α und überlege, ob dein Ergebnis korrekt sein kann.

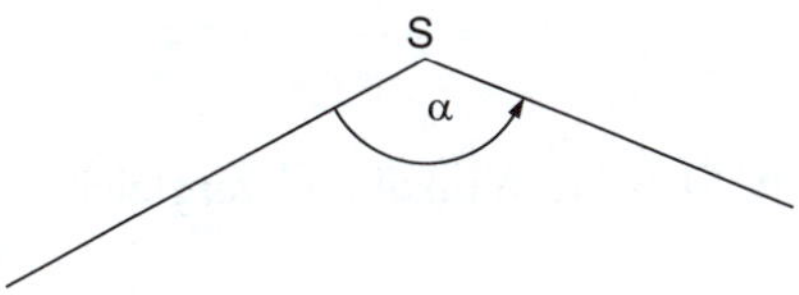

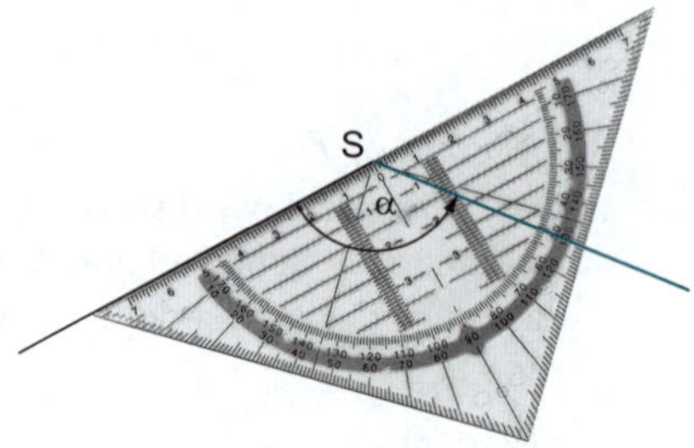

Lösung:
An der passenden Skala liest man **$\alpha = 129°$** ab.
Da der Winkel ein stumpfer Winkel ist, kann das Ergebnis stimmen.

2. Miss den Winkel β auf zwei verschiedene Arten und überlege, ob dein Ergebnis korrekt sein kann.

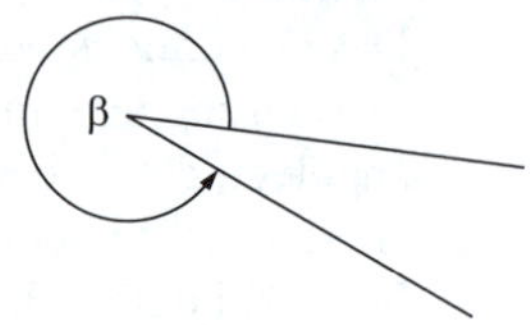

Lösung:
Möglichkeit 1:
Da es sich um einen überstumpfen Winkel handelt, wird das Geodreieck von der anderen Seite an den ersten Schenkel angelegt. An der passenden Skala liest man dann 157° ab.
Für den gesuchten Winkel β gilt:
$\beta = \mathbf{180° + 157°} = 337°$

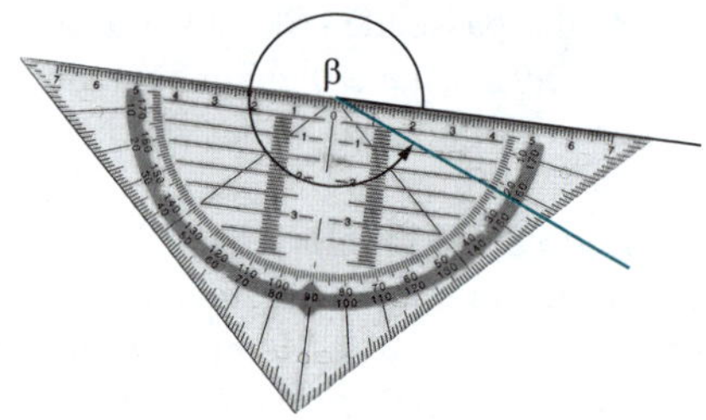

Möglichkeit 2:
An der anderen Skala liest man 23° ab. Für den gesuchten Winkel β folgt:
$\beta = \mathbf{360° - 23°} = 337°$

Da β fast ein Vollwinkel ist, erscheint das Ergebnis von 337° realistisch.

117 Zeichne die Winkel $\alpha = 15°$, $\beta = 86°$ und $\gamma = 237°$.

118 a) Schätze die Größe der Winkel α, β, γ, δ, ε und φ.

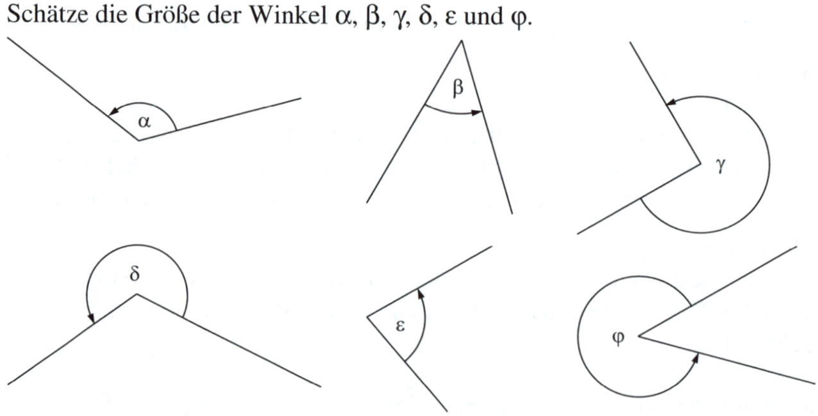

b) Miss die Winkel und vergleiche mit deinen Schätzungen.

119 Zeichne zwei sich schneidende Geraden und benenne die sich ergebenden Winkel mit den griechischen Buchstaben α, β, γ, δ.
Miss anschließend die vier Winkel. Was stellst du fest?

120 Die Punkte $P(4\,|\,6)$ und $Q(0\,|\,1)$ sind gegeben.

a) Zeichne ein Koordinatensystem und trage die gegebenen Punkte sowie die Halbgerade [QP ein.

    7
Platzbedarf: 0 0 11   Längeneinheit: 5 mm
    0

b) Bestimme zeichnerisch die zweite Koordinate von $R(10\,|\,?)$ so, dass $\sphericalangle RQP = 40^\circ$ gilt, und trage R im Koordinatensystem ein.

c) Miss die Winkel $\sphericalangle PRQ$ und $\sphericalangle QPR$.

d) Addiere die drei Winkel $\sphericalangle RQP$, $\sphericalangle PRQ$ und $\sphericalangle QPR$.

e) Zeichne ein beliebiges Dreieck, miss die drei Winkel, die die Dreiecksseiten miteinander einschließen, und addiere sie. Was fällt auf?

121 Gib mehrere Uhrzeiten an, zu denen Stunden- und Minutenzeiger einer Uhr senkrecht aufeinander stehen.

*** 122** Neben den vier Himmelsrichtungen Norden, Westen, Süden und Osten gibt es zur genaueren Beschreibung auch Kombinationen wie Süd-Ost oder Süd-Süd-Ost. Während Süd-Ost genau zwischen Süden und Osten liegt, ist mit Süd-Süd-Ost die Mitte zwischen Süden und Süd-Osten gemeint. Da z. B. in der Schifffahrt solche Unterteilungen zu ungenau sind, werden Himmelsrichtungen oft im Gradmaß angegeben. Dabei entspricht 0° der Nordrichtung und 180° der Südrichtung. Vorsicht ist allerdings bei den weiteren Richtungen geboten: Während Winkel in der Mathematik entgegen dem Uhrzeigersinn gemessen werden, arbeiten die Geografen genau andersherum. Daher entspricht 90° der Ostrichtung und 270° der Westrichtung.

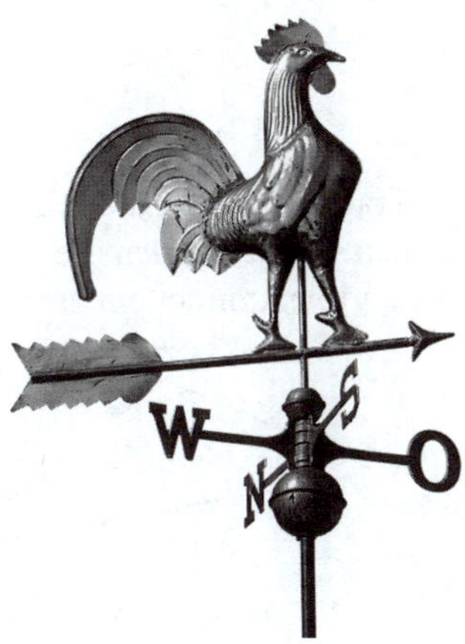

a) Gib Nord-Ost sowie Nord-Nord-Ost in Grad an.

b) Gib Süd-West sowie Nord-West in Grad an.

c) Ein Schiff fährt in Richtung Nord-Ost.
Um wie viel Grad muss das Schiff nach steuerbord (rechts) abdrehen, um anschließend in Richtung Süden zu fahren?

6 Figuren

In unserer Sprache hat der Begriff „Figur“ mehrere verschiedene Bedeutungen. So spricht man von der Figur eines Menschen, man steuert Computerspielfiguren und man tanzt spezielle Figuren. In der Mathematik versteht man unter Figuren dagegen alle flachen Gebilde, die z. B. auf ein Blatt Papier oder eine Schultafel gezeichnet werden können.

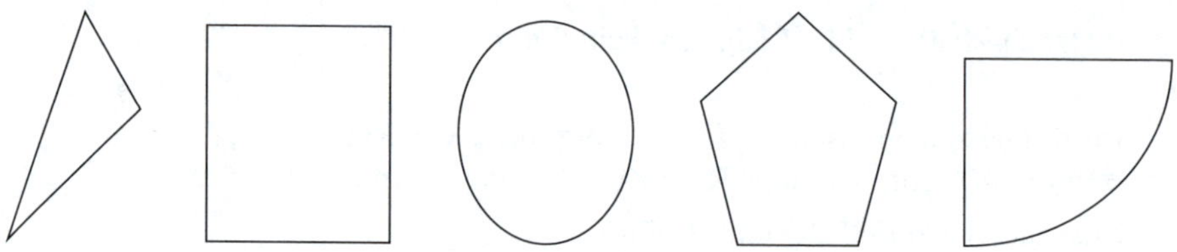

Figuren, die ausschließlich gerade Ränder haben, werden als Vielecke oder **n-Ecke** bezeichnet, wobei das n für eine natürliche Zahl steht und die Anzahl der Ecken angibt. Hat ein Vieleck n Ecken, so verfügt es über ebenso viele Seiten.

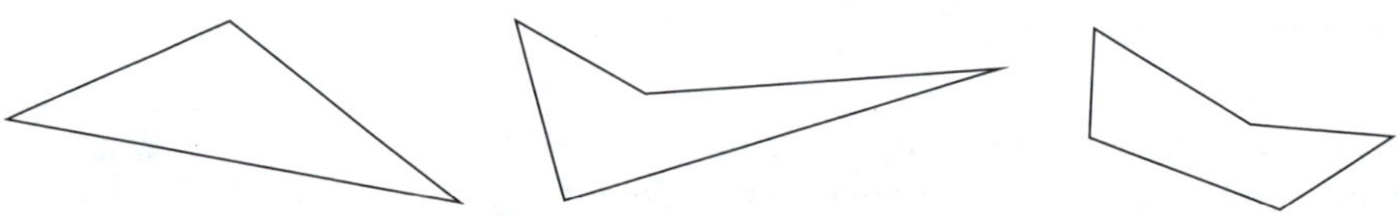

3-Eck 4-Eck 5-Eck

Tragen die Eckpunkte eines n-Ecks Namen, so kann man damit das n-Eck benennen. Dafür werden die Punkte entgegen dem Uhrzeigersinn aufgezählt und der Startpunkt nicht ein zweites Mal als Endpunkt genannt.

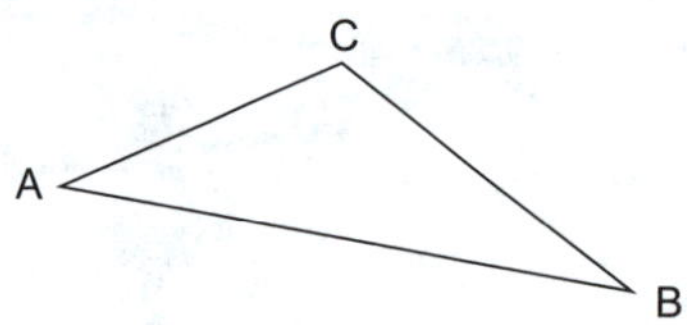

Dreieck ABC

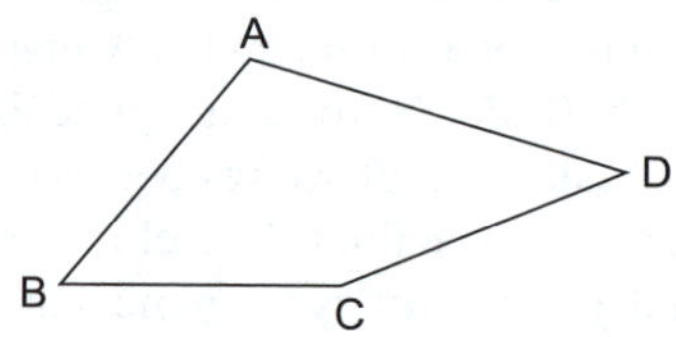

Viereck ABCD

Einige **Vierecke** sehen zwar unterschiedlich aus, besitzen aber gleiche Eigenschaften, sodass sie zu einer Kategorie von Vierecken zusammengefasst werden können und dementsprechend benannt werden.

Stehen die Seiten eines Vierecks aufeinander senkrecht, so handelt es sich um ein **Rechteck**. Jeweils die gegenüberliegenden Seiten eines Rechtecks sind gleich lang. Man bezeichnet diese Seitenlängen als Länge und Breite des Rechtecks.

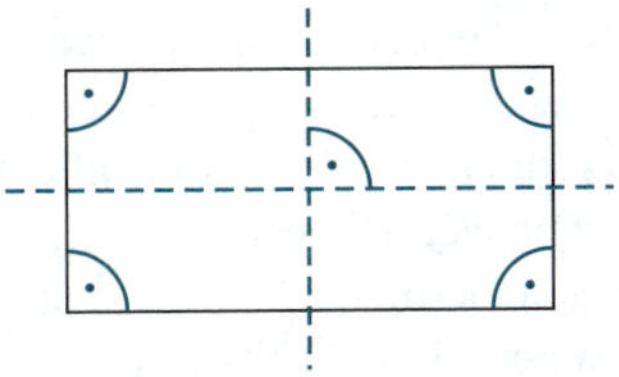

Ein Rechteck hat zwei Symmetrieachsen (vgl. S. 160), die aufeinander senkrecht stehen und sich halbieren.

Stehen alle Seiten eines Vierecks senkrecht aufeinander und sind zudem gleich lang, so handelt es sich um ein **Quadrat**.

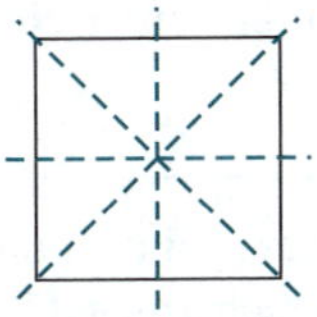

Jedes Quadrat ist auch ein Rechteck. Es hat aber im Gegensatz zu einem nicht-quadratischen Rechteck zusätzlich zur waagrechten und zur senkrechten Symmetrieachse noch zwei diagonale Symmetrieachsen. Insgesamt hat jedes Quadrat somit genau vier Symmetrieachsen.

Ein Viereck mit vier gleich langen Seiten ist eine **Raute**.

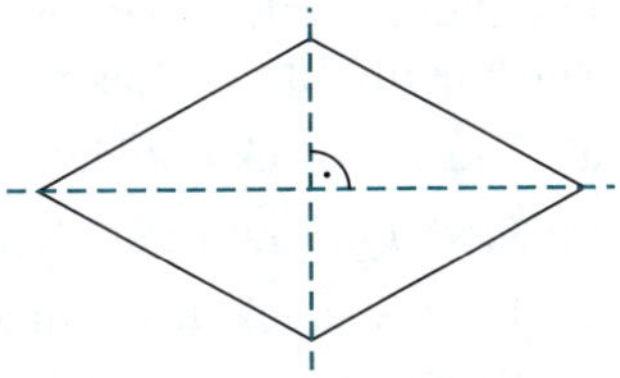

Eine Raute hat zwei Symmetrieachsen, die aufeinander senkrecht stehen.

Sind bei einem Viereck jeweils zwei Seiten gleich lang und liegen diese gleich langen Seiten nebeneinander, so handelt es sich um ein **Drachenviereck**.

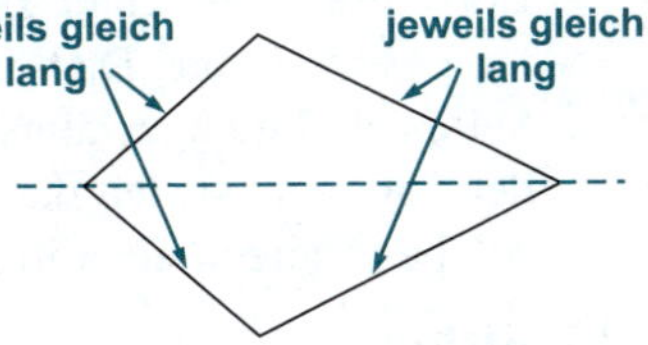

Ein Drachenviereck hat eine Symmetrieachse.

Vierecke, bei denen die jeweils gegenüberliegenden Seiten parallel zueinander verlaufen, werden als **Parallelogramme** bezeichnet. Die parallel verlaufenden, gegenüberliegenden Seiten des Parallelogramms sind jeweils gleich lang.

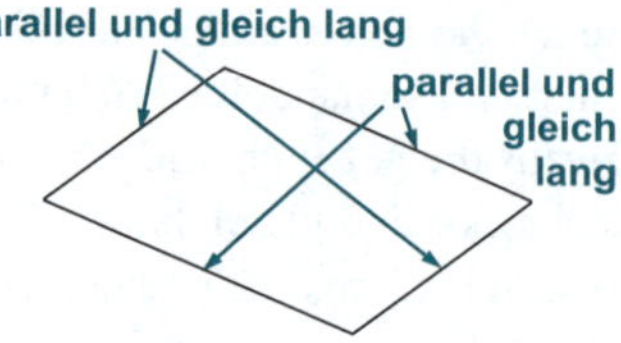

Es fällt auf, dass auch bei einer Raute die jeweils gegenüberliegenden Seiten parallel zueinander verlaufen. Eine Raute ist deshalb immer ein Parallelogramm. Ein Parallelogramm kann allerdings unterschiedlich lange Seiten haben und ist daher nicht automatisch eine Raute.

Ein Viereck, bei dem mindestens zwei gegenüberliegende Seiten parallel verlaufen, wird als **Trapez** bezeichnet.

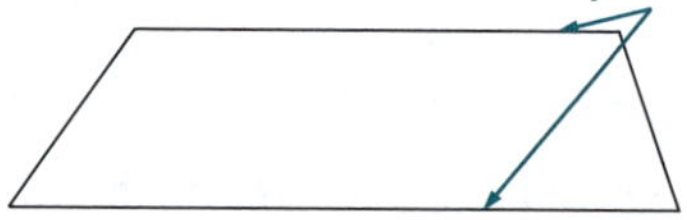

Aufgrund der Eigenschaften von Trapezen ist jedes Parallelogramm ein Trapez, aber nicht jedes Trapez ist auch ein Parallelogramm.

Beispiel

Entscheide, welche der folgenden Aussagen zutreffen und welche falsch sind. Zeichne für falsche Aussagen ein Gegenbeispiel.

a) Jedes Viereck mit lauter gleich langen Seiten ist ein Quadrat.

b) Jedes Quadrat ist ein Rechteck.

c) Jedes Viereck, bei dem jeweils zwei Seiten gleich lang sind, ist ein Rechteck.

d) Jede Raute ist ein Trapez.

Lösung:

a) **Falsch**
Ein Viereck mit lauter gleich langen Seiten ist eine Raute. Da bei einer Raute die Seiten aber nicht zwangsläufig aufeinander senkrecht stehen müssen, ist ein solches Viereck nicht immer ein Quadrat.

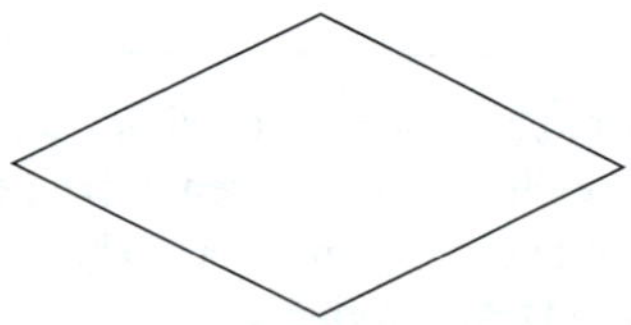
Raute

b) **Richtig**
In einem Quadrat stehen alle Seiten senkrecht aufeinander, was es automatisch zum Rechteck macht.

c) **Falsch**
Wenn die gleich langen Seiten jeweils aneinander anliegen, so entsteht ein Drachenviereck. Liegen die gleich langen Seiten jeweils gegenüber, so entsteht ein Parallelogramm. Nur wenn zusätzlich alle Seiten senkrecht aufeinander stehen, wäre ein solches Viereck auch ein Rechteck.

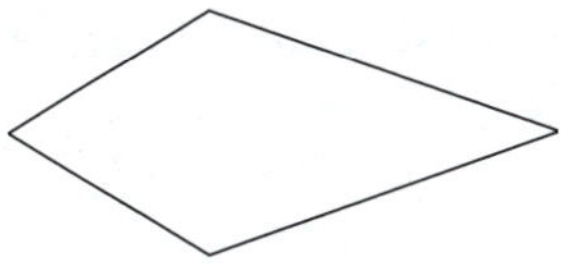

Drachenviereck

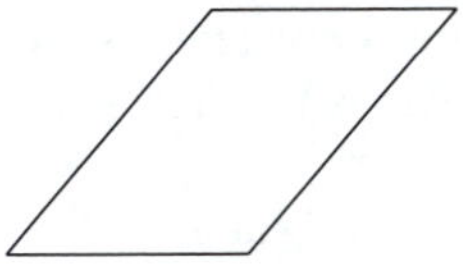

Parallelogramm

d) **Richtig**
Da bei einer Raute jeweils die gegenüberliegenden Seiten parallel verlaufen, ist die Raute ein Parallelogramm und damit auch ein Trapez.

123 Ergänze die folgenden Zeichnungen jeweils zu der angegebenen Figur.

a) Parallelogramm:

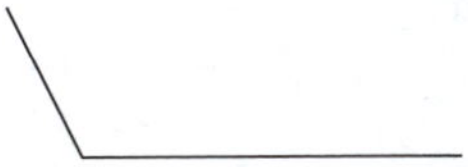

b) Trapez:

124 Trage die vorgegebenen Punkte jeweils in ein Koordinatensystem ein und ermittle die Koordinaten weiterer Punkte, die für die angegebene Figur noch benötigt werden.

a) Rechteck mit Eckpunkten A(3 | 1), B(–1 | 1) und C(–1 | –2).
b) Parallelogramm ABCD mit Eckpunkten A(3 | 1), B(–1 | 1) und D(0 | –1).
c) Drachenviereck ABCD mit Eckpunkten A(–1 | –4), C(–1 | 1) und D(–4 | –1).
d) Quadrat ABCD und Quadrat ADCB mit Eckpunkten B(–1 | 4) und C(2 | 0).

125 Tobias hat Traubensaft über sein Mathematikheft gegossen. Das Viereck, das er gezeichnet hat, ist nur noch zum Teil zu erkennen. Um was für ein Viereck könnte es sich handeln? Gib alle möglichen Viereckstypen an.

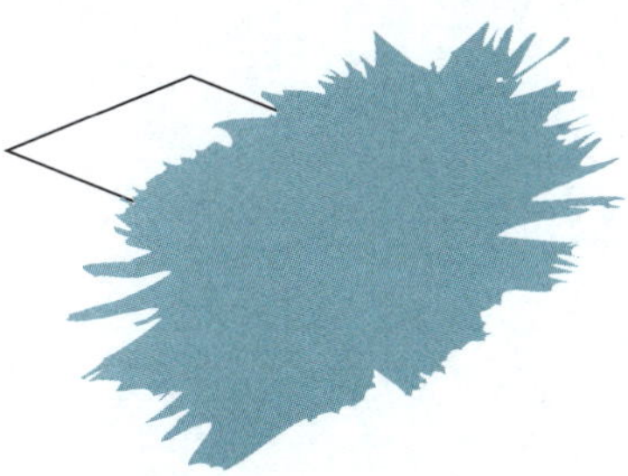

126 Ein Rechteck mit 9 cm Länge und 6 cm Breite soll in möglichst wenige gleich große Quadrate zerlegt werden.
Welche Kantenlänge müssen diese Quadrate haben und wie viele Quadrate erhält man?

127 Welche der folgenden Aussagen treffen zu, welche sind falsch? Kreuze an. Zeichne für falsche Aussagen ein Gegenbeispiel.

	wahr	falsch
a) Jedes Rechteck ist ein Quadrat.	☐	☐
b) Jede Raute ist ein Drachenviereck.	☐	☐
c) Jedes Viereck mit zwei rechten Winkeln ist ein Rechteck.	☐	☐
d) Jedes Viereck, bei dem genau zwei gegenüberliegende Seiten parallel sind, ist ein Rechteck.	☐	☐
e) Jedes Viereck, bei dem jeweils die zwei gegenüberliegenden Seiten parallel sind, ist ein Rechteck.	☐	☐
f) Die Diagonalen in einem Rechteck stehen aufeinander senkrecht.	☐	☐
g) Wenn die Diagonalen in einem Viereck aufeinander senkrecht stehen, so ist das Viereck ein Quadrat.	☐	☐
h) Jedes Parallelogramm hat eine Symmetrieachse.	☐	☐
i) Es gibt Trapeze, die eine Symmetrieachse haben.	☐	☐

✱ **128** Die farbige Strecke soll durch zwei zusätzliche Seiten so zu einem Dreieck ergänzt werden, dass Dreieck und Quadrat eine gemeinsame Symmetrieachse haben. Wie viele Möglichkeiten gibt es? Zeichne deine Lösungen jeweils auf.

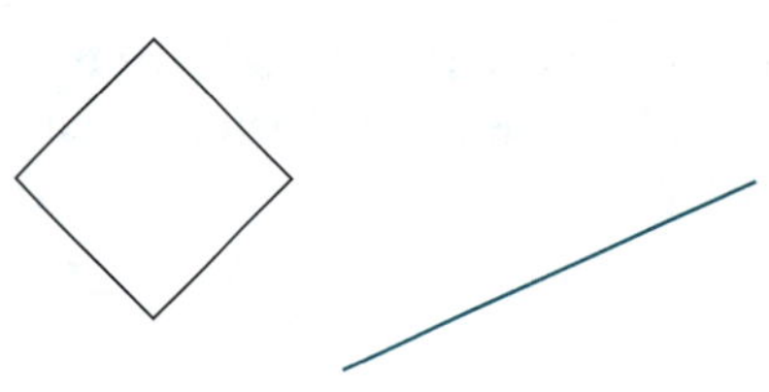

Multiplikation und Division natürlicher Zahlen

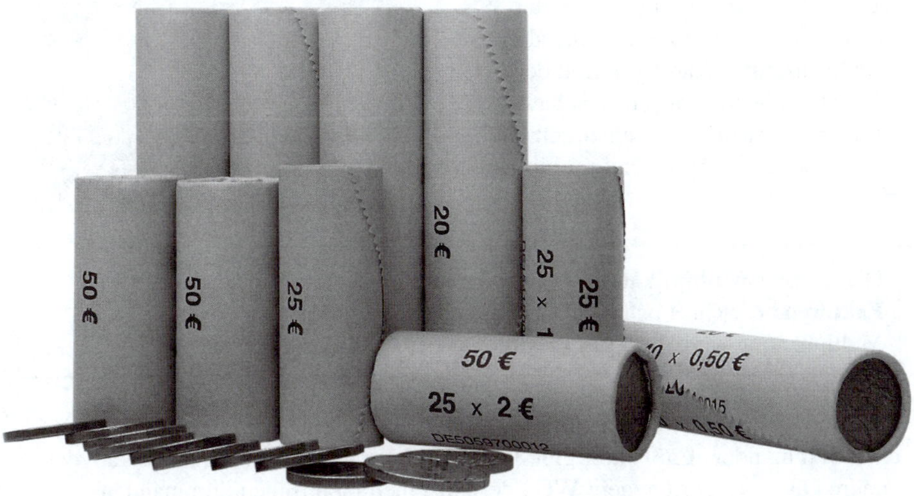

1 Multiplikation natürlicher Zahlen

Ein Schafhirte muss regelmäßig die Hufe seiner Tiere auf Verletzungen hin untersuchen. Wie kann er vorab berechnen, wie viele Beine er zu untersuchen hat? Er könnte die Beine aller Schafe zusammenzählen. Kennt der Hirte aber die Anzahl seiner Schafe, kann er die Anzahl der Schafe mit der Anzahl der Beine pro Schaf multiplizieren.

> Die bei einer **Multiplikation** miteinander multiplizierten Zahlen werden als **Faktoren** bezeichnet und bilden zusammen das **Produkt**. Das Ergebnis der Multiplikation wird **Wert des Produktes** oder **Produktwert** genannt.

Die Multiplikation zweier natürlicher Zahlen ersetzt eine Summe aus lauter gleichen Summanden. Ein Faktor gibt die **Anzahl** der gleichen Summanden an, der andere Faktor entspricht dem **Wert** der einzelnen identischen Summanden.

Beispiele

1. $\underbrace{\underset{\text{1. Faktor}}{157} \cdot \underset{\text{2. Faktor}}{4}}_{\text{Produkt}} = \underset{\text{Produktwert}}{628}$

2. Wie viele Hufe haben 13 Schafe?

   Lösung:

   Addition:

   $4+4+4+4+4+4+4+4+4+4+4+4+4=52$

   Multiplikation:

   $13 \cdot 4=52$

   13 Schafe haben zusammen 52 Hufe.

3. Auf einem Parkplatz stehen 12 Autos und 5 Motorräder.
   Wie viele Reifen sind auf dem Parkplatz insgesamt vorhanden, wenn die Hälfte der Autos über ein Ersatzrad verfügt?

Lösung:

$5+5+5+5+5+5+4+4+4+4+4+4+2+2+2+2+2$

$=(5+5+5+5+5+5)+(4+4+4+4+4+4)+(2+2+2+2+2)$

$=\mathbf{6}\cdot 5+\mathbf{6}\cdot 4+\mathbf{5}\cdot 2$

$=30+24+10$

$=64$

Insgesamt befinden sich 64 Reifen auf dem Parkplatz.

129 Fasse in den Termen gleiche Summanden zu Produkten zusammen und vereinfache so weit wie möglich.

a) $17+17+17+17+17+17+17+17+17+17$

b) $3+3+3+3+7+7+7+7+7+5+5+5+9+9$

c) $12+77+5+77+77+5+5+5+12+77+12+12$

d) $x+x+x+x+x+x$

130 Schreibe als reine Summe.

a) $3\cdot 7$

b) $11\cdot 12$

c) $4\cdot 5+5\cdot 9$

d) $5\cdot a$

131 Wie verändert sich der Wert eines Produktes aus zwei Faktoren, wenn …

a) der erste Faktor verdoppelt und der zweite beibehalten wird?

b) der erste Faktor beibehalten und der zweite verdoppelt wird?

c) beide Faktoren verdoppelt werden?

d) der erste Faktor verdreifacht und der zweite verdoppelt wird?

e) der erste Faktor verdoppelt und der zweite halbiert wird?

2 Die Rechengesetze bei der Multiplikation

Im Alltag legen Gesetze fest, was erlaubt und was verboten ist. In der Mathematik ist das ganz ähnlich: Rechengesetze bestimmen, wie der Wert eines Terms ermittelt wird und welche Umformungen vorgenommen werden dürfen, ohne dass sich der Wert des Terms ändert.

Reihenfolge bei der Berechnung:

- Zuerst werden **Klammern** berechnet.
- **Punktrechenarten** (Multiplikation und Division) werden **vor Strichrechenarten** (Addition und Subtraktion) bearbeitet.
- Ansonsten wird **von links nach rechts** gerechnet.

Wie auch bei der Addition gelten bei der Multiplikation das Kommutativ- und das Assoziativgesetz.

Kommutativgesetz (KG) der Multiplikation:
Der Produktwert ändert sich nicht, wenn die Faktoren vertauscht werden.
Für beliebige natürliche Zahlen a und b gilt daher: $a \cdot b = b \cdot a$

Assoziativgesetz (AG) der Multiplikation:
Der Produktwert ändert sich nicht, wenn die Faktoren beliebig geklammert werden und die Reihenfolge der Berechnung auf diese Weise verändert wird.
Für beliebige natürliche Zahlen a, b und c gilt daher: $a \cdot b \cdot c = (a \cdot b) \cdot c = a \cdot (b \cdot c)$

Tatsächlich begegnen uns diese Gesetze im Alltag bzw. lassen sich in Alltagssituationen anwenden:

Beispiele

1. Achim, Bernd, Christian und Dennis wollen zum Tanzen gehen. Sie laden die Mädchen aus ihrer Klasse zu der Veranstaltung ein und Emilie, Frida, Gabi, Helena, Ingrid sowie Julia sagen zu.
   Wie viele verschiedene Tanzpaare sind möglich?

   Lösung:
   Möglichkeit 1:
   Jeder der 4 Jungen kann mit jedem der 6 Mädchen tanzen. Es sind somit $\mathbf{4 \cdot 6} = 6 + 6 + 6 + 6 = 24$ Paarungen möglich.

Möglichkeit 2:
Umgekehrt kann natürlich jedes der 6 Mädchen mit jedem der 4 Jungen tanzen. Es sind also $\mathbf{6 \cdot 4} = 4+4+4+4+4+4 = 24$ Paarungen möglich.

2. Eine Packung Mentos besteht aus 3 Stangen mit jeweils 20 Bonbons. Julia kauft 2 Packungen.
   Wie viele einzelne Bonbons sind das?

   Lösung:
   Möglichkeit 1:
   In einer Packung sind $3 \cdot 20 = 60$ Bonbons enthalten. Da Julia 2 Packungen kauft, wird die Anzahl mit 2 multipliziert:
   $\mathbf{2 \cdot (3 \cdot 20)} = 2 \cdot 60 = 120$
   Möglichkeit 2:
   Julia kauft mit den 2 Packungen $2 \cdot 3 = 6$ Stangen. Die Anzahl der Stangen muss mit der Anzahl der Bonbons pro Stange multipliziert werden:
   $\mathbf{(2 \cdot 3) \cdot 20} = 6 \cdot 20 = 120$

Terme, in denen eine Summe bzw. Differenz und ein Produkt vorkommen, können mit dem Distributivgesetz vereinfacht werden.

Distributivgesetz (DG) der Multiplikation:
Addiert oder subtrahiert man Produkte, die alle einen gemeinsamen Faktor haben, so lässt sich dieser Faktor **ausklammern**. Für natürliche Zahlen a, b und c gilt:
$\mathbf{a} \cdot b + \mathbf{a} \cdot c = \mathbf{a} \cdot (b + c)$ $\mathbf{a} \cdot b - \mathbf{a} \cdot c = \mathbf{a} \cdot (b - c)$
$a \cdot \mathbf{c} + b \cdot \mathbf{c} = (a + b) \cdot \mathbf{c}$ $a \cdot \mathbf{c} - b \cdot \mathbf{c} = (a - b) \cdot \mathbf{c}$
Wird eine Summe oder Differenz mit einer Zahl multipliziert, so kann die Klammer **ausmultipliziert** werden. Für natürliche Zahlen a, b und c gilt:
$\mathbf{a} \cdot (b + c) = \mathbf{a} \cdot b + \mathbf{a} \cdot c$ $\mathbf{a} \cdot (b - c) = \mathbf{a} \cdot b - \mathbf{a} \cdot c$
$(a + b) \cdot \mathbf{c} = a \cdot \mathbf{c} + b \cdot \mathbf{c}$ $(a - b) \cdot \mathbf{c} = a \cdot \mathbf{c} - b \cdot \mathbf{c}$

Auch bei der Multiplikation von lediglich zwei Zahlen lässt sich das Distributivgesetz gut einsetzen: Durch geschicktes Zerlegen eines Faktors in eine Summe oder eine Differenz können viele Produkte im Kopf berechnet werden, für die ansonsten eine Nebenrechnung nötig wäre.

eispiele

1. Die Brüder Paul und Tom tragen Zeitungen aus und bekommen pro Zeitung 6 Cent. Während Paul 123 Briefkästen füllt, liefert sein jüngerer Bruder 77 Zeitungen aus.
   Wie viel verdienen die Geschwister zusammen?

Lösung:
Möglichkeit 1:
Der Verdienst der Brüder wird jeweils einzeln ermittelt und die Beträge werden anschließend addiert:
$123 \cdot 6\text{ ct} + 77 \cdot 6\text{ ct} = \mathbf{738\text{ ct} + 462\text{ ct}} = 1\,200\text{ ct} = 12\text{ €}$

Möglichkeit 2:
Einfacher ist es, wenn man zuerst berechnet, wie viele Zeitungen die beiden zusammen austragen, und diese Zahl dann mit den 6 ct multipliziert. Die 6 ct werden dabei **ausgeklammert**:
$123 \cdot 6\text{ ct} + 77 \cdot 6\text{ ct} = (123 + 77) \cdot \mathbf{6\text{ ct}} = 200 \cdot 6\text{ ct} = 1\,200\text{ ct} = 12\text{ €}$

2. Berechne $12 \cdot 17$ und $99 \cdot 17$ möglichst vorteilhaft.

Lösung:
Es wird jeweils der erste Faktor in eine Summe oder Differenz zerlegt und dann **ausmultipliziert**:
$12 \cdot 17 = \mathbf{(10+2)} \cdot 17 = 10 \cdot 17 + 2 \cdot 17 = 170 + 34 = 204$
$99 \cdot 17 = \mathbf{(100-1)} \cdot 17 = 100 \cdot 17 - 1 \cdot 17 = 1\,700 - 17 = 1\,683$

132 Wende die Rechengesetze an, um folgende Aufgaben ohne Nebenrechnung lösen zu können.

a) $5 \cdot 7 \cdot 20$
b) $17 \cdot 4 \cdot 25$
c) $5 \cdot 27 \cdot 4 \cdot 5 \cdot 3$
d) $5 \cdot (25 \cdot 2 \cdot 8)$

133 Schreibe einzelne Faktoren als Produkt, sodass du anschließend das Assoziativ- und das Kommutativgesetz sinnvoll anwenden kannst.

a) $28 \cdot 25$
b) $50 \cdot 14$
c) $25 \cdot 16 \cdot 125$
d) $444 \cdot 25$

Tipp: In den Glühbirnen findest du die Faktoren, die du bei der Zerlegung am besten benutzt.

a)

b)

c)

d)

134 Verwende das Distributivgesetz, um die folgenden Aufgaben im Kopf lösen zu können.

a) $7 \cdot 17$
b) $125 \cdot 18$
c) $9 \cdot 76$
d) $199 \cdot 34$

135 Vereinfache mit dem Distributivgesetz und berechne.

a) $9 \cdot 37 + 37$ b) $107 \cdot 6 - 107$

c) $13 \cdot 19 - 19 \cdot 4 + 19$ d) $365 \cdot 5$

136 Welche Rechengesetze wenden Annika, Beate, Christina und Dora an?

137 Berechne möglichst geschickt.

a) $4 \cdot (25 + 250)$ b) $47 \cdot 17 - 12 \cdot 47$

c) $15 \cdot 16 - 16 \cdot 22 + 8 \cdot 16 - 16$ d) $125 \cdot 7 - 7 \cdot 25 + 100$

138 Verwende – wenn möglich – vereinfachende Rechengesetze.

a) $15 + (32 \cdot 15 - 15 \cdot 16)$ b) $37 \cdot 102$

c) $(2 + 8) \cdot (2 + 12) \cdot (2 + 3)$ d) $39 \cdot 100 \cdot 15$

139 Schreibe den zugehörigen Term auf und berechne seinen Wert möglichst geschickt.
„Es geht um eine Differenz. Der Minuend ist ein Produkt, dessen erster Faktor die Differenz der Zahlen 312 und 152 ist. Der zweite Faktor ist 17. Der Subtrahend ist ebenfalls ein Produkt und besteht aus den Faktoren 17 und 62.“

3 Die schriftliche Multiplikation

Einige Produkte lassen sich mithilfe der Rechengesetze geschickt umformen, sodass das Ergebnis im Kopf ermittelt werden kann. Vor allem bei größeren Zahlen ist eine schriftliche Nebenrechnung aber oft hilfreich.

> **Vorgehen beim schriftlichen Multiplizieren:**
> - Schreibe die beiden Faktoren nebeneinander.
> - Multipliziere den 1. Faktor mit jeder Stelle des 2. Faktors. Verwende dafür jeweils eine Zeile und hänge gegebenenfalls so viele Nullen an, dass die einzelnen Ergebnisse rechtsbündig untereinanderstehen.
> - Addiere die entstandenen Zahlen schriftlich.

Auch beim Multiplizieren ist eine **Überschlagsrechnung** hilfreich. Dabei werden die Faktoren so verändert, dass die entstehende Rechnung im Kopf durchgeführt werden kann. Weil der Produktwert kleiner bzw. größer wird, wenn ein Faktor verkleinert bzw. vergrößert wird, ist es sinnvoll, **einen** der beiden Faktoren zu **verkleinern** und den **anderen** zu **vergrößern**. Auf diese Weise weicht das Ergebnis der Überschlagsrechnung nur relativ wenig vom tatsächlichen Ergebnis ab.

Beispiele

1. Berechne das Produkt $27 \cdot 23$ mithilfe der schriftlichen Multiplikation und führe anschließend eine Überschlagsrechnung durch.

   Lösung:

$$\begin{array}{r} \underline{27 \cdot 23} \\ 54\mathbf{0} \\ \underline{+\quad 81} \\ 621 \end{array}$$

Hier rechnest du **27 · 2** und hängst eine Null an, weil der zweite Faktor an der Zehnerstelle steht. Wenn du beim Addieren auf die Positionen der einzelnen Ziffern achtest, kannst du die Null auch weglassen.

Das Produkt **27 · 3** berechnest du schrittweise von rechts nach links. Zunächst wird die Einerziffer ermittelt. Wegen $3 \cdot 7 = 21$ ist das eine 1, die sofort unterhalb der 3 aufgeschrieben wird. Die **2** musst du dir nun **merken** und zu $3 \cdot 2 = 6$ addieren. Das Ergebnis 8 schreibst du links von der 1 auf.

Abschließend werden die beiden Zeilen schriftlich addiert.

Überschlagsrechnung: $27 \cdot 23 \approx \mathbf{30 \cdot 20} = 600$ ✓

Dieser Wert weicht nur wenig von den zuvor ermittelten 621 ab. Damit ist zwar nicht bewiesen, dass 621 der tatsächliche Wert des Produktes $27 \cdot 23$ ist, aber zumindest ist oben kein extremer Fehler aufgetreten.

2. Berechne 17 · 3 246 und 3 246 · 17 schriftlich.

Lösung:

$$\begin{array}{r}
17 \cdot 3246 \\ \hline
51 \\
34 \\
68 \\
+\quad 102 \\ \hline
55182
\end{array}
\qquad\qquad
\begin{array}{r}
3246 \cdot 17 \\ \hline
3246 \\
+\quad 22722 \\ \hline
55182
\end{array}$$

Wenn beide Faktoren unterschiedlich viele Stellen haben, ist es oft sinnvoll, die kleinere Zahl als zweiten Faktor zu verwenden, weil die schriftliche Multiplikation dann weniger Zeilen enthält.

3. Berechne 10 070 · 324 und 324 · 10 070 schriftlich.

Lösung:

$$\begin{array}{r}
10070 \cdot 324 \\ \hline
30210 \\
20140 \\
+\quad 40280 \\ \hline
3262680
\end{array}
\qquad\qquad
\begin{array}{r}
324 \cdot 10070 \\ \hline
324 \\
+\quad 2268 \\ \hline
3262680
\end{array}$$

Enthält der längere Faktor häufig die Ziffern 0 und 1 oder kommt eine beliebige Ziffer mehrfach vor, so kann es vorteilhaft sein, diesen Faktor an die zweite Stelle zu setzen. Zeilen, für die der zweite Faktor eine 0 ist, kannst du weglassen. Achte aber auf die Spalten!

140 Berechne schriftlich und achte auf eine geschickte Reihenfolge der Faktoren. Führe jeweils eine Überschlagsrechnung durch.

a) 10 101 · 374

b) 6 666 · 87

c) 123 123 · 9 876

d) 9 293 · 2 200

4 Baumdiagramme

Maja steht vor ihrem Kleiderschrank und überlegt, wie viele Möglichkeiten sie hat, ihre Pullover mit ihren Hosen zu kombinieren.

> Mit einem **Baumdiagramm** kann man alle möglichen Kombinationen übersichtlich darstellen.

So wie sich ein Baum ausgehend vom Stamm in Äste verzweigt, beginnt das Baumdiagramm auch in einem Punkt und verzweigt sich auf jeder Entscheidungsstufe. Jeder vollständige Pfad durch den Baum stellt eine mögliche Kombination dar.

Bei einem **regelmäßigen** Baumdiagramm gehen von den Verzweigungspunkten pro Entscheidungsstufe jeweils gleich viele Äste ab, d. h., die Anzahl der Möglichkeiten hängt nicht von der vorhergehenden Entscheidung ab. In diesem Fall kann das **Zählprinzip** angewendet werden, um die **Gesamtzahl der möglichen Kombinationen** zu ermitteln. Hierfür werden die Anzahlen der Wahlmöglichkeiten aller Stufen miteinander multipliziert.

Beispiel

1. Für die Schule möchte Maja nur ihre schönen Kleidungsstücke anziehen. Sie stellt fest, dass dies für vier Pullover und drei Hosen zutrifft. Wie viele verschiedene Kombinationen kann sie tragen? Stelle alle Möglichkeiten mit einem Baumdiagramm dar.

Lösung:

Angenommen, Maja zieht den **ersten Pullover** an und kombiniert diesen der Reihe nach mit den **3 Hosen**. Anschließend wählt sie den **zweiten Pullover** und kombiniert erneut mit den 3 Hosen. Ebenso verfährt sie mit dem dritten und vierten Pullover. Da sie jeden der **4** Pullover mit **3** Hosen kombinieren kann, handelt es sich somit um ein regelmäßiges Baumdiagramm und das Zählprinzip kann angewendet werden. Es gibt insgesamt $3+3+3+3=4\cdot 3=12$ Kombinationen.

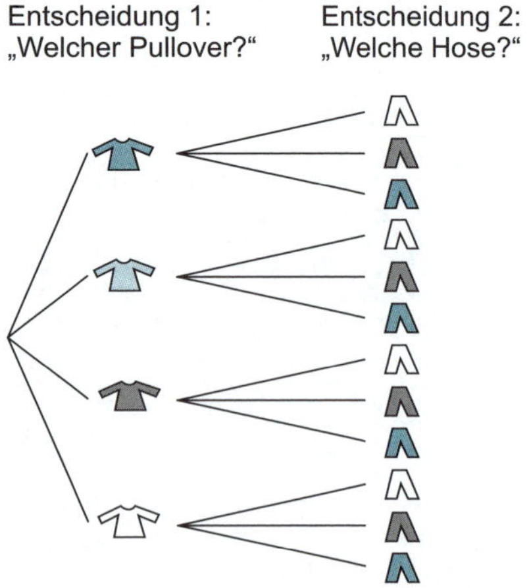

Möglichkeiten: $\mathbf{4} \cdot \mathbf{3} = 12$

2. Um seinen Tresor zu öffnen, muss Herr Pfeiffer eine vierstellige Zahl eintippen. Nach dem Urlaub kann er sich an die vollständige Zahl nicht mehr erinnern. Er ist allerdings sicher, dass die Zahl nur Ziffern von 4 bis 9 enthält und dass keine Ziffer mehrfach vorkommt.
   Wie viele vierstellige Zahlen sind möglich?

   Lösung:
   Weil die Tresorkombination aus 4 Ziffern besteht, wird sich das Baumdiagramm insgesamt **4 Mal verzweigen**. Solche Diagramme werden schnell sehr groß, weshalb man versuchen sollte, sie sich nur vorzustellen. Wenn es sich – so wie hier – um ein regelmäßiges Baumdiagramm handelt, lässt sich die Anzahl der Möglichkeiten mithilfe des Zählprinzips ermitteln:
   Da für die erste Stelle die Ziffern 4, 5, 6, 7, 8 und 9 zur Verfügung stehen, ist der **erste Faktor** eine **6**.
   Weil keine Ziffer mehrfach enthalten ist, stehen für die zweite Stelle der gesuchten Zahl nur noch 5 Ziffern zur Verfügung. Der **zweite Faktor** ist deshalb eine **5**.
   Bei der dritten Verzweigungsstufe stehen noch 4 Ziffern zur Verfügung, weshalb der **dritte Faktor** eine **4** ist.
   Für die letzte Ziffer der vierstelligen Zahl sind nur noch 3 Ziffern verfügbar. Der **vierte Faktor** ist somit eine **3**.
   Insgesamt ergibt sich für Herrn Pfeiffer somit die folgende Anzahl an Möglichkeiten:
   $\mathbf{6 \cdot 5 \cdot 4 \cdot 3} = 360$

141 Von der Bergstation der Rastkopfbahn aus gibt es zwei Möglichkeiten, eine Hütte zu umfahren. Anschließend kann man zwischen drei Abfahrten zur Talstation wählen.
Wie viele verschiedene Variationen für die Abfahrt von der Berg- zur Talstation gibt es insgesamt? Stelle alle Möglichkeiten mithilfe eines Baumdiagramms dar.

142 Mia möchte ihrer Freundin eine Postkarte aus dem Urlaub schicken. Allerdings ist sie sich bei der Hausnummer ihrer Freundin nicht mehr sicher. Sie weiß nur noch, dass diese zweistellig ist und nur Ziffern von 2 bis 5 vorkommen.
Wie viele verschiedene Möglichkeiten gibt es für die Hausnummer, wenn …

a) jede Ziffer beliebig oft verwendet werden darf?

b) jede Ziffer einmal verwendet werden darf?

Zeichne jeweils ein passendes Baumdiagramm.

143 Beim Tagesmenü eines chinesischen Restaurants kann der Kunde zwischen Frühlingsröllchen und Suppe als Vorspeise wählen. Für den Hauptgang stehen vier verschiedene Gerichte zur Wahl und als Nachspeise gibt es gebackene Banane, Zitronen-Minzcreme oder geröstete Erdnusskerne.

a) Wie viele verschiedene Speisenfolgen kann man sich zu einem dreigängigen Tagesmenü zusammenstellen?

b) Der Restaurantbetreiber möchte die Anzahl der möglichen Speisenfolgen verdoppeln. Gib zwei verschiedene Möglichkeiten an, wie er die Menükarte dafür erweitern kann.

144 Laura bastelt eine Weihnachtskarte, auf der sie drei Sterne aufkleben möchte. Sie liebt es bunt und möchte für alle drei Sterne unterschiedliche Farben verwenden. Sie hat Tonpapier in neun unterschiedlichen Farbtönen.
Wie viele verschiedene Farbkombinationen für die Sterne sind möglich?

145 Die drei Familien Meier, Müller und Wagner fahren gemeinsam im Konvoi in den Urlaub. Wagners haben einen Wohnwagen, die Familien Meier und Müller fahren jeweils ein Wohnmobil.
Zeichne zu den Teilaufgaben a und b je ein Baumdiagramm.

a) Wie viele verschiedene Anordnungen der drei Fahrzeuge gibt es?

b) Wie viele deutlich zu unterscheidende Anordnungen gibt es, wenn die beiden Wohnmobile absolut identisch aussehen?

c) Lassen sich die Aufgaben auch mithilfe des Zählprinzips lösen? Begründe.

5 Potenzieren

Manchmal muss man mit Produkten arbeiten, die nur aus gleichen Faktoren bestehen. Wenn es sich dabei um viele Faktoren handelt, bietet sich die Potenzschreibweise an.

Bei einer **Potenz** wird der immer gleiche Faktor als **Basis** bezeichnet.
Der **Exponent** gibt an, wie oft dieser Faktor im Produkt enthalten ist.

Basis → a, Exponent → n

$$\underbrace{a \cdot a \cdot a \cdot a \cdot \ldots \cdot a}_{\text{n Faktoren}} = \underbrace{a^n}_{\text{Potenz}}$$

Sprechweise: „a hoch n" oder „a wird mit n potenziert"

Potenzen gehören zu den Punktrechenarten und werden direkt nach den Klammern bearbeitet. Besonders praktisch ist die Potenzschreibweise bei sehr **großen Zahlen** mit vielen Nullen am Ende. Solche Zahlen können in ein Produkt zerlegt werden, das für jede dieser Nullen einmal den Faktor 10 enthält. Werden diese Faktoren als Potenz mit Basis 10 geschrieben, braucht die Gesamtzahl weniger Platz und ist leichter lesbar. Potenzen mit Basis 10 heißen **Zehnerpotenzen**.

eispiele

1. $2 \cdot \mathbf{3^4} = 2 \cdot (\mathbf{3 \cdot 3 \cdot 3 \cdot 3}) = 2 \cdot 81 = 162$
2. $(2 \cdot 3)^4 = \mathbf{6^4} = \mathbf{6 \cdot 6 \cdot 6 \cdot 6} = 1\,296$
3. $4 + \mathbf{2^3} = 4 + \mathbf{2 \cdot 2 \cdot 2} = 4 + 8 = 12$
4. $(4+3)^2 = \mathbf{7^2} = \mathbf{7 \cdot 7} = 49$
5. $19\underbrace{000\,000\,000\,000}_{\text{12 Nullen}} = 19 \cdot \mathbf{10 \cdot 10 \cdot 10 \cdot 10 \cdot 10 \cdot 10 \cdot 10 \cdot 10 \cdot 10 \cdot 10 \cdot 10 \cdot 10}$
   $= 19 \cdot \mathbf{10^{12}}$

Häufig werden Potenzen mit dem **Exponenten 2** benötigt. Diese Zahlen werden als **Quadratzahlen** bezeichnet. Man sollte sie bis zur Basis 20 auswendig kennen.

$1^2 = 1$	$2^2 = 4$	$3^2 = 9$	$4^2 = 16$	$5^2 = 25$
$6^2 = 36$	$7^2 = 49$	$8^2 = 64$	$9^2 = 81$	$10^2 = 100$
$11^2 = 121$	$12^2 = 144$	$13^2 = 169$	$14^2 = 196$	$15^2 = 225$
$16^2 = 256$	$17^2 = 289$	$18^2 = 324$	$19^2 = 361$	$20^2 = 400$

Auch die Potenzen mit der **Basis 2** sind wichtig. Sie werden als **Zweierpotenzen** bezeichnet und man sollte sie bis zum Exponenten 10 im Kopf haben.

$2^1 = 2$	$2^2 = 4$	$2^3 = 8$	$2^4 = 16$	$2^5 = 32$
$2^6 = 64$	$2^7 = 128$	$2^8 = 256$	$2^9 = 512$	$2^{10} = 1\,024$

Gerade die Zweierpotenzen begegnen uns in Technik, Natur und Alltag immer wieder.

Beispiel

Unter Idealbedingungen verdoppelt sich die Anzahl der Bakterien in einer Bakterienkultur der Art Escherichia coli alle 20 Minuten. In einem Labor wird um 8:00 Uhr eine Probe mit 1 000 Bakterien angesetzt. Wie viele Bakterien enthält die Probe um 11:00 Uhr?

Lösung:

Da sich die Bakterienanzahl alle 20 Minuten verdoppelt, kann man die Anzahl alle 20 Minuten angeben:

8:00 Uhr: $1\,000$

8:20 Uhr: $1\,000 \cdot \mathbf{2} = 2\,000$

8:40 Uhr: $1\,000 \cdot \mathbf{2 \cdot 2} = 1\,000 \cdot \mathbf{2^2} = 1\,000 \cdot 4 = 4\,000$

9:00 Uhr: $1\,000 \cdot \mathbf{2 \cdot 2 \cdot 2} = 1\,000 \cdot \mathbf{2^3} = 1\,000 \cdot 8 = 8\,000$

…

Für jeweils 20 Minuten wird also ein **weiterer Faktor 2** angehängt bzw. der Exponent der Zweierpotenz um eins erhöht.

Von 8:00 Uhr bis 11:00 Uhr vergehen 3 Stunden bzw. $3 \cdot 3 = 9$ „20-Minuten-Zeitabschnitte“. Um zu berechnen, wie viele Bakterien um 11:00 Uhr in der Probe enthalten sind, muss die Startanzahl 1 000 insgesamt **9 Mal** mit dem **Faktor 2** multipliziert werden:

$1\,000 \cdot \mathbf{2 \cdot 2 \cdot 2 \cdot 2 \cdot 2 \cdot 2 \cdot 2 \cdot 2 \cdot 2} = 1\,000 \cdot \mathbf{2^9} = 1\,000 \cdot 512 = 512\,000$

Die Bakterienzahl hat sich in den 3 Stunden von 1 000 auf 512 000 erhöht.

146 Berechne.

a) 3^2

b) 5^3

c) $4^2 - 2^4$

d) $6^3 + 3^3$

e) $14^2 \cdot 2^2$

f) $(3 \cdot 4)^2$

g) $(3 + 4)^2$

h) $3^2 + 4^2$

i) $3^3 - 2^4 \cdot 7^2$

j) $(5^2 - 3 \cdot 5)^3$

147 Welches der Zeichen <, >, = gehört jeweils in die Lücke?

a) $2^8 \square 16^2$ b) $5^2 \square 2^5$

c) $2^5 \square 4^2$ d) $5^3 \square 4^4$

148 Schreibe mithilfe von Zehnerpotenzen.

a) 900 000 b) 17 000

c) 805 000 000 d) drei Millionen

e) zwanzig Milliarden f) zwei Milliarden fünfhundert Millionen

149 Schreibe ohne Potenzen, zunächst mit Ziffern und dann in Worten.

a) $5 \cdot 10^5$ b) $502 \cdot 10^6$

c) $33 \cdot 10^2$ d) $2 \cdot 10^7$

150 Michael geht in die 1. Klasse und bekommt im Monat 1 € Taschengeld. Seine Eltern bieten ihm für die folgenden Jahre zwei Varianten an:

I Michael bekommt jedes Jahr eine Taschengelderhöhung um 5 €.

II Michaels Taschengeld wird jedes Jahr verdoppelt.

a) Wie viel Taschengeld würde Michael in der 10. Jahrgangsstufe bei den beiden Varianten jeweils monatlich bekommen?

b) Untersuche, bei welcher Variante Michael bis zum Ende der 6. Jahrgangsstufe insgesamt mehr Taschengeld erhält. Berechne den Unterschied.

✱ 151 Im Mittelalter bekamen die Menschen sehr viel mehr Kinder als heute, die medizinische Versorgung war aber noch nicht so gut und Todesfälle in den ersten 10 Lebensjahren kamen extrem häufig vor. Außerdem bekamen die Menschen ihre Kinder wesentlich früher, wurden aber selbst nicht so alt wie heute. Man kann davon ausgehen, dass damals Eltern ihre Kinder im Schnitt mit 25 Jahren bekamen.

Stell dir vor, im Jahr 1400 n. Chr. besiedeln 10 Ehepaare eine bisher unbewohnte Insel. Jedes Paar bekommt sechs überlebende Nachkommen, die auf der Insel bleiben, ihrerseits heiraten und sechs überlebende Kinder bekommen, die wieder auf der Insel bleiben, wieder heiraten usw.

a) Wie viele Menschen würden im Jahr 1550 n. Chr. dann ungefähr auf der Insel wohnen?

b) Erkläre, warum es im Mittelalter nicht zu einem derart starken Bevölkerungswachstum – wie in Teilaufgabe a berechnet – gekommen ist.

6 Division natürlicher Zahlen

Lea, Ben und Lukas möchten sich eine Packung Kekse teilen. Damit jeder gleich viele Kekse bekommt, könnten sie sich reihum jeweils einen Keks nehmen, bis die Packung leer ist. Ist die Anzahl der Kekse auf der Packung angegeben, könnten sie auch vorher berechnen, wie viele Kekse jeder insgesamt bekommt.

> Die Zahl, die bei einer **Division** aufgeteilt wird, bezeichnet man als **Dividend**. Die Zahl, durch die geteilt wird, nennt man **Divisor**. Dividend und Divisor bilden zusammen den **Quotienten**. Das Ergebnis der Division wird **Wert des Quotienten** oder **Quotientenwert** genannt.

Die **Division** ist die **Umkehrung der Multiplikation**. Während bei der Multiplikation mehrere gleiche Zahlen addiert werden, wird bei der Division eine Zahl in die gewünschte Anzahl gleich großer Teile zerlegt.

> Die Division durch null ist **nicht erlaubt**.

Beispiele

1. $\underbrace{\underset{\text{Dividend}}{200} : \underset{\text{Divisor}}{4}}_{\text{Quotient}} = \underset{\text{Quotientenwert}}{50}$

2. a) Welchen Betrag muss jeder Schüler und jede Schülerin der 5e bezahlen, wenn die 30 Kinder für den Wandertag insgesamt 210 € benötigen?
   b) Wie viel Geld ist in der Klassenkasse der 5e, wenn die 30 Schülerinnen und Schüler am ersten Schultag jeweils 7 € einzahlen?

   Lösung:
   a) Um den Anteil der einzelnen Schülerinnen und Schüler zu ermitteln, wird die Gesamtsumme durch die Anzahl der Kinder dividiert:
   210 : 30 = 7
   Jedes Kind muss somit 7 € bezahlen.
   b) Der Inhalt der Klassenkasse wird mit dem Produkt **30 · 7** = 210 ermittelt. Es befinden sich also 210 € in der Kasse.

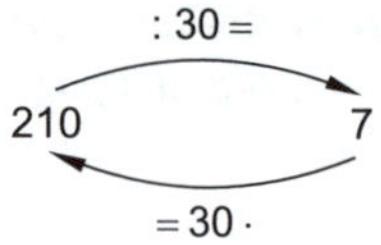

Du kannst das Ergebnis einer Division sehr einfach mithilfe der Umkehraufgabe überprüfen.

3. Berechne folgende Quotienten.
   a) 36 000 : 12
   b) 630 : 70
   c) 1 200 000 : 50 000

   Lösung:
   a) Wegen 36 : 12 = 3 gilt:
   36 **000** : 12 = 3 · **1 000** = 3 000

   Vergleiche das Ergebnis von 36 : 12 mit dem Ergebnis von 36 000 : 12. Der zweite Quotient liefert den 1 000-fachen Wert.

   b) Wegen 63 : 7 = 9 gilt:
   63**0** : 7**0** = 9

   Vergleiche die Aufgaben 63 : 7 und 630 : 70. Beide haben das gleiche Ergebnis, weil Dividend und Divisor bei der zweiten Aufgabe jeweils um den Faktor **10** größer sind.

   c) Wegen 120 : 5 = 24 gilt:
   1 20**0 000** : 5**0 000** = 24

   Hier kannst du bei Dividend und Divisor jeweils **4 Nullen streichen**.

4. Die Mutter bereitet für ihre drei Kinder zum Abendessen zwölf Fischstäbchen zu. Bei der Zubereitung weiß sie noch nicht, wie viele Kinder anwesend sein werden und ob überhaupt ein Kind zum Essen erscheint.
   Gib für alle denkbaren Fälle an, wie viele Fischstäbchen jedes Kind bekommt.

   Lösung:
   Wenn alle **drei** Kinder anwesend sind, bekommt jedes Kind
   12 : **3** = 4 Fischstäbchen.
   Wenn nur **zwei** Kinder am Essen teilnehmen, bekommt jedes Kind
   12 : **2** = 6 Fischstäbchen.
   Kommt nur **ein** Kind rechtzeitig nach Hause, so bekommt es
   12 : **1** = 12 Fischstäbchen.
   Trifft aber **kein** Kind pünktlich ein, so ist die Rechnung 12 : **0** nicht sinnvoll und nicht erlaubt.

> Während das Produkt aus zwei natürlichen Zahlen immer eine natürliche Zahl ergibt, kann es passieren, dass sich ein Dividend nicht vollständig durch den Divisor teilen lässt. In solchen Fällen bleibt ein **Rest**.

Um schnell entscheiden zu können, ob bei einer Division ein Rest bleibt, gibt es verschiedene Teilbarkeitsregeln. Diese sind in Kapitel 1, S. 16 aufgeführt.

Beispiel

Eine Tüte Gummibärchen mit 203 Gummibären soll gleichmäßig auf vier Teller verteilt werden.
Wie viele Gummibärchen kommen auf jeden Teller und wie viele Gummibärchen bleiben übrig?

Lösung:
Die Anzahl der Gummibärchen pro Teller wird mithilfe einer Division ermittelt. Allerdings ist 203 nicht durch 4 teilbar.
203 : 4 = 50 **Rest** 3
Auf jeden Teller kommen also 50 Gummibärchen und drei Bärchen bleiben übrig.

152 Achte auf die Regel „Punkt vor Strich" und berechne, wenn möglich.

a) 69 : 3
b) 100 − 80 : 4
c) 195 : 0
d) 46 : 4
e) 121 : 11 + 110
f) 1 250 : (32 − 7)

153 Welche Zahl gehört jeweils in die Lücke?

a) 144 : 12 = □
b) □ : 15 = 7
c) 250 : □ = 50
d) 28 : □ = 5 Rest 3
e) □ : 13 = 10 Rest 5
f) 45 : □ = 18 : 2

154 Wie verändert sich ein Quotient, wenn man den …

a) Dividenden vervierfacht?
b) Divisor halbiert?
c) Dividenden verdreifacht und den Divisor halbiert?

Gib zu jeder Teilaufgabe ein passendes Zahlenbeispiel an.

155 Entscheide jeweils, ohne die Division durchzuführen, ob ein Rest bleibt.

a) 2 076 : 2
b) 4 915 : 3
c) 1 532 : 4
d) 82 639 : 9

156 Rolf, Sabine, Thomas und Ursula haben gemeinsam LOTTO gespielt und 1 429 € gewonnen. Sie wollen das Geld untereinander aufteilen, stellen aber fest, dass der Betrag nicht durch 4 teilbar ist. Rolf bietet an: „Bevor wir jetzt mit Cent-Beträgen arbeiten, lege ich aus meinem Geldbeutel so viel auf den Gewinn drauf, dass wir anschließend ohne Rest durch 4 teilen können." Was ist der kleinste Betrag, den Rolf spendieren muss, und wie groß ist der Gewinn anschließend pro Person?

7 Die Rechengesetze bei der Division

Ähnlich wie bei der Multiplikation gibt es auch bei der Division Rechengesetze, mit deren Hilfe man Aufgaben durch geschicktes Umformen vereinfachen kann.

Distributivgesetz (DG) der Division:
Wird eine Summe oder Differenz durch eine Zahl dividiert, so kann die Klammer **aufgelöst** werden. Für natürliche Zahlen a, b und c gilt:
$(a+b):\mathbf{c}=a:\mathbf{c}+b:\mathbf{c}$ $\quad$ $(a-b):\mathbf{c}=a:\mathbf{c}-b:\mathbf{c}$

Addiert oder subtrahiert man Quotienten, die den gleichen Divisor haben, so lässt sich der Divisor **ausklammern**. Für natürliche Zahlen a, b und c gilt:
$a:\mathbf{c}+b:\mathbf{c}=(a+b):\mathbf{c}$ $\quad$ $a:\mathbf{c}-b:\mathbf{c}=(a-b):\mathbf{c}$

Beispiele

1. $3\,826:9+5\,174:9=(3\,826+5\,174):9=9\,000:9=1\,000$
2. $285:3=(270+15):3=270:3+15:3=90+5=95$
3. Am Ostersonntag findet Lukas 41 Ostereier im Garten. Seine kleine Schwester Laura war nicht so erfolgreich und konnte nur 19 Eier einsammeln. Die Geschwister teilen die Eier untereinander gerecht auf.
   Wie viele Eier erhält jedes Kind?

   Lösung:
   Wenn die Kinder versuchen, zunächst die 41 und dann die 19 Eier unter sich aufzuteilen, bleibt jeweils ein Rest:
   $41:2=20$ Rest 1 und $19:2=9$ Rest 1
   Von den 41 Eiern bekommt jedes Kind also 20 Eier und das übrig gebliebene Ei wird zur Seite gelegt. Von den 19 Eiern bekommt jedes Kind weitere 9 Eier und das übrig gebliebene Ei wird ebenfalls zur Seite gelegt. Jedes Kind hat nun 29 Eier. Werden noch die 2 vorher zur Seite gelegten Eier aufgeteilt, bekommen Lukas und Laura jeweils ein weiteres Ei und jeder hat anschließend 30 Eier.
   Viel einfacher kann man das allerdings mit dem **Distributivgesetz** ausrechnen:
   $41:2+19:2=(\mathbf{41+19}):2=60:2=30$

4. Ein Lottogewinn in Höhe von 1 648 € soll auf die 8 Mitglieder einer Tippgemeinschaft aufgeteilt werden.
   Wie viel Geld erhält jedes Mitglied? Wende das Distributivgesetz an und rechne im Kopf.

Lösung:

$1\,648 : 8 = (\mathbf{1\,600 + 48}) : 8$
$= 1\,600 : \mathbf{8} + 48 : \mathbf{8}$
$= 200 + 6$
$= 206$

Den Dividenden in eine Summe zu zerlegen, erleichtert die Rechnung.

Jedes Mitglied der Tippgemeinschaft erhält also 206 €.

5. Zeige, ohne die Division komplett auszuführen, dass 1 735 nicht ohne Rest durch 17 teilbar ist. Wende das Distributivgesetz an.

   Lösung:

   Wenn 1 735 ohne Rest durch 17 teilbar ist, so gilt das auch für jede Zerlegung von 1 735 in eine Summe. Wird 1 735 als **1 700 + 35** geschrieben, so ist leicht zu erkennen, dass nur der erste Summand ein Vielfaches von 17 ist und die Summe somit nicht ohne Rest durch 17 geteilt werden kann.

Vorsicht: Das Distributivgesetz gilt nur, wenn der Dividend eine Summe oder Differenz ist – der Divisor muss eine Zahl sein. Ein Kommutativgesetz (Vertauschen von Dividend und Divisor) und ein Assoziativgesetz (Setzen oder Weglassen von Klammern) gibt es bei der Division nicht!

Beispiele

1. $486 : (3 + 6) = 486 : 9 = \mathbf{54}$, aber $486 : 3 + 486 : 6 = 162 + 81 = \mathbf{243}$
2. $144 : 12 : 2 = 12 : 2 = \mathbf{6}$, aber $144 : (12 : 2) = 144 : 6 = \mathbf{24}$
3. $24 : 3 = \mathbf{8}$, aber $3 : 24 = \mathbf{?}$

Diese Rechnung ist mit dem Wissen der 5. Jahrgangsstufe nicht lösbar.

157 Berechne auf möglichst einfache Weise.

a) $143 : 13$
b) $126 : 8 + 34 : 8$
c) $46 : 23 + 230 : 23 + 69 : 23$
d) $35 : 5 - 35 : 7$
e) $(28 + 42 - 14) : 14$
f) $161 : 7 - 133 : 7 + 42 : 7$
g) $32 : 3 - 23 : 3$
h) $115 : 5 + 85 : 5 - 48 : 4$

158 Überprüfe mithilfe des Distributivgesetzes, ob jeweils ein Rest bleibt oder nicht.

a) $205 : 19$
b) $483 : 23$
c) $189 : 45$
d) $247 : 13$

8 Die schriftliche Division

Obwohl mithilfe des Distributivgesetzes viele Quotienten im Kopf berechnet werden können, ist auch beim Dividieren eine schriftliche Nebenrechnung oft sehr hilfreich.

> Grundidee: Beim **schriftlichen Dividieren** prüft man schrittweise von links nach rechts, wie oft der Divisor im Dividenden enthalten ist.

Auch beim schriftlichen Dividieren können Fehler passieren. Deshalb sollte jedes Ergebnis mithilfe einer **Überschlagsrechnung** überprüft werden. Dazu kann entweder eine Division mit ähnlichen Werten oder eine Überschlagsrechnung zur Umkehraufgabe durchgeführt werden.

Beispiel

Berechne den Quotienten 19 281 : 93 mithilfe der schriftlichen Division und führe anschließend eine Überschlagsrechnung durch.

Lösung:

$$\overset{\frown}{192}81 : 93 = \ldots$$

Betrachte die ersten drei Ziffern von 19 281.

$$19281 : 93 = \mathbf{2}\ldots$$

93 ist in 192 **zwei**mal enthalten.

$$\begin{array}{l} 19281 : 93 = 2\ldots \\ \underline{\mathbf{-186}} \\ 6 \end{array}$$

Multipliziere den Divisor mit der gerade gefundenen Zahl und subtrahiere das Ergebnis vom bisher betrachteten Teil des Dividenden. Die Subtraktion muss eine Zahl liefern, die kleiner als der Divisor ist.

$$\begin{array}{l} 19281 : 93 = 2\mathbf{0}\ldots \\ \underline{-186}\downarrow \\ 6\mathbf{8}1 \end{array}$$

Hänge die erste bisher noch nicht verwendete Ziffer des Dividenden rechts an den gerade berechneten Differenzwert an. Da die so entstehende Zahl 68 kleiner als der Divisor 93 ist, musst du eine weitere Ziffer des Dividenden anhängen. Vergiss nicht, dafür einmal die Ziffer 0 rechts an das entstehende Endergebnis anzufügen.

$$\begin{array}{l} 19281 : 93 = 20\mathbf{7}\ldots \\ \underline{-186} \\ 681 \\ \underline{\mathbf{-651}} \\ 30 \end{array}$$

Finde heraus, wie oft der Divisor in die gerade gebildete Zahl passt. Wie oben bereits einmal durchgeführt, ermittelst du dann das entsprechende Vielfache des Divisors und ziehst es von der zuvor durch Anhängen der weiteren Ziffern gebildeten Zahl ab.

$$
\begin{array}{l}
19281 : 93 = 207 \text{ Rest } \mathbf{30} \\
-186 \\
\quad 681 \\
\quad -651 \\
\quad\quad \mathbf{30}
\end{array}
$$

Falls die letzte Subtraktion nicht den Wert null liefert, bleibt bei der Division ein Rest, der hinter das Ergebnis geschrieben wird.

Überschlagsrechnung:

Möglichkeit 1:

$19\,281 : 93 \approx \mathbf{20\,000} : \mathbf{100}$

$= 200 : 1$

$= 200$ ✓

Dividend und Divisor im Idealfall entweder jeweils vergrößern oder jeweils verkleinern.

Das Ergebnis 207 Rest 30 kann stimmen.

Möglichkeit 2:

$207 \cdot 93 \approx \mathbf{200} \cdot \mathbf{100} = 20\,000$ ✓

Dieser Wert passt gut zum Dividenden 19 281.

Bei der überschlagsmäßigen Multiplikation wird im Idealfall ein Faktor verkleinert und der andere vergrößert.

159 Berechne schriftlich und überprüfe dein Ergebnis mit einer Überschlagsrechnung.

a) $901 : 17$

b) $21\,924 : 108$

c) $39\,483 : 123$

d) $47\,678 : 193$

160 Die privaten deutschen Haushalte haben täglich insgesamt einen durchschnittlichen Wasserverbrauch in Höhe von zehn Milliarden vierhundertachtundzwanzig Millionen Litern. Die Einwohnerzahl Deutschlands beträgt 82 175 684 (Stand: 31.12.2015).
Wie hoch ist der tägliche durchschnittliche Wasserverbrauch pro Person gerundet auf ganze Liter?

Tipp: Da der Wasserverbrauch auf Millionen Liter gerundet wurde, reicht es, die Einwohnerzahl auf Hunderttausender zu runden.

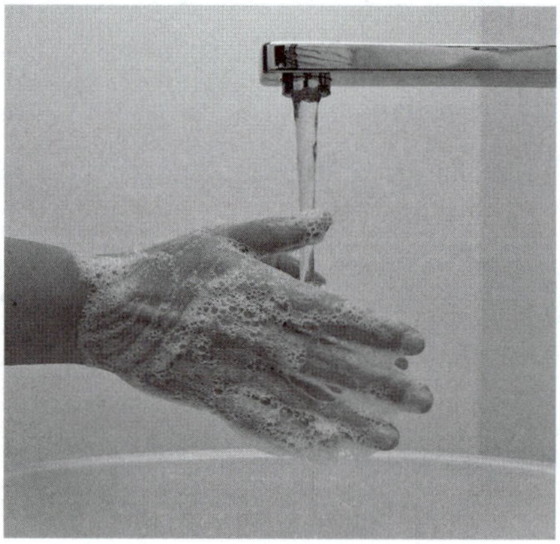

9 Primzahlen und Primfaktorzerlegung

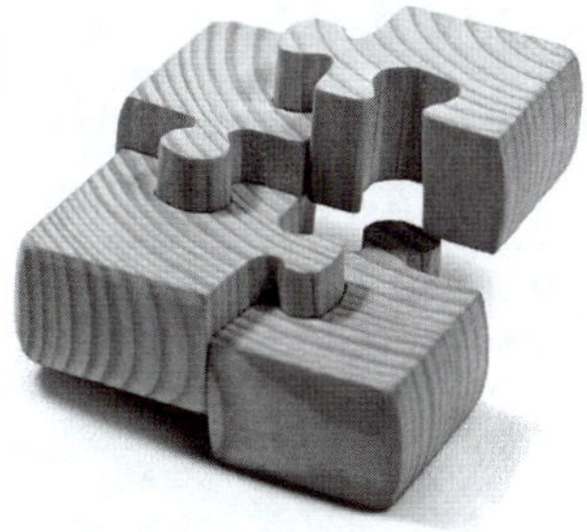

Dieser Holzstein lässt sich in vier Einzelteile zerlegen. Ganz ähnlich können in der Mathematik Zahlen in einzelne Faktoren zerlegt werden. Dafür werden die Primzahlen benötigt. Dies sind Zahlen, die nur durch 1 und durch sich selbst teilbar sind und deren Teilermenge genau zwei Elemente enthält (siehe S. 17).

Primzahlen zwischen 1 und 30:
2 3 5 7 11 13 17 19 23 29

Weitere Primzahlen sind:
31 37 41 43 47 53 59 61
67 71 73 79 83 89 97

Als **Primfaktorzerlegung** einer Zahl bezeichnet man die Zerlegung der Zahl in ein Produkt, das nur aus Primzahlen besteht. Man sortiert die einzelnen Faktoren dabei der Größe nach. Auf diese Weise entsteht für jede natürliche Zahl eine eindeutige Primfaktorzerlegung.

Beispiel

Gib die Primfaktorzerlegung von 90 an.

Lösung:

$90 = 9 \cdot 10$ — Zerlege 90 zunächst in die beiden gut erkennbaren Faktoren 9 und 10.

$= 3 \cdot 3 \cdot 2 \cdot 5$ — Wenn die gefundenen Faktoren noch keine Primfaktoren sind, musst du sie weiter zerlegen.

$= 2 \cdot 3^2 \cdot 5$ — Sortiere anschließend die Faktoren der Größe nach und fasse gleiche Faktoren zu Potenzen zusammen.

161 Gib jeweils die Primfaktorzerlegung an und verwende wenn möglich die Potenzschreibweise.

a) 189 b) 150 c) 2 448 d) 221

162 Traditionell helfen dem Platzwart des Tennisvereins einige Spieler der Jugendmannschaft beim Einwintern der Tennisplätze. Als kleine Belohnung bekommen die Jugendlichen gebrauchte Tennisbälle. Wie viele Helfer kann der Platzwart anwerben, wenn er 130 Bälle verschenkt und jeder Helfer gleich viele Bälle erhalten soll? Finde alle Möglichkeiten.

Multiplikation und Division ganzer Zahlen

1 Multiplikation ganzer Zahlen

Im täglichen Leben begegnet man negativen Zahlen beispielsweise bei Temperaturangaben unter null Grad, Höhenangaben unter dem Meeresspiegel und bei Schulden. Auch solche Zahlen müssen gelegentlich multipliziert werden.

> Negative Zahlen werden samt dem zugehörigen Minuszeichen eingeklammert, wenn Rechen- und Vorzeichen aufeinanderfolgen.

Beginnt ein Term mit einer negativen Zahl, so kann man selbst entscheiden, ob diese Zahl samt negativem Vorzeichen eingeklammert wird oder nicht.

Beispiel $3 \cdot -5$ ↯ $3 \cdot (-5)$ ✓ $-3 \cdot (-5)$ ✓ $(-3) \cdot (-5)$ ✓

Bei der Multiplikation von ganzen Zahlen hängt das Vorzeichen des Ergebnisses von den Vorzeichen der einzelnen Faktoren ab.

> - Werden zwei **positive oder zwei negative Zahlen** miteinander multipliziert, so ist das **Ergebnis positiv**.
> $(+) \cdot (+) = (+)$ bzw. $(-) \cdot (-) = (+)$
> - Werden eine **negative und eine positive Zahl** miteinander multipliziert, so ist das **Ergebnis negativ**.
> $(-) \cdot (+) = (-)$ bzw. $(+) \cdot (-) = (-)$

Überlege zunächst mithilfe dieser Vorzeichenregel, ob das Ergebnis positiv oder negativ ist. Dann schreibe das entsprechende Vorzeichen auf und führe die Rechnung nur mit den Beträgen der Faktoren durch.

Beim Multiplizieren ganzer Zahlen gelten das **Kommutativ-**, das **Assoziativ-** und das **Distributivgesetz** genauso wie beim Multiplizieren natürlicher Zahlen. Besteht ein Produkt also aus mehr als zwei Faktoren, so können wegen des Assoziativgesetzes jeweils zwei Faktoren zusammengefasst werden, auf die dann die obige Regel angewendet wird.

> - Ist die **Anzahl** der negativen Faktoren **gerade**, so ist das **Ergebnis positiv**.
> - Ist die Anzahl der negativen Faktoren **ungerade**, so ist das **Ergebnis negativ**.

Zum Einsatz kommt diese Regel auch bei Potenzen mit negativer Basis. Gerade Exponenten liefern dann positive und ungerade Exponenten negative Ergebnisse.

Eine Sonderrolle bei der Multiplikation stellt die Null dar.

- Ist bei einem Produkt ein Faktor null, so ist der **Produktwert** ebenfalls **null**.
- Hat ein Produkt den Wert null, so muss **mindestens ein Faktor null** sein.

eispiele

1. Berechne $(-193) \cdot 61$ und führe eine Überschlagsrechnung durch.

   Lösung:
   Das Produkt einer negativen und einer positiven Zahl ist **negativ**.
   Die Rechnung mit den Beträgen der Faktoren liefert folgenden Wert:
   $193 \cdot 61 = 11\,773$
   Die vollständige Lösung lautet: $(-193) \cdot 61 = -(193 \cdot 61) = -11\,773$
   Überschlagsrechnung: $193 \cdot 61 \approx 200 \cdot 60 = 12\,000$ ✓

2. Berechne $(-2) \cdot (-13) \cdot 6 \cdot (-3)$.

   Lösung:
   Ein Produkt mit drei negativen Faktoren liefert ein **negatives** Ergebnis.
   $(-2) \cdot (-13) \cdot 6 \cdot (-3) = -(2 \cdot 13 \cdot 6 \cdot 3) = -(26 \cdot 6 \cdot 3) = -(156 \cdot 3) = -468$

163 Berechne und kontrolliere dein Ergebnis jeweils mit einer Überschlagsrechnung.

a) $(-12) \cdot 15$
b) $(-98) \cdot (-27)$
c) $87 \cdot (-12)$
d) $189 \cdot (-66)$

164 Berechne möglichst vorteilhaft.

a) $(924 - 1\,892) \cdot 5 \cdot (-20)$
b) $189 \cdot (-33) \cdot (-3)$
c) $(-2)^5$
d) $(92 - 301) \cdot (301 - 92) \cdot 0$
e) $(-11) \cdot (-15)^2$
f) $(-125) \cdot 12 \cdot (-8) \cdot (-12)$

165 Welche Zahl gehört jeweils in die Lücke?

a) $(-53) \cdot \square = 1\,643$
b) $(\square)^7 = -128$
c) $(12 + \square) \cdot (-18) = 0$
d) $(20 + \square) \cdot (-7) = 63$
e) $(-8) \cdot (\square - 2) = -104$
f) $\square \cdot (-172) = 21 + 3 \cdot (-7)$
g) $156 \cdot (-3) = \square \cdot 26$
h) $(-1) \cdot 2 \cdot (-3) \cdot (-4) \cdot \square = 96$

166 Welche Vorzeichen passen in die Lücken? Gib alle Möglichkeiten an.

a) $(\square\, 15) \cdot (\square\, 5) = 75$
b) $(\square\, 3) \cdot (\square\, 5) \cdot (\square\, 7) = -105$

2 Division ganzer Zahlen

Tom hat sich von seinen Eltern 68 € für ein Modellflugzeug geliehen. Da seine Schwester Katja ebenfalls mit dem Modellflugzeug spielt, möchte Tom nun, dass sie sich die Schulden teilen. Für Tom bedeutet dies, dass sein Kontostand bei den Eltern statt –68 € nun –68 € : 2 = –34 € beträgt.

Werden Schulden auf mehrere Personen aufgeteilt, steckt dahinter die Division einer negativen Zahl.

- Haben Dividend und Divisor die gleichen Vorzeichen, so ist das **Ergebnis positiv**.
  (+) : (+) = (+) bzw. (–) : (–) = (+)
- Haben Dividend und Divisor unterschiedliche Vorzeichen, so ist das **Ergebnis negativ**.
  (–) : (+) = (–) bzw. (+) : (–) = (–)

Wie schon bei der Multiplikation sollte man auch bei der Division zunächst überlegen, welches Vorzeichen die Lösung hat. Für die eigentliche Rechnung kann man dann mit den Beträgen von Dividend und Divisor arbeiten.

Ein **Divisor** darf **nie null** sein. Hat ein Quotient den Wert null, so ist der **Dividend null** und der **Divisor ungleich null**.

Beispiel

Dividiere –22 407 durch –3 201 und überprüfe das Ergebnis mithilfe einer Überschlagsrechnung.

Lösung:

Da sowohl Dividend als auch Divisor negativ sind, ist der **Quotientenwert positiv**:

$(-22\,407) : (-3\,201) = +(22\,407 : 3\,201) = 7$

Überschlagsrechnung:

Möglichkeit 1:

$22\,407 : 3\,201 \approx 21\,000 : 3\,000 = 7$ ✓

Möglichkeit 2 (mithilfe der Umkehrrechnung):

$7 \cdot 3\,201 \approx 7 \cdot 3\,000 = 21\,000$ ✓

167 Berechne und kontrolliere dein Ergebnis jeweils mit einer Überschlagsrechnung.

a) $(-144):6$
b) $(-2\,619):(-97)$
c) $996:(-12)$
d) $759:11$
e) $(-38\,964):(-204)$
f) $12\,342:(-66)$

168 Welche Zahl gehört jeweils in die Lücke?

a) $\square:(-4)=-6$
b) $(-72):\square=8$
c) $\square:12=24:(-2)+12$
d) $(-1\,008):(20+\square)=42$
e) $(560-\square):(-18)=-31$
f) $0:\square=0$

169 Welche Vorzeichen passen in die Lücken? Gib alle Möglichkeiten an.

a) $(\square\,15):(\square\,5)=-3$
b) $(\square\,70):(\square\,5):(\square\,7)=2$

3 Kombination der Grundrechenarten

Wird ein Film gedreht, müssen sich die Schauspieler genau an das Drehbuch halten. Darin ist die genaue Reihenfolge der einzelnen Szenen vorgegeben.
Treten in einem Term sämtliche Grundrechenarten auf, gibt es auch hier einen genauen Plan, in welcher Reihenfolge die einzelnen Rechenschritte durchgeführt werden müssen.

Reihenfolge bei der Berechnung:

- **Klammern** werden zuerst berechnet.
- **Potenzen** müssen noch **vor den Punktrechenarten** bearbeitet werden.
- Zuletzt kommen die **Strichrechenarten** an die Reihe.
- Innerhalb der Punkt- bzw. Strichrechenarten wird **von links nach rechts** gearbeitet.

Bei der **Termgliederung** untersucht man die Reihenfolge der einzelnen Rechenschritte, um zunächst herauszufinden, welche Rechnung als Letztes durchgeführt wird. Diese Rechenart gibt dem gesamten Term seinen Namen. Anschließend werden die Bestandteile des Terms weiter gegliedert.

Beispiel

Gliedere folgenden Term und berechne seinen Wert:
$(62 - 153 : (-3)^2) : (-15) + 7 \cdot 10^3$

Lösung:
Aufgrund der Regeln zur Reihenfolge bei der Berechnung ist die Addition der letzte Rechenschritt und bei dem Term handelt es sich somit um eine **Summe**.

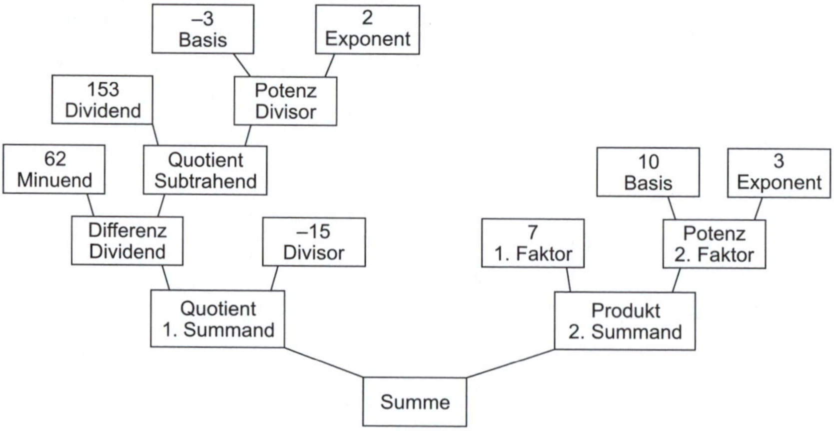

Die Berechnung folgt den Ästen des Gliederungsbaumes von den Blättern bis zur Wurzel:

$(62-153:(-3)^2):(-15)+7\cdot 10^3$	Potenzen berechnen
$=(62-153:\mathbf{9}):(-15)+7\cdot\mathbf{1\,000}$	Quotient 153 : 9 und Produkt 7 · 1 000 berechnen
$=(62-\mathbf{17}):(-15)+\mathbf{7\,000}$	Differenz 62 – 17 in der Klammer berechnen
$=\mathbf{45}:(-15)+7\,000$	Quotient 45 : (–15) berechnen
$=\mathbf{(-3)}+7\,000$	Summe (–3) + 7 000 berechnen
$=\mathbf{6\,997}$	

170 Gib die Art der folgenden Terme an und berechne jeweils ihren Wert. Erstelle für die Teilaufgaben b und c zusätzlich einen Gliederungsbaum.

a) $100-(3+5)^2:4$

b) $(17\cdot 35-19):32$

c) $378-270:2:3^3$

d) $33\cdot(2+7:0)+22$

e) $-9\cdot(-2)+(-77):7$

f) $(-96:(43-55))\cdot(15-37)$

171 Schreibe die zugehörigen Terme mit möglichst wenigen Klammern auf und berechne jeweils den Wert.

a) Dividiere die dritte Potenz von 10 durch die Differenz von –90 und dem Produkt von 5 und 7.

b) Multipliziere die Differenz der dritten Potenz von –2 und der zweiten Potenz von –3 mit dem Quotienten der Zahlen –78 und 6.

c) Addiere die fünfte Potenz von –4 zur vierten Potenz von –5 und dividiere das Ergebnis durch 3.

172 Berechne.

a) $(-8)\cdot(-2)+(-3+6\cdot(-4))$

b) $(-7-(-2)\cdot 2)\cdot 5+8$

c) $-63:(-7)+(-4-10:(-2))$

d) $(-4-(-8)\cdot 2)-(-3)\cdot 6:(-2)$

e) $8-(-10):(-1)-(-10)\cdot(-5-(-5))$

f) $(-3)-(-28):(-4)-2\cdot(3-(-1))$

173 Berechne. Achte auf Punkt vor Strich.

a) $(4\,527:(-9)+211):4-303$

b) $328+(406-392:(-14))\cdot 5$

c) $-345:23-18\cdot 21$

d) $(357+115):(745-863)\cdot 13$

e) $(7\,380:18-8)-102:3$

f) $(-5^3-15\cdot 2^3)+(-5^2\cdot(-3)^2)$

174 Rechne vorteilhaft.

a) $7\cdot 462:3-7\cdot 1\,162:3+1\,531:3$

b) $(592-810)\cdot 423:423$

175 Berechne, wenn möglich, auf zwei unterschiedliche Arten, indem du einmal ohne und einmal mithilfe der Rechengesetze arbeitest. Überlege jeweils möglichst früh, welches Vorzeichen das Ergebnis haben wird, und rechne dann mit den Beträgen.

a) $(49-140):(-7)$
b) $588:(-14):(-2)$
c) $5\cdot[(-10)-13]$
d) $162:(3-9)$
e) $(-128):(-8)\cdot(-4)$
f) $(77+66):(-11)\cdot(-13)$

176 Welche Zahl gehört jeweils in die Lücke?

a) $\square:5=4\cdot(-13)$
b) $15\cdot\square=126+42:(-7)$
c) $[(-450)+\square]:(-7)=63$
d) $(-16)\cdot(-4):(-32):\square=2$

177 Paul sagt zu Sarah: „Denk dir eine Zahl aus. Addiere 7, multipliziere das Ergebnis mit 8 und subtrahiere anschließend 56. Als Nächstes teilst du durch 4 und zählst dann 2 dazu. Teile noch einmal durch 2 und nenne mir das Ergebnis. Ich werde dir dann sagen, welche Zahl du dir ausgedacht hattest."
Überprüfe, welche Ergebnisse Sarah erhält, wenn sie sich bei mehreren Durchgängen des Spiels die Zahlen 13, 1 und 0 ausdenkt. Wie kann Paul daraus die von Sarah gedachte Zahl erkennen?

178 Bestimme die fehlenden Zahlen und Rechenzeichen, sodass der Gliederungsbaum zu einem Term mit möglichst wenigen Klammern passt. Gib den Term an.

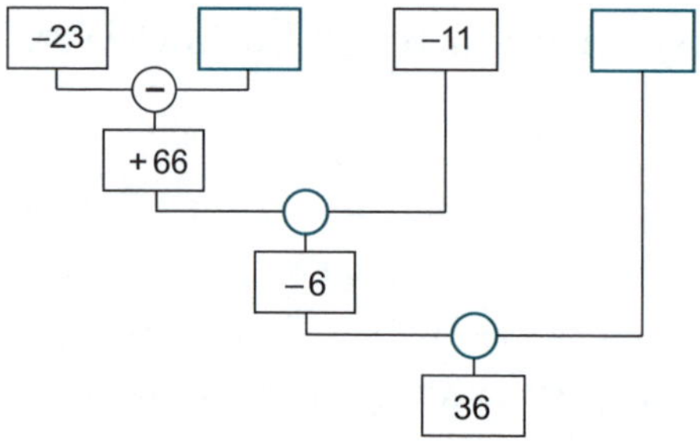

179 Entscheide jeweils, ob man ein Klammerpaar weglassen kann, ohne den Wert des Terms zu verändern.

a) $(39-72):3+[7\cdot(-12)]-(22-33)$
b) $(22-66:3)\cdot[5\cdot(9-12)+49]$

4 Lösung von Sachaufgaben

Anna möchte sich zwei Katzen anschaffen. Um ihre Eltern davon zu überzeugen, berechnet sie die voraussichtlichen monatlichen Kosten für die Tiere. Bei dieser und vielen anderen Situationen aus dem Alltag ist es hilfreich, den Sachverhalt als mathematischen Term auszudrücken.

Vorgehen bei der Lösung von Sachaufgaben:

- Lies die Aufgabe genau durch und markiere die wichtigen Angaben.
- Bei langen Aufgaben ist es oft hilfreich, zunächst zu notieren, was gegeben und was gesucht ist.
- Zerlege die Aufgabe in mehrere Schritte und schreibe auf, was mit dem jeweiligen Schritt berechnet wird.
- Stelle für jeden Schritt den passenden Term auf und berechne seinen Wert.
- Verbinde die Teilterme zu einem **Gesamtterm** oder **Gesamtansatz**.
- Überprüfe dein Ergebnis (z. B. mithilfe einer Überschlagsrechnung).
- Formuliere am Ende einen Antwortsatz.

Vor allem bei Sachaufgaben kommt es häufig vor, dass das Endergebnis mitgeteilt wird und man dazu passende Startwerte ermitteln muss. Die dafür notwendige Lösungsstrategie wird als **Rückwärtsarbeiten** bezeichnet. Aufgaben, die diese Strategie erfordern, sind in aller Regel anspruchsvoller als Fragestellungen, bei denen man von den vorhandenen Informationen ausgehend durch **Vorwärtsarbeiten** zum Ziel kommt. Wenn man sich jeweils bewusst macht, welche Strategie anzuwenden ist, sind beide Aufgabentypen gut zu lösen.

Beispiel

Familie Fichtl kauft ein neues Auto und bezahlt die Hälfte des Preises in bar. Außerdem überlässt sie dem Händler ihren Gebrauchtwagen, für den dieser 3 500 € verrechnet. Mit 24 Monatsraten zu je 250 € zahlt Familie Fichtl ihr neues Fahrzeug im Verlauf der folgenden zwei Jahre ab.
Wie teuer ist der Neuwagen? Überlege, ob hier die Strategie des Vorwärts- oder Rückwärtsarbeitens eingesetzt werden muss, und stelle einen Gesamtansatz auf.

Lösung:
Die Aufgabe wird in mehrere Schritte zerlegt und vom Ende der Aufgabe zum Anfang gerechnet. Man verwendet also die Strategie des Rückwärtsarbeitens.

1. Schritt: Betrag, der mit den 24 Monatsraten bezahlt wird

24 · **250** = 6 000

↑ monatliche Rate

↑ Anzahl der Raten

2. Schritt: Betrag, der nach der Barzahlung noch zu begleichen ist

6 000 + **3 500** = 9 500

↑ Gutschrift für den Gebrauchtwagen

↑ Ratenzahlung

3. Schritt: Preis des Neuwagens

9 500 · **2** = 19 000

↑ Die Hälfte wurde bar bezahlt.

Den Gesamtansatz erhält man, indem man jeweils statt des vom vorhergehenden Schritt übernommenen Zahlenwertes den entsprechenden Term einsetzt. Manchmal müssen hierbei Klammern gesetzt werden.

$$\underbrace{\underbrace{24 \cdot 250}_{6\,000} + 3\,500}_{9\,500} \cdot 2$$

Gesamtansatz: (24 · 250 + 3 500) · 2

Der Neuwagen kostet 19 000 €.

Antwortsatz nicht vergessen.

180 Die Klasse 5 b möchte am Wandertag eine Ausstellung besuchen. Der Busunternehmer verlangt 170 €, die Eintrittskarten kosten pro Person 3 € und für eine Führerin müssen zusätzlich 25 € bezahlt werden. In der Klassenkasse befinden sich 161 €. Der Klassenlehrer möchte von jedem Kind einen runden Betrag einsammeln und schießt deshalb aus der eigenen Tasche 6 € zu.
Wie viel Geld muss jedes der 28 Kinder bezahlen? Überlege, ob hier die Strategie des Vorwärts- oder Rückwärtsarbeitens eingesetzt werden muss, und stelle einen Gesamtansatz auf.

181 Phillipp beschließt, jeden Monat 6 € in einer speziellen Urlaubskasse zu sparen. Zu Weihnachten legt seine Oma zusätzlich 20 € in diese Kasse. Für eine Fahrradtour in den Pfingstferien gibt Phillipp die Hälfte seiner Ersparnisse aus und hat anschließend noch 31 €.
Wie viele Monate hat Phillipp vor den Pfingstferien insgesamt gespart? Stelle einen Gesamtansatz auf und erläutere, ob du die Strategie des Vorwärts- oder Rückwärtsarbeitens angewendet hast.

182 Sieben Freunde mieten für sieben Tage und sechs Nächte eine Segeljacht für 1 350 €. Für die Endreinigung fallen zusätzlich 75 € an und pro Nacht bezahlen sie durchschnittlich 35 € Hafengebühr. Harald kauft für alle die Lebensmittel ein und bezahlt dafür 416 €.
Wie viel Geld bekommt Harald bei der Endabrechnung zurück, wenn sämtliche Kosten gleichmäßig auf die sieben Freunde verteilt werden? Stelle einen Gesamtansatz auf und gib an, welche Strategie du angewendet hast.

183 Die 32 Hochleistungskühe von Landwirt Huber geben im Monat jeweils 750 Liter Milch. Außerdem hat er selbst gezüchtete Allgäuer Standardrinder, die pro Woche jeweils 90 Liter Milch liefern. Nach einem halben Jahr fallen 14 Hochleistungskühe wegen einer Infektion aus. Im gesamten Jahr produziert der Hof 342 000 Liter Milch.
Wie viele Standardrinder besitzt Landwirt Huber? Rechne mit 52 Wochen bzw. 12 Monaten pro Jahr. Erläutere, welche Lösungsstrategie du anwendest, und stelle einen Gesamtansatz auf.

184 Eine Tierhandlung kauft 15 Transportgehege mit jeweils 20 Kaninchen. Für je 20 Tiere bezahlt der Händler 240 €, zusätzlich kostet der Transport insgesamt 45 €. Die Tierhandlung ist Sponsor eines benachbarten Kinderheimes und schenkt dem Heim 15 Kaninchen.
Zu welchem Preis müssen die restlichen Tiere jeweils verkauft werden, wenn der Händler an der gesamten Lieferung 630 € verdienen möchte? Stelle einen Gesamtansatz auf.

✻ 185 Im bayerischen Alpenvorland herrscht gelegentlich Föhnwetterlage, wobei große Luftmassen aus Italien nach Süddeutschland strömen. Während des Aufstiegs an der italienischen Südseite der Alpen kühlen sich die Luftmassen pro 500 m um 4 °C ab und erwärmen sich beim anschließenden Abstieg an der Alpennordseite alle 100 Höhenmeter um 1 °C.

Auf welcher Höhe hatten die Luftmassen in Italien eine Temperatur von 23 °C, bevor sie über den ca. 3 000 m hohen Alpenhauptkamm gezogen und letztendlich in einer Höhe von 900 m bei Schloss Neuschwanstein mit einer Temperatur von 24 °C angekommen sind? Überlege, welche Lösungsstrategie anzuwenden ist, und stelle einen Gesamtansatz auf.

✻ 186 Für die Trasse einer Umgehungsstraße müssen insgesamt 2 720 t Erdreich abtransportiert werden. Ein örtlicher Bauunternehmer besitzt vier kleine Lkws mit je 5 t Nutzlast, zwei mittlere Lkws mit je 13 t Nutzlast und einen großen Lkw mit 22 t Nutzlast.

a) Wie viele Fahrten müsste jeder Lkw machen, wenn alle gleich oft fahren sollen? Stelle einen Gesamtansatz auf.

b) Um Zeit zu sparen, mietet der Bauunternehmer weitere Lkws der gleichen Bauarten dazu. Er verfügt daraufhin über gleich viele Lkws von jedem Typ und jeder Lkw muss jetzt nur 17 Fahrten machen.
Wie viele Lkws wurden gemietet? Stelle einen Gesamtansatz auf.

Größen und Einheiten

1 Größen und Einheiten

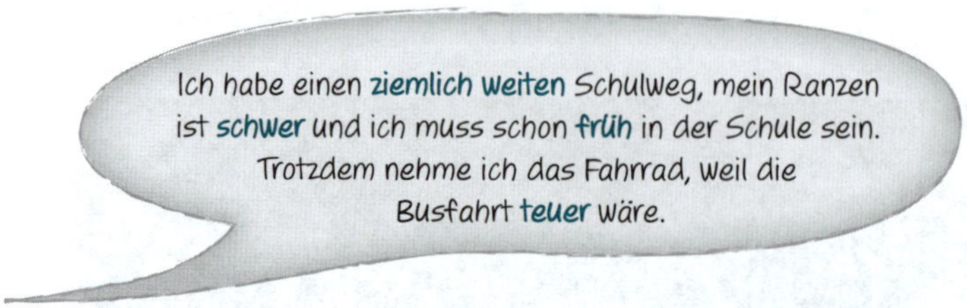

Erst durch die Verwendung von Größen und Einheiten lässt sich unser Alltag präzise beschreiben.

Schulweg: 1 950 m	Schulbeginn: 7:45 Uhr
Ranzen: 6 kg	Monatskarte: 28 Euro

Jede Größe besteht aus **Maßzahl** und **Maßeinheit**.
Die Maßzahl gibt an, wie oft die Maßeinheit in einer Größe enthalten ist.
Eine Größe kann in verschiedenen Maßeinheiten angegeben werden, wobei die **Maßzahl größer** wird, wenn eine **kleinere Maßeinheit** verwendet wird.

Maßzahl

6 kg = 6 000 g

Maßeinheit

Beim Messen einer Größe wird festgestellt, wie oft die verwendete Maßeinheit in einer Größe enthalten ist. Das funktioniert ohne Hilfsmittel (z. B. Schritte abzählen) oder mithilfe spezieller Messgeräte (z. B. Stoppuhr oder Meterstab).

Beispiel

Welche Größen können mit diesen Messgeräten ermittelt werden?
Gib jeweils ein Beispiel an.

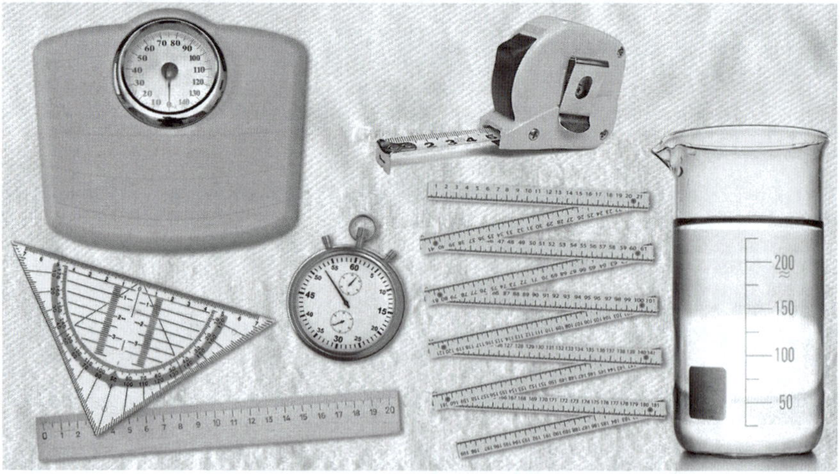

Lösung:

Messgerät	Größe	Beispiel
Lineal	Längen	Breite eines Heftes (21 cm)
Zollstock	Längen	Breite einer Tür (87 cm)
Maßband	Längen	Sprungweite im Sport (317 cm)
Geodreieck	Längen	Länge einer Streichholzschachtel (52 mm)
	Winkel	Innenwinkel bei einem Dreieck mit drei gleich langen Seiten (60°)
Stoppuhr	Zeitspannen	50-m-Lauf (9 s)
Waage	Massen	Schulranzen (6 kg)
Messbecher	Volumen	Milch (250 $m\ell$)

187 Ordne die Größenangaben den Abbildungen zu.

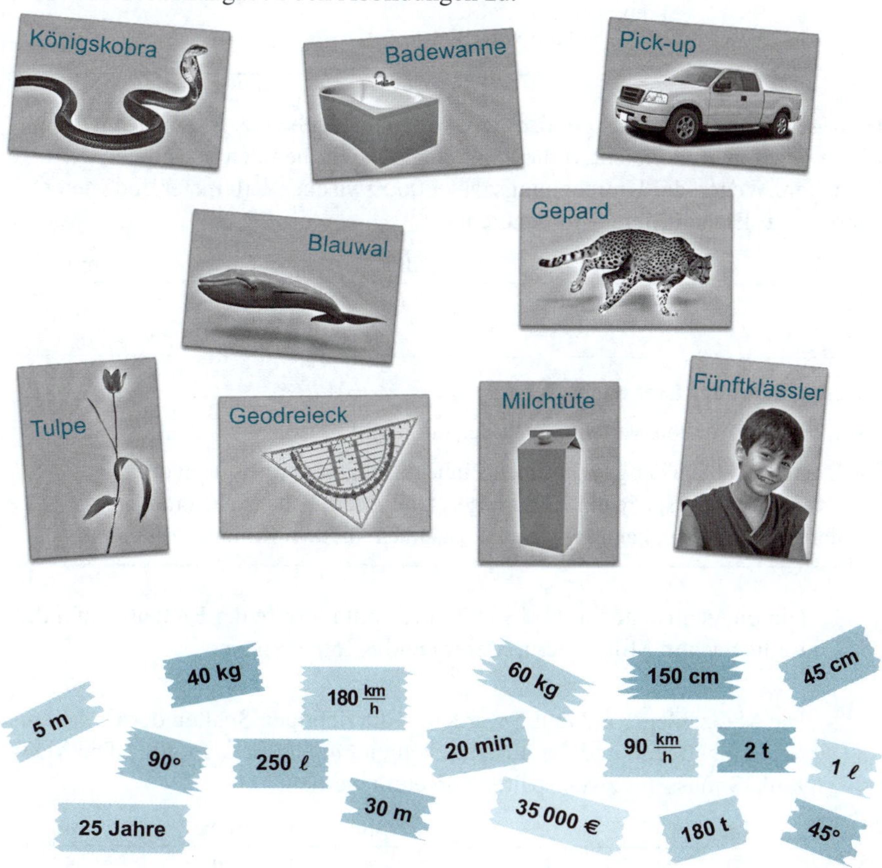

2 Länge

Alle 4 Jahre finden die Olympischen Sommerspiele statt. Dort müssen die Läufer in den unterschiedlichen Disziplinen verschiedene Strecken zurücklegen, die sich in ihrer Länge unterscheiden.

Beim metrischen Längensystem ist **Meter (m)** die Grundeinheit.
Weitere Einheiten sind **Kilometer (km)**, **Dezimeter (dm)**, **Zentimeter (cm)** und **Millimeter (mm)**. Für die Umrechnung in größere bzw. kleinere Einheiten gilt:

1 km = 1 000 m
1 m = 10 dm
1 dm = 10 cm
1 cm = 10 mm

Häufig werden Längen als **gemischte Größen** angegeben, z. B. 3 m 7 dm 5 mm. Eine Einheitentafel erleichtert die Umrechnung zwischen den verschiedenen Einheiten. Wegen der Umrechnungszahl 1 000 zwischen Kilometer und Meter gehören zur Einheit Meter drei Spalten.

km	m			dm	cm	mm

Umgang mit der Einheitentafel:

- Unbesetzte Stellen werden mit Nullen aufgefüllt.
- Um die Größe in der gewünschten Einheit anzugeben, muss nach der entsprechenden Spalte ein Komma gesetzt werden. Falls nach dem Komma nur Nullen folgen, kann man diese zusammen mit dem Komma weglassen.

Beispiele

1. Gib die gemischte Größe 13 m 7 dm 5 mm mithilfe der Einheitentafel der Reihe nach in Millimetern, Metern und Kilometern an.

   Lösung:
   Die Maßzahlen 13, 7 und 5 werden in die richtigen Spalten der Einheitentafel eingetragen und die übrigen Spalten mit Nullen aufgefüllt. Die Maßzahl 13 muss auf zwei Spalten aufgeteilt werden.

km	m			dm	cm	mm
0	0	**1**	**3**	**7**	**0**	**5**

Beim Ablesen in Millimetern lässt man die führenden Nullen weg:
13 705 mm
Um in Metern abzulesen, muss zwischen der m- und der dm-Spalte ein Komma gesetzt werden: **13,705 m**
Entsprechend wird nach der km-Spalte ein Komma gesetzt, wenn in Kilometern abgelesen wird: **0,013705 km**
Es gilt somit:
13 m 7 dm 5 mm = 13 705 mm = 13,705 m = 0,013705 km

2. Gib 98 m 76 dm 54 mm in Metern an.

   Lösung:
   54 mm = 5 cm 4 mm
   76 dm = 7 m 6 dm
   6 dm können sofort eingetragen werden. Die verbleibenden 7 m müssen zu 98 m addiert und das Ergebnis muss dann in die entsprechenden 3 Spalten eingetragen werden: 98 m + **7 m** = 105 m

   Sowohl 54 mm als auch 76 dm müssen in der Einheitentabelle auf mehrere Spalten aufgeteilt werden. Werden gemischte Größen immer von rechts nach links in die Tabelle eingetragen, kann man die in einzelnen Spalten eventuell entstehenden Summen rechtzeitig berücksichtigen.

km	m			dm	cm	mm
0	**1**	**0**	**5**	**6**	**5**	**4**

   Beim Ablesen in Metern muss **nach der m-Spalte ein Komma** gesetzt werden: 105,654 m

188 Gib jeweils in Metern an. Denke dabei an die Einheitentafel.

a) 5 m 7 cm 2 mm
b) 340 m 50 cm
c) 2 km 750 m
d) 5 000 cm
e) 5,3 km
f) 1 234 567 mm

189 Schreibe jeweils in der größten vorkommenden Einheit.

a) 5 dm 22 cm
b) 15 m 15 dm
c) 15 km 1 500 mm
d) 5 km 55 m 55 dm
e) 23 dm 23 cm 23 mm
f) 222 cm 111 mm

190 Wandle jeweils in die in Klammer angegebene Einheit um und verwende die Einheitentafel dabei nur im Kopf.

a) 1 928 037 cm (km)
b) 50 km 23 mm (m)
c) 0,504203 km (dm)
d) 33,705423 km (m)
e) 2 030,603 m (gemischt)
f) 4 km 250 m 15 dm (m)

191 Welche der folgenden Angaben können stimmen, welche sind auf jeden Fall falsch?

a) Ein Pkw ist ungefähr 4 m hoch.

b) Gesunde junge Menschen laufen im Jahr meist weiter als 1 500 km.

c) Der Turm einer Dorfkirche ist ca. 150 m hoch.

d) Gute Läufer legen in 3 Stunden 40 km zurück.

e) Von München bis zum Nordkap sind es 23 000 km.

192 Der elfjährige Lukas ist im Urlaub fasziniert von den weißen Betonskulpturen am Strand von Esbjerg in Dänemark.

a) Schätze ab, wie hoch die Skulpturen sind.

b) Wie lang müssten die Ärmel eines Pullovers sein, der einem Menschen in der Größe dieser Skulpturen passen würde?

193 Der Storch auf dem Foto hat gerade eine Wühlmaus gefangen.
Schätze ab, wie groß Vogel und Wühlmaus sind.
Gehe davon aus, dass der Schnabel eines Storchs ungefähr 16 cm lang ist.

3 Masse

Umgangssprachlich wird im Alltag oft von Gewicht gesprochen, obwohl aus physikalischer Sicht die Bezeichnung Masse korrekt wäre.

Die meisten europäischen Länder verwenden **Kilogramm (kg)** als Grundeinheit. Weitere Einheiten sind **Tonne (t)**, **Gramm (g)** und **Milligramm (mg)**. Für die Umrechnung in größere bzw. kleinere Einheiten wird die **Umrechnungszahl 1 000** verwendet:

1 t = 1 000 kg
1 kg = 1 000 g
1 g = 1 000 mg

Mittlerweile nicht mehr sehr gebräuchlich sind die Einheiten **Pfund (500 g)** und **Zentner (50 kg)**.
Auch Massen werden oft als **gemischte Größen** angegeben, z. B. 3 t 75 kg. Mit einer Einheitentafel können die verschiedenen Einheiten – von Pfund und Zentner abgesehen – leicht ineinander umgewandelt werden. Wegen der **Umrechnungszahl 1 000** gehören zu jeder Einheit drei Spalten.

t		kg			g			mg	

Beispiel

Gib die Masse 25 kg 3 125 mg nacheinander in Tonnen, Kilogramm und Gramm an.

Lösung:

Die Maßzahlen 25 und 3 125 werden in die entsprechenden Spalten eingetragen und die übrigen Spalten mit Nullen aufgefüllt. Dabei gilt:
3 125 mg = 3 g 125 mg

t		kg			g			mg	
0	0	**2**	**5**	**0**	**0**	**3**	**1**	**2**	**5**

Wird das Komma jeweils passend gesetzt, erhält man die Masse in den gewünschten Einheiten:
25 kg 3 125 mg = 0,025003125 t = 25,003125 kg = 25 003,125 g

194 Wandle jeweils in die in Klammer angegebene Einheit um und verwende die Einheitentafel dabei nur im Kopf. Welches Gewicht könnte zum Schimpansen gehören?

a) 128 037 g (t)

b) 35 kg 23 mg (kg)

c) 0,304503 t (gemischt)

d) 33,7054235 t (g)

e) 2 030,603 kg (gemischt)

f) 3 t 2 250 kg 150 g (kg)

195 Die 5c besucht mit ihren beiden Klassenlehrerinnen am Wandertag ein Bergwerk. Am Aufzug ist das rechts abgebildete Schild angebracht. Schätze ab, ob die aus 27 Schülerinnen und Schülern bestehende Klasse zusammen mit ihren Lehrerinnen auf einmal mit dem Lift transportiert werden kann, wenn der Bergwerksführer den Lift bedienen und deshalb ebenfalls mitfahren muss.

4 Geld

In der Europäischen Union (EU) haben sich viele Länder mit dem Euro auf eine gemeinsame Währung geeinigt. Der Euro wurde 2002 eingeführt.

> Für den **Euro (€)** und den **Cent (ct)** wird die **Umrechnungszahl 100** verwendet:
> 1 € = 100 ct

Gemischte Größen und Kommaschreibweise werden gleichermaßen verwendet.

Beispiel Gib den Geldbetrag 12 067 ct als gemischte Größe und in Euro an.

Lösung:
12 067 ct = 120 € 67 ct = 120,67 €

196 Wandle jeweils in die in Klammer angegebene Einheit um.

a) 12 537 ct (€)
b) 50 € 23 ct (€)
c) 3 045,03 € (gemischt)
d) 33,70 € (ct)
e) 123 € 123 ct (€)
f) 1 250 € 150 ct (ct)

197 Ein Entführer fordert Lösegeld in Höhe von 1 000 000 Euro in 10-Euro-Scheinen. Bei der Geldübergabe erhält er einen quaderförmigen Aktenkoffer mit den Kantenlängen 40 cm, 30 cm und 15 cm. Schätze ab, ob das geforderte Lösegeld darin Platz haben kann.

5 Zeit

Niklas trifft sich um 16:00 Uhr mit seinen Freunden auf dem Fußballplatz. Um 18:00 Uhr muss er wieder gehen, um rechtzeitig zum Abendessen zu Hause zu sein. Wie lang kann er Fußball spielen?

Ein **Zeitpunkt** bezeichnet eine Uhrzeit und eine **Zeitspanne** drückt aus, wie viel Zeit vergeht. Zeitspannen werden in **Tagen (d)**, **Stunden (h)**, **Minuten (min)** und **Sekunden (s)** angegeben. Für die Umrechnung gilt:

$1\,\text{d} = 24\,\text{h}$
$1\,\text{h} = 60\,\text{min}$
$1\,\text{min} = 60\,\text{s}$

Die Umrechnung zwischen Stunden und Sekunden wird häufig benötigt. Um zu ermitteln, wie viele Sekunden einer Stunde entsprechen, muss die Stunde zunächst in Minuten umgerechnet werden. Anschließend wird die Anzahl der Sekunden bestimmt.

$\mathbf{1\,h} = 60\,\text{min} = (60 \cdot 60)\,\text{s} = \mathbf{3\,600\,s}$

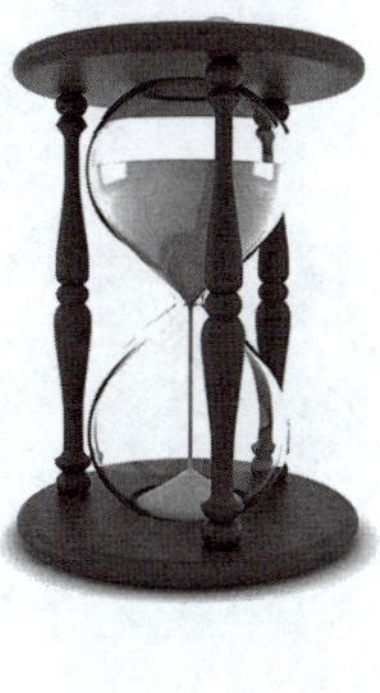

Beispiel

Wandle in die in Klammer angegebene Einheit um.

a) 1 h 55 s (s)
b) 3 744 s (gemischt)

Lösung:

a) 1 h 55 s = **3 600 s** + 55 s = 3 655 s

b) *Möglichkeit 1:*

Man kann zunächst ermitteln, wie viele Minuten in den 3 744 Sekunden enthalten sind. Da eine Minute aus 60 Sekunden besteht, wird die Sekundenanzahl durch 60 geteilt. Das ganzzahlige Ergebnis gibt die Anzahl der Minuten an, der Rest sind Sekunden:

3 744 : **60** = **62 R 24** ⇒ 3 744 s = 62 min 24 s

Im nächsten Schritt wird überprüft, wie viele Stunden in den zuvor berechneten Minuten enthalten sind. Wieder muss durch 60 geteilt werden, weil eine Stunde aus 60 Minuten besteht:

62 : **60** = **1 R 2** ⇒ 62 min = 1 h 2 min

Insgesamt gilt somit:

3 744 s = 62 min 24 s = 1 h 2 min 24 s

Möglichkeit 2:

Man rechnet zuerst aus, wie viele Stunden in den 3 744 Sekunden enthalten sind. Anschließend zerlegt man die verbleibenden Sekunden in Minuten und Sekunden:

3 744 s = **3 600 s** + 144 s = **1 h** + 144 s = 1 h 2 min 24 s

198 Wandle in die in Klammer angegebene Einheit um:

a) 2 h 35 min 35 s (s)

b) 7 609 s (gemischt)

c) 2 d 12 h 17 min (min)

d) 42 500 s (gemischt)

*** 199** Ordne die Zeitspannen in aufsteigender Folge an.

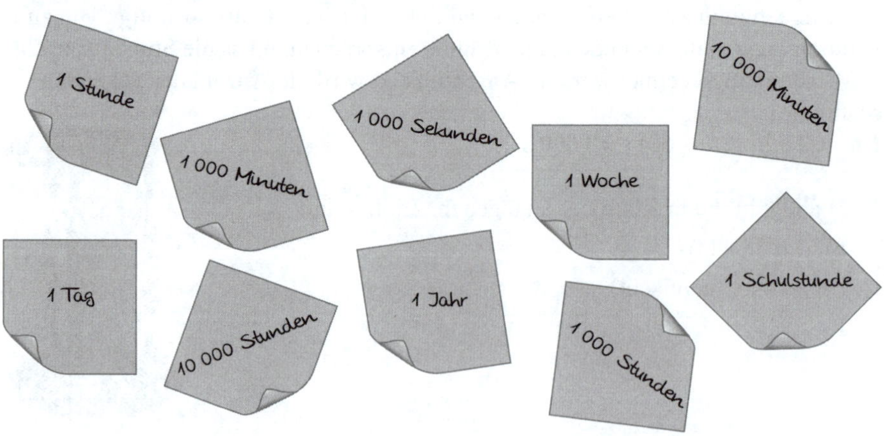

6 Addition und Subtraktion von Größen

Ob beim Einkaufen, beim Heim- und Handwerken, beim Sport oder bei Verabredungen, ständig müssen Größen addiert oder subtrahiert werden.

> Bevor Größen addiert oder subtrahiert werden können, müssen sie alle in die **gleiche Einheit** umgewandelt werden.

eispiele

1. a) Max und Michael planen eine große Gartenparty und kaufen beim Metzger 2 kg Schweinefleisch, 2,3 kg Rindfleisch und 835 g Cevapcici ein.
   Wie viel wiegt der Einkauf insgesamt?

   b) Der Hund des Nachbarn hat sich an den Grill geschlichen und Fleisch geklaut, bevor Michael ihn verjagen konnte. Max wiegt das gerettete Grillgut und stellt fest, dass noch 3 kg 450 g übrig sind.
   Wie viel Fleisch hat der Hund gefressen?

Lösung:

a) *Möglichkeit 1:*
Wandelt man in die **kleinste vorkommende Einheit** um, so muss nicht mit Kommazahlen gerechnet werden. Nach dem Addieren kann das Ergebnis wieder in einer größeren Einheit oder in gemischten Einheiten angegeben werden.

$$\begin{aligned} 2\text{ kg} + 2{,}3\text{ kg} + 835\text{ g} &= \mathbf{2\,000\text{ g}} + \mathbf{2\,300\text{ g}} + 835\text{ g} \\ &= 5\,135\text{ g} \\ &= 5{,}135\text{ kg} \\ &= 5\text{ kg } 135\text{ g} \end{aligned}$$

Möglichkeit 2:
Beim Addieren oder Subtrahieren von Größen sind Kommazahlen kein Problem. Man kann wie gewohnt schriftlich rechnen, wenn alle beteiligten Größen in eine gemeinsame Einheit umgewandelt und so aufgeschrieben werden, dass die Kommas untereinanderstehen.

$$\begin{array}{r} 2{,}\mathbf{000}\text{ kg} \\ 2{,}3\mathbf{00}\text{ kg} \\ +\,0{,}835\text{ kg} \\ \hline 5{,}135\text{ kg} \end{array}$$

Damit du beim Addieren den Überblick nicht verlierst, solltest du nach den Kommas jeweils so viele **Nullen anhängen**, dass alle Größen gleich viele Nachkommastellen haben.

Die Summe der Massenangaben aller Einzelposten liefert 5 kg 135 g. Allerdings wurden das Schweine- und Rindfleisch beim Metzger sicher nicht aufs Gramm genau abgewogen. Sinnvollerweise sollte man deshalb auch das Ergebnis entsprechend runden.

Antwort: Der Einkauf wiegt insgesamt ca. 5,1 kg.

b) *Möglichkeit 1:*

5 kg 135 g – 3 kg 450 g = **5 135 g – 3 450 g**
= 1 685 g
= 1,685 kg
= 1 kg 685 g

Möglichkeit 2:

  5,135 kg
– 3,45**0** kg
  1,685 kg

Auch hier sollte man wieder runden.

Antwort: Der Hund hat ungefähr 1,7 kg Fleisch gefressen.

2. a) Herr Meier benötigt für den Weg zur Arbeit mit dem Fahrrad 23 min. Wann trifft er im Büro ein, wenn er um 7:43 Uhr zu Hause startet?

b) Frau Fischer benötigt zu Fuß 19 min für den Weg zur Arbeit. Wann hat sie das Haus verlassen, wenn sie um 8:07 Uhr im Büro ankommt?

c) Ein Fernverkehrszug startet um 5:37 Uhr, hat fahrplanmäßig nach 1 h 39 min einen vierminütigen Aufenthalt und fährt anschließend noch 1 h 53 min bis zum Zielbahnhof. Wann kommt er dort an?

Lösung:

a) Herr Meier startet um 7:43 Uhr, also 17 min vor 8:00 Uhr. Da er für die Fahrt 23 min benötigt, trifft er erst nach 8:00 Uhr ein. Von den 23 min Fahrzeit sind um 8:00 Uhr noch **23 min – 17 min** = 6 min übrig. Herr Meier trifft somit um 8:06 Uhr im Büro ein.

b) Von den 19 min vergehen 7 min nach 8:00 Uhr. Sie hat das Haus also **19 min – 7 min** = 12 min vor 8:00 Uhr, also um 7:48 Uhr, verlassen.

c) Es wird zunächst die gesamte Fahrzeit inklusive des vierminütigen Aufenthalts berechnet:

1 h 39 min + 4 min + 1 h 53 min = 1 h + 1 h + 39 min + 4 min + 53 min
= 2 h + 96 min = 3 h 36 min

Der Zug startet um 5:37 Uhr, also 23 min vor 6:00 Uhr. Von den 3 h 36 min Fahrzeit legt er somit **3 h 36 min − 23 min** = 3 h 13 min nach 6:00 Uhr zurück. Der Zug erreicht den Zielbahnhof fahrplanmäßig somit um 9:13 Uhr.

200 In einer Schneiderei wird am Montag eine Rolle mit 20 m Stoff geliefert. Am gleichen Tag schneidet der Schneidermeister zunächst 137 cm und anschließend 1,9 m von der Rolle ab. Der Geselle benötigt am Dienstag 92 cm und am Mittwoch 3 m 22 cm.
Wie viel Stoff ist am Mittwochabend noch vorhanden?

201 Bei einer Sportveranstaltung startet ein Läufer um 10:11 Uhr und trifft um 12:17 Uhr im Ziel ein.
Wie lang war er unterwegs?

202 Ein chemisches Experiment wird um 21:17 Uhr und 43 s gestartet und endet um 22:03 Uhr und 13 s.
Gib die Dauer des Experiments als gemischte Größe an.

203 Der Kühlschrank eines Wohnmobils wird von einer Batterie mit Strom versorgt, die durchschnittlich 85 h durchhält.
Bis wann arbeitet der Kühlschrank, wenn das Wohnmobil am Montag um 21:15 Uhr mit voll aufgeladener Batterie auf einem Stellplatz geparkt wird?

7 Multiplikation und Division von Größen

Emily kauft für sich und ihren Bruder Äpfel. Den Gesamtpreis erhält sie, wenn sie den Preis für einen Apfel mit der Anzahl der gekauften Äpfel multipliziert. Weil beide gleich viele Äpfel bekommen, teilen sie sich die Kosten gerecht auf. Dafür wird der Gesamtpreis durch zwei dividiert.

> Bei der **Multiplikation** einer Größe mit einer **natürlichen Zahl** oder der **Division** einer Größe durch eine **natürliche Zahl** ist das Ergebnis wieder eine Größe.

Oft stellt man sich die Frage, wie oft die eine Größe in der anderen enthalten ist. In solchen Fällen müssen beide Größen auf die gleiche Einheit gebracht werden. Die Maßzahlen werden anschließend dividiert.

> Bei der **Division zweier Größen** erhält man als Ergebnis eine Zahl ohne Einheit.

Beispiele

1. Phillip plant eine Party, bei der insgesamt 17 Personen anwesend sein werden, für die er Chili zubereiten möchte. Im Kochbuch liest er, dass pro Person 150 g Hackfleisch benötigt werden. Das Chili will Phillip in drei gleich großen Töpfen zubereiten.
   Wie viel Hackfleisch muss Phillip beim Metzger einkaufen? Wie viel Hackfleisch muss er in jeden Topf füllen?

   Lösung:
   Um die Gesamtmenge an Hackfleisch zu ermitteln, werden die 150 g mit der Anzahl der anwesenden Personen multipliziert.
   $\mathbf{150\ g \cdot 17} = (150 \cdot 17)\ g = 2\,550\ g = 2{,}55\ kg = 2\ kg\ 550\ g$
   Weil das Hackfleisch in 3 gleich große Portionen aufgeteilt wird, muss die Gesamtmenge durch 3 dividiert werden.
   $\mathbf{2\ kg\ 550\ g : 3} = 2\,550\ g : 3 = (2\,550 : 3)\ g = 850\ g$
   Phillip muss somit beim Metzger 2,55 kg Hackfleisch kaufen und in jeden der 3 Töpfe 850 g füllen.

2. Im Großmarkt kostet ein Überraschungsei 45 ct.
   Wie viele Eier könnte man für 99 € einkaufen?

   Lösung:
   Mithilfe einer Division wird überprüft, wie oft 45 ct in 99 € enthalten sind.
   $\mathbf{99\ € : 45\ ct} = 9\,900\ ct : 45\ ct = 9\,900 : 45 = 220$
   Für 99 € könnte man also 220 Überraschungseier kaufen.

204 Leander arbeitet in den Sommerferien in einer Gärtnerei und verdient dort pro Stunde 7,80 €.
Wie viel verdient Leander insgesamt, wenn er drei Wochen arbeitet und pro Woche 37 Stunden arbeitet?

205 Aaron hat in den Ferien in einem Architekturbüro gearbeitet und in zwei Wochen 833 € verdient. Pro Woche hat er 35 Stunden gearbeitet.
Wie hoch war sein Stundenlohn?

206 Bei einer Frankreichrundfahrt legt Familie Otto insgesamt 4 600 km zurück. Herr Otto stellt fest, dass sie jeden Tag durchschnittlich 230 km gefahren sind.
Wie lang war die Familie unterwegs?

8 Dreisatz

In Geschäften wird für die meisten Waren neben dem Preis auch die Menge angegeben. Damit können Kunden leicht berechnen, wie viel sie für ihre Wunschmenge bezahlen müssen oder welche Menge sie für einen bestimmten Betrag bekommen.

Beim **Dreisatz** schließt man erst vom gegebenen Vielfachen auf das Einfache, um dann vom Einfachen auf das gesuchte Vielfache zu schließen.

Das Rechnen mit dem Dreisatz wird auch als **Schlussrechnung** bezeichnet.

Beispiel

6 Zitronen kosten 1,80 €. Wie viel kosten 4 Zitronen?

:6	6 Zitronen	≙ 1,80 €	= 180 ct	:6	Was kostet 1 Zitrone?
·4	1 Zitrone	≙ 0,30 €	= 30 ct	·4	1 Zitrone kostet 0,30 €.
	4 Zitronen	≙ 1,20 €	= 120 ct		4 Zitronen kosten dann 1,20 €.

Häufig ist man schneller, wenn man im Zwischenschritt nicht bis auf die Maßzahl 1 (wie z. B. 1 Zitrone) herunterrechnet. Manchmal lässt sich die dafür notwendige Rechnung auch überhaupt nicht durchführen.

Beispiele

1. Ein Auto stößt pro Kilometer 125 g des Treibhausgases CO_2 aus. Nach wie vielen Kilometern hat das Fahrzeug 1 kg CO_2 produziert?

   Lösung:

   Weil $8 \cdot 125\ g = 1\,000\ g = 1\ kg$ ist, genügt ein **„Zweisatz"**:

·8	125 g ≙ 1 km	·8	Nach 1 km wurden 125 g CO_2 ausgestoßen.
	1 000 g ≙ 8 km		Nach 8 km wurde 1 kg CO_2 ausgestoßen.

2. 500 g Rehrücken kosten 22,90 €. Wie viel kosten 750 g?

   Lösung:

   Der Fleischpreis für 1 g lässt sich nicht ausrechnen, weil 22,90 € = 2 290 ct **nicht ohne Rest** durch 500 **geteilt** werden kann. Man kann aber den Preis für 250 g ermitteln und damit dann den Preis für 750 g berechnen.

:2	500 g	≙ 22,90 €	= 2 290 ct	:2	500 g kosten 22,90 €.
·3	250 g	≙ 11,45 €	= 1145 ct	·3	250 g kosten 11,45 €.
	750 g	≙ 34,35 €	= 3435 ct		750 g kosten 34,35 €.

207 Herr Vogels Auto verbraucht auf einer Strecke von 100 km durchschnittlich 5 Liter Diesel. Wie weit kann er noch fahren, nachdem eine Warnleuchte anzeigt, dass nur noch 3 Liter Kraftstoff vorhanden sind?

208 Lena hat in ihrem Kochbuch ein Pfannkuchenrezept für 8 Personen gefunden. Sie will nach einer Übernachtungsparty für sich und ihre 9 Freundinnen ein Pfannkuchenfrühstück zubereiten. Wie viel von den jeweiligen Zutaten benötigt sie dafür?

Pfannkuchenteig	
8	Eier
4 EL	Zucker
800 ml	Milch
2 Prisen	Salz
400 g	Mehl
2 Msp.	Backpulver
	Öl zum Braten

209 Taxiunternehmer Meier möchte Geld sparen und plant, bei zukünftigen Ölwechseln sein eigenes Öl mit in die Werkstatt zu nehmen und dort einfüllen zu lassen. Sein Händler bietet den benötigten Schmierstoff in verschiedenen Behältern an:

5-Liter-Kanne:	32,40 €
20-Liter-Kanister:	110,40 €
60-Liter-Fass:	369 €

Untersuche die drei Angebote. Wie viel kann Herr Meier mit dem günstigsten Angebot pro Taxi sparen, wenn seine Fahrzeuge jeweils 5 Liter Öl benötigen und seine Werkstatt bisher für 5 Liter Schmierstoff 72,50 € berechnet hat?

210 Martin fährt mit seinen Eltern in den Urlaub und stellt bei der ersten Rast fest, dass sie in 1 h 40 min eine Strecke von 125 km zurückgelegt haben. Wie lang dauert die Anreise ungefähr, wenn das Ziel 350 km vom Wohnort der Familie entfernt ist und zwei halbstündige Pausen eingelegt werden?

211 In einer Chocolaterie kaufen Hannah, Laura und Lukas Schokoladenbruch ein. Hannah füllt 225 g in ihre Tüte, Laura nur 135 g und Lukas packt 170 g ein. Laura bezahlt für den gesamten Einkauf der drei Geschwister 13,78 €.

a) Wie viel Geld müssen Hannah und Lukas ihrer Schwester anschließend geben?

b) Wie viel Schokoladenbruch hätten die Geschwister zusammen maximal kaufen können, wenn Laura 19,50 € im Geldbeutel hatte?

∗ **212** In einer Sennerei können Besucher die frisch hergestellte Butter in beliebigen Mengen einkaufen. Fertig vorbereitet sind Päckchen mit 250 g für 1,80 €. Wie viel Butter bekommt man für 4,50 €, wenn der Preis pro Gramm immer gleich ist?

9 Maßstab

Wander- oder Straßenkarten stellen ein verkleinertes Abbild der Natur bei Betrachtung von oben dar. Sowohl für die Erstellung als auch bei der Benutzung solcher Karten ist der verwendete Maßstab von großer Bedeutung.

> Der **Maßstab** gibt an, um welchen Faktor die Längen in der Natur beim Übertragen in eine Karte verkleinert wurden bzw. mit welchem Faktor die in der Karte gemessenen Strecken multipliziert werden müssen, um die Streckenlängen in der Natur zu erhalten.

So bedeutet der Maßstab 1 : 20 000, dass einem Zentimeter auf der Karte in Wirklichkeit 20 000 cm = 200 m entsprechen.

Beispiele

1. Für die Planung des Wandertags verwendet Sabine eine Karte mit dem Maßstab 1 : 25 000.

   a) Die Schule und ein schöner Rastplatz sind in der Karte 12 cm voneinander entfernt. Wie lang ist diese Strecke in der Realität?

   b) Die Entfernung vom Rastplatz zum Museum beträgt in Wirklichkeit 1 350 m.
   Wie lang ist diese Strecke auf der Wanderkarte?

   Lösung:

   a) **1 cm** auf der Karte entsprechen in Wirklichkeit **25 000 cm**. **12 cm** auf der Karte sind somit in der Realität:
   12 · 25 000 cm = 300 000 cm = 3 km
   Der Rastplatz ist also 3 km von der Schule entfernt.

   b) **25 000 cm** in der Natur entsprechen **1 cm** auf der Karte. Um die Länge auf der Karte zu bestimmen, muss deshalb **1 350 m** durch 25 000 geteilt werden. Hierfür müssen die Meter zunächst in Millimeter umgerechnet werden:
   1 350 m : 25 000 = 1 350 000 mm : 25 000 = 54 mm
   Das Museum ist in der Karte somit 54 mm vom Rastplatz entfernt eingetragen.

2. Daniel möchte einen Plan seines rechteckigen Zimmers erstellen. Das Zimmer ist 4 m lang und soll auf dem Plan eine Länge von 20 cm haben. Welchen Maßstab muss Daniel wählen?

Lösung:
Es muss ermittelt werden, um welchen **Faktor** das 4 m lange Zimmer größer ist als das 20 cm lange Rechteck im Plan. Dafür wird 4 m durch 20 cm dividiert, was erst gelingt, nachdem beide Größen in die gleiche Einheit umgewandelt wurden. Bei der Division fällt die gemeinsame Einheit weg:
4 m : 20 cm = 400 cm : 20 cm = 400 : 20 = 20
Der Maßstab beträgt somit 1 : 20.

213 Im Legoland in Günzburg wurde die Münchner Allianz Arena im Maßstab 1 : 50 nachgebaut.
Wie lang ist die Arena in Wirklichkeit, wenn das Legomodell 516 cm lang ist?

214 Architekt Struck erstellt den Plan eines Bürohauses im Maßstab 1 : 30. Das Gebäude wird in der Realität 48 m lang und 21 m breit sein.
Mit welcher Länge und Breite wird das Haus im Plan dargestellt?

215 Memmingen ist ungefähr 105 km vom Münchner Stadtzentrum entfernt.

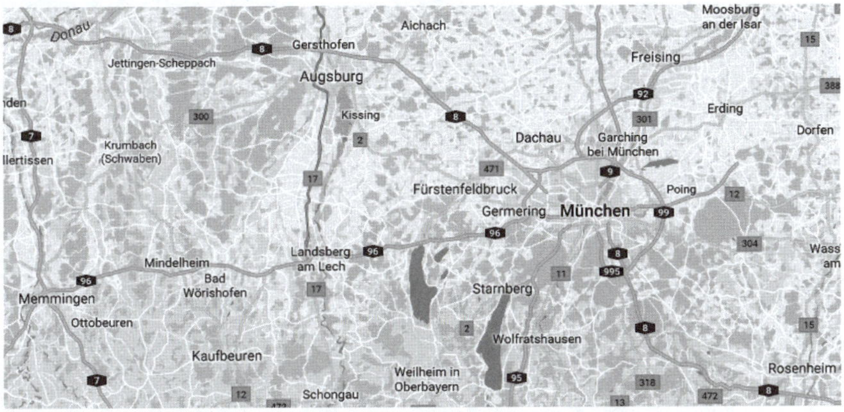

a) Welcher Maßstab wurde für die Karte verwendet?

b) Wie weit ist Landsberg ungefähr von Augsburg entfernt?

216 Ergänze die fehlenden Felder in der Tabelle:

	Maßstab	Länge auf der Karte	Länge in der Realität
a)	1:300 000	11 cm	
b)	1:500 000		35 km
c)		7 cm	28 m
d)	1:25		40 cm
e)	1:125 000	2,5 cm	
f)		2,2 cm	4,4 km

217 Sabine ist mit ihrer Klasse im Schullandheim. Für ein Orientierungsspiel mussten die Schüler für drei markante Punkte die jeweilige Entfernung und Richtung ermitteln und anschließend eine Zeichnung im Maßstab 1:25 000 anlegen.
Während der Messarbeiten hat Sabine die abgebildete Skizze angefertigt.
Erstelle die benötigte maßstabsgerechte Karte.

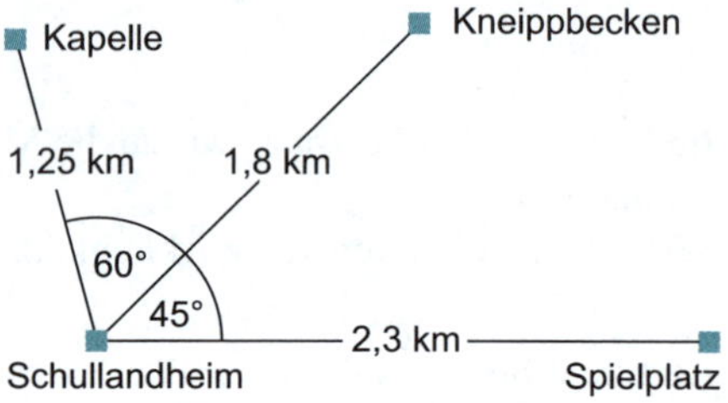

Flächen

1 Flächeninhalt und Flächeneinheiten

Flächen treten im Alltag in unterschiedlichen Zusammenhängen auf. So hat ein Würfel sechs quadratische Seiten**flächen**, die Gemeinde stellt einen **Flächen**nutzungsplan für Baugebiete auf und man spricht von der Wohn**fläche** eines Hauses. Ein und derselbe Begriff hat hier unterschiedliche Bedeutungen.

> Als **Fläche** bezeichnet man ein flaches, zweidimensionales Gebilde, das man ausmalen kann. Der **Flächeninhalt A** ist eine Größe und wird als Vielfaches einer Maßeinheit angegeben. Oft spricht man auch nur von der **Fläche A** und meint damit den Flächeninhalt.

Eine gebräuchliche Einheit für die Fläche ist der **Quadratzentimeter** (cm^2). Er entspricht der Fläche eines Quadrates mit einem Zentimeter Kantenlänge. Kann man eine Fläche mit solchen Quadraten auslegen, so gibt ihre Anzahl den Flächeninhalt in Quadratzentimetern an.
Für größere Flächen verwendet man als Flächeneinheit z. B. den **Quadratmeter** (m^2). Er entspricht der Fläche eines Quadrates mit einem Meter Kantenlänge.

Beispiel

1. Trage in ein Koordinatensystem mit Längeneinheit 1 cm die Punkte A(1 | 1), B(5 | 1), C(5 | 2), D(6 | 2), E(6 | 3), F(3 | 3), G(3 | 5) sowie H(1 | 5) ein und verbinde sie zum geschlossenen Streckenzug ABCDEFGHA. Ermittle anschließend den Flächeninhalt des Achtecks ABCDEFGH in Quadratzentimetern.

Lösung:

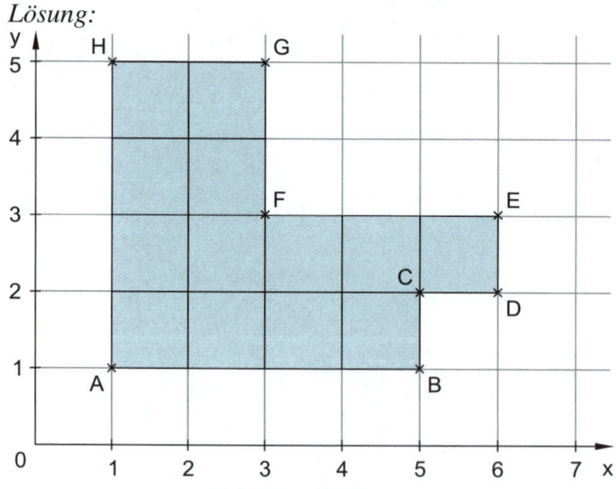

Das Achteck enthält **13 Quadrate** mit einem Zentimeter Kantenlänge. Sein Flächeninhalt beträgt deshalb 13 cm^2.

2. Ermittle den Flächeninhalt der Figur in Quadratzentimetern.

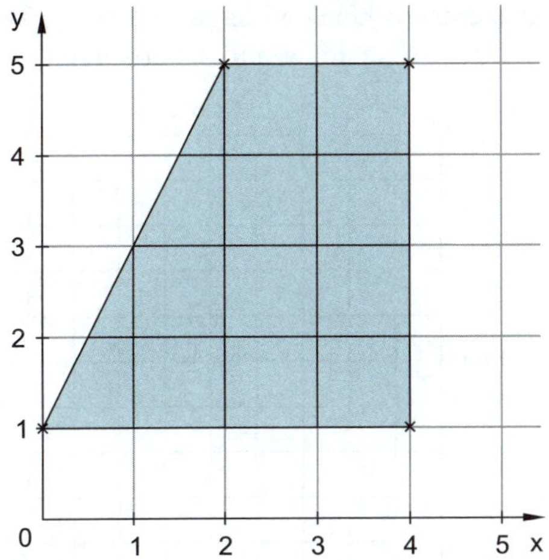

Lösung:
Direkt abzählen kann man die 10 vollständigen Quadrate. Problematisch sind jedoch die vier nur teilweise zur Figur gehörenden Quadrate an der schräg verlaufenden linken Seite. Hier lässt sich aber gedanklich das eingefärbte Dreieck abschneiden und um 180° gedreht an der Position des schraffierten Dreiecks an die Figur ansetzen. Auf diese Weise entsteht ein Rechteck, bei dem man die enthaltenen Quadrate abzählen kann.

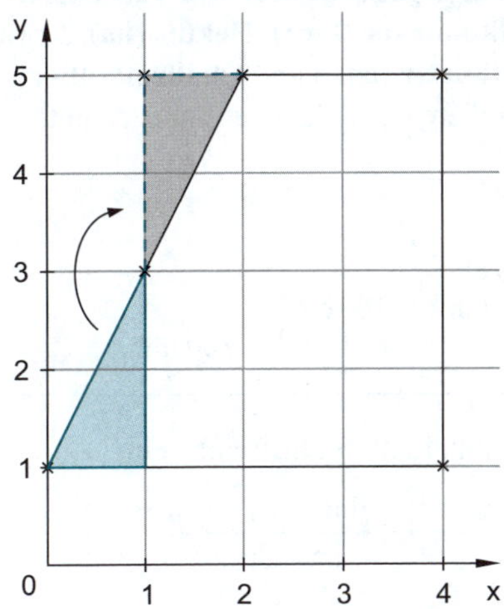

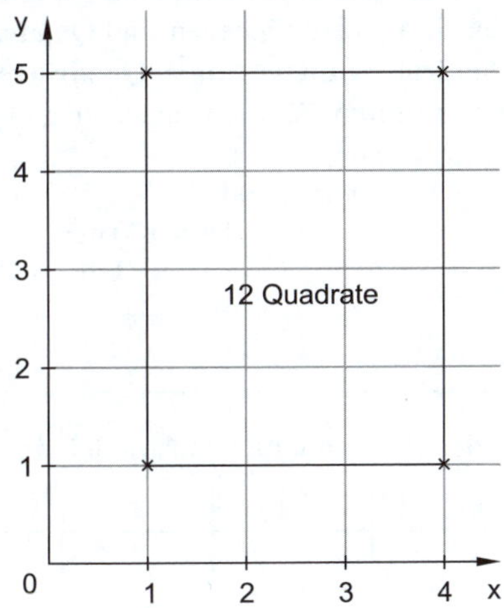

Die Figur hat also einen Flächeninhalt von 12 cm^2.

Bei der Umrechnung zwischen den verschiedenen Flächeneinheiten kommt es häufig zu Fehlern. Anders als von den entsprechenden Längeneinheiten gewohnt, muss man bei Flächeneinheiten mit der Umrechnungszahl 100 arbeiten.

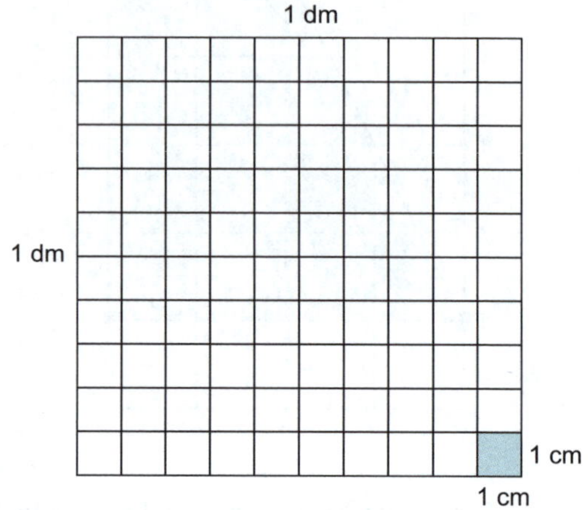

Das ist leicht nachvollziehbar, wenn man überlegt, wie viele Quadrate mit einem Zentimeter Kantenlänge (cm^2-Quadrate) in ein Quadrat mit einem Dezimeter Kantenlänge (dm^2-Quadrat) passen.
Es liegen 10 cm^2-Quadrate nebeneinander im dm^2-Quadrat. Weil außerdem 10 solche Reihen übereinander angeordnet werden können, benötigt man insgesamt $10 \cdot 10 = 100$ der cm^2-Quadrate, um das dm^2-Quadrat vollständig auszulegen.
In der gleichen Weise kann man z. B. ein cm^2-Quadrat mit 100 mm^2-Quadraten auslegen.

Die meisten europäischen Länder verwenden **Quadratmeter (m^2)** als Grundeinheit. Weitere Einheiten sind **Quadratkilometer (km^2)**, **Hektar (ha)**, **Ar (a)**, **Quadratdezimeter (dm^2)**, **Quadratzentimeter (cm^2)** und **Quadratmillimeter (mm^2)**. Für die Umrechnung in größere bzw. kleinere Einheiten gilt:

$1\,km^2 = 100\,ha$
$1\,ha = 100\,a$
$1\,a = 100\,m^2$
$1\,m^2 = 100\,dm^2$
$1\,dm^2 = 100\,cm^2$
$1\,cm^2 = 100\,mm^2$

Bei der Umrechnung kann wieder eine Einheitentafel hilfreich sein.

km^2		ha		a		m^2		dm^2		cm^2		mm^2	

Beispiel

Die Größe eines Grundstücks wird vom Vermessungsamt mit 1 043,5 m^2 angegeben.
Wandle diesen Flächeninhalt in Quadratkilometer, Hektar, Ar und Quadratdezimeter um.

Lösung:
Der Flächeninhalt wird in die Einheitentafel eingetragen und die unbesetzten Stellen werden mit Nullen aufgefüllt. Durch Einfügen eines Kommas nach der entsprechenden Ziffer kann der Flächeninhalt in der gewünschten Einheit abgelesen werden.

km^2	ha		a		m^2		dm^2		cm^2		mm^2	
0	0	0	**1**	**0**	**4**	**3**	**5**	0	0	0	0	0

Es gilt also:
$0{,}0010435\ km^2 = 0{,}10435\ ha = 10{,}435\ a = 1\,043{,}5\ m^2 = 104\,350\ dm^2$

Die Umrechnungszahl 100 führt dazu, dass von Einheit zu Einheit das Komma immer **um zwei Stellen** verschoben wird.

218 Zeichne in ein Koordinatensystem die Punkte A(–2 | 2), B(–1 | 2), C(0 | 3), D(1 | 2), E(2 | 2), F(2 | 0), G(0 | 0), H(0 | –1) und I(–2 | –1) ein und verbinde sie zum Streckenzug ABCDEFGHIA.
Bestimme den Flächeninhalt des Neunecks.

219 Untersuche, welche der beiden Figuren den größeren Flächeninhalt hat.

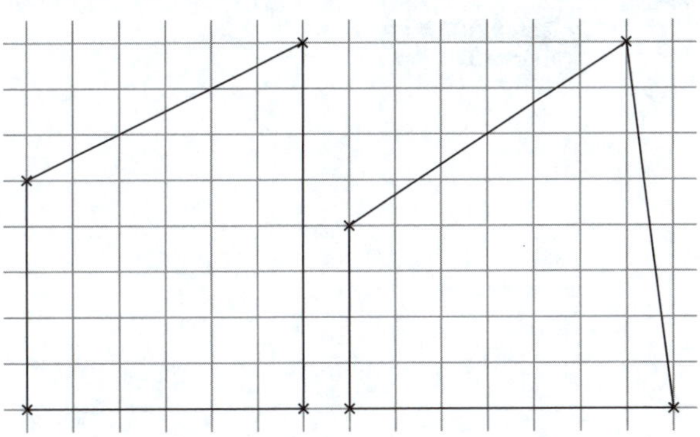

220 Rechne jeweils in die in Klammer angegebene Einheit um. Verwende die Einheitentafel möglichst nur im Kopf.

a) $123{,}4\ dm^2\ (m^2)$
b) $92\,438{,}1\ cm^2$ (a)
c) $980\,234\ mm^2\ (dm^2)$
d) $0{,}015\ km^2$ (ha)
e) $0{,}54$ a (mm^2)
f) $1\,000\,000\ m^2\ (km^2)$

221 Entscheide jeweils, welches der Zeichen <, > oder = in das Kästchen gehört.

a) $7{,}5\ m^2$ □ $7\ m^2\ 5\ dm^2$

b) 17,5 ha □ 1 750 a

c) $321{,}1\ m^2$ □ $0{,}003\ km^2$

d) $25\ dm^2\ 230\ cm^2$ □ $27{,}3\ dm^2$

e) $703\ mm^2$ □ $7\ dm^2\ 3\ mm^2$

f) 0,0502 ha □ $502\ m^2$

222 Ordne den gegebenen Flächeninhalten jeweils das Objekt zu, das ungefähr diesen Flächeninhalt besitzt, und sortiere der Größe nach.

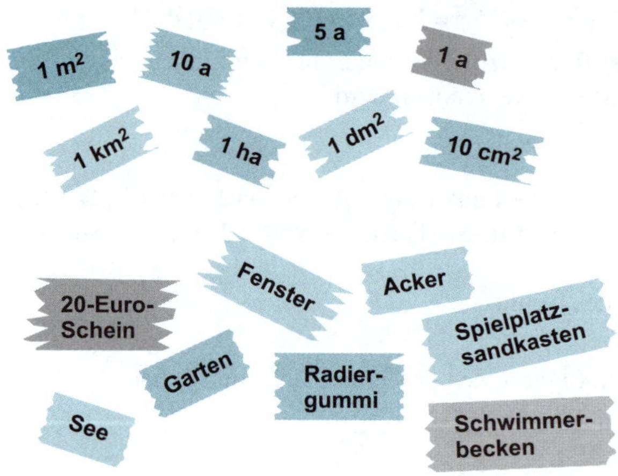

2 Flächeninhalt und Umfang von Rechtecken

Familie Sommer möchte ihr Wohnzimmer mit einem neuen Teppich auslegen und hat sich im Geschäft mehrere quadratische Teppichproben mit 1 m Kantenlänge ausgeliehen, um überprüfen zu können, welche Farbe am besten zur Einrichtung passt.

Der Sohn Max stellt fest, dass die sechs Teppichstücke nebeneinandergelegt genauso lang wie das Wohnzimmer sind und dass vier aneinandergelegte Teppichstücke der Breite des Zimmers entsprechen.

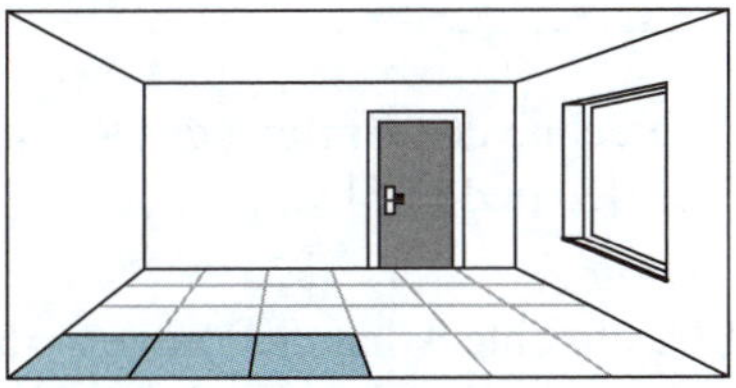

Er überlegt: „Um das gesamte Wohnzimmer auszulegen, brauche ich vier Reihen mit jeweils sechs Teppichproben. Das sind $4 \cdot 6 = 24$ Teppichstücke. Weil die Teppichstücke eine Kantenlänge von 1 m haben, ist unser Wohnzimmer 24 m^2 groß.“

> Der **Flächeninhalt A_R** eines Rechtecks lässt sich als Produkt aus seiner Länge a und seiner Breite b berechnen: $\mathbf{A_R = a \cdot b}$

Beide Kantenlängen müssen in der gleichen Längeneinheit angegeben sein. Die Flächeneinheit entsteht dann als Produkt der beiden Längeneinheiten. So wird zum Beispiel aus „Meter mal Meter“ der „Quadratmeter“.

Beispiel

Ermittle die Fläche des Rechtecks mit den Eckpunkten A(1|0), B(6|0), C(6|3) und D(1|3).

Lösung:

Das Rechteck hat die Länge a = 5 cm und die Breite b = 3 cm. Für seinen Flächeninhalt gilt daher:

$A = a \cdot b$

$= 5\text{ cm} \cdot 3\text{ cm}$

$= 15\text{ cm}^2$

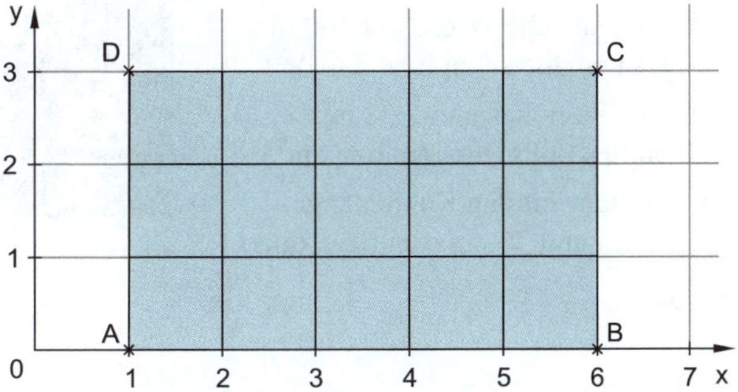

Zum neuen Teppichboden möchte Familie Sommer passende Teppichsockelleisten kaufen. Max stellt fest, dass er die benötigte Länge sehr einfach aus Länge und Breite des Wohnzimmers ermitteln kann.

Der **Umfang u_R** eines Rechtecks mit Länge a und Breite b lässt sich als Summe seiner vier Seiten berechnen: $\mathbf{u_R = 2 \cdot a + 2 \cdot b = 2 \cdot (a + b)}$

Beispiel

Berechne den Umfang des Rechtecks mit den Eckpunkten A(1 | 0), B(6 | 0), C(6 | 3) und D(1 | 3).

Lösung:

Das Rechteck hat die Länge a = 5 cm und die Breite b = 3 cm. Für seinen Umfang gilt daher: $u = 2 \cdot (a + b) = 2 \cdot (5\text{ cm} + 3\text{ cm}) = 2 \cdot 8\text{ cm} = 16\text{ cm}$

223 Franz möchte im Wohnzimmer und im Schlafzimmer einen neuen Teppich verlegen. Das Wohnzimmer ist 5 m lang und 6 m breit, das Schlafzimmer ist 4 m lang und 3 m breit.

a) Wie viel Teppich muss Franz insgesamt kaufen, wenn kein Verschnitt anfällt?

b) Wie viele Meter Teppichsockelleiste muss Franz kaufen, wenn beide Zimmer je eine 90 cm breite Tür haben?

224 Gib jeweils Umfang und Fläche in den geforderten Einheiten an.

a) Bilderrahmen mit 9 cm und 13 cm Kantenlänge (cm bzw. cm^2)

b) quadratische Wiese mit 100 m Kantenlänge (km bzw. km^2)

c) 244 cm hohes und 7,32 m breites Fußballtor (m bzw. m^2)

d) Fenster mit den Kantenlängen 1,1 m und 70 cm (dm bzw. dm^2)

225 Herr Prestele hat sich einen rechteckigen Pool bauen lassen, der 12 m lang und 3 m breit ist. Um das Becken herum möchte er einen 1,5 m breiten Weg aus quadratischen Betonplatten mit 50 cm Kantenlänge verlegen. Sein Baustoffhändler verkauft die Platten auf Europaletten mit je 32 Einzelplatten.
Wie viele Europaletten muss Herr Prestele bestellen und wie viele Einzelplatten bleiben übrig? Fertige zunächst eine beschriftete Skizze an.

226 Tom behauptet: „Je größer die Fläche eines Rechtecks ist, umso größer ist auch sein Umfang."
Überprüfe, ob Tom mit dieser Behauptung recht hat. Finde andernfalls ein Gegenbeispiel.

*** 227** Was lässt sich über die Veränderung von Umfang und Fläche eines Rechtecks sagen, wenn dessen …

a) Länge und Breite verdoppelt werden?

b) Länge verdoppelt wird, dessen Breite aber gleich bleibt?

Zeichne jeweils eine Skizze, die die Veränderung darstellt.

3 Flächeninhalt weiterer Figuren

Herr Grün möchte seinen Rasen düngen. Für den Einkauf des Düngers benötigt er die Größe der Rasenfläche.
Wie kann Herr Grün diese Größe ermitteln?

> Oft kann man geometrische Figuren in Rechtecke **zerlegen** oder zu Rechtecken **ergänzen** und damit den Flächeninhalt der Figur bestimmen.

Beispiel

Das rechteckige Grundstück von Herrn Grün ist 19 m breit und 46 m lang. Abgesehen vom Haus und einem gepflasterten Vorplatz, die zusammen ein Rechteck mit den Seitenlängen 13 m und 15 m bilden, besteht das Grundstück nur aus Rasen. Das Rechteck mit Haus und Vorplatz liegt so in der hinteren rechten Ecke des Grundstücks, dass sich davor eine 6 m breite Rasenfläche befindet. Lege eine beschriftete Skizze des Grundstücks an und ermittle den Flächeninhalt des Rasenstücks in Quadratmetern.

Lösung:

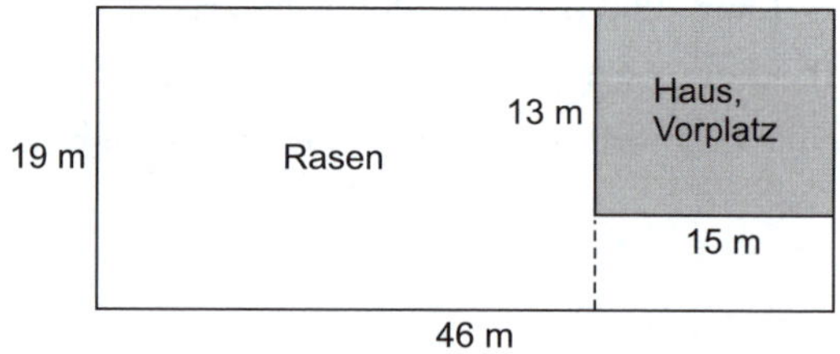

Aus der Aufgabenstellung geht nicht direkt hervor, ob das Grundstück quer oder hochkant gezeichnet werden soll. Weil vor dem Rechteck mit Haus und Vorplatz aber nur ein 6 m breiter Rasenstreifen liegt, müssen sowohl Grundstück als auch rasenfreier Bereich jeweils quer gezeichnet werden.

Die Rasenfläche ist nicht rechteckig und ihre Größe kann deshalb nicht in einem Schritt berechnet werden.

Möglichkeit 1: **Zerlegen** der Rasenfläche in zwei Rechtecke

Die Rasenfläche wird entlang der gestrichelten Linie in zwei Rechtecke zerlegt. Anschließend werden die Flächeninhalte dieser Rechtecke berechnet und **addiert**.

$$\begin{aligned} A_{Rasen} &= 19\text{ m} \cdot (46\text{ m} - 15\text{ m}) + (19\text{ m} - 13\text{ m}) \cdot 15\text{ m} \\ &= 19\text{ m} \cdot 31\text{ m} + 6\text{ m} \cdot 15\text{ m} \\ &= 589\text{ m}^2 + 90\text{ m}^2 \\ &= 679\text{ m}^2 \end{aligned}$$

Das linke Rechteck ist 19 m breit und 46 m – 15 m = 31 m lang. Das rechte Rechteck ist 19 m – 13 m = 6 m breit und 15 m lang.

Möglichkeit 2: **Ergänzen** durch die graue rechteckige Fläche
Es werden der gesamte Flächeninhalt des rechteckigen Grundstücks und der Inhalt der rechteckigen rasenfreien Fläche berechnet. Anschließend werden die beiden Werte voneinander **subtrahiert**.

$$\begin{aligned} A_{Rasen} &= 19\text{ m}\cdot 46\text{ m} - 13\text{ m}\cdot 15\text{ m} \\ &= 874\text{ m}^2 - 195\text{ m}^2 \\ &= 679\text{ m}^2 \end{aligned}$$

228 Ein Makler hat die Grundstücke I, II und III im Angebot.
Ermittle jeweils die Größe und den Preis pro Quadratmeter.

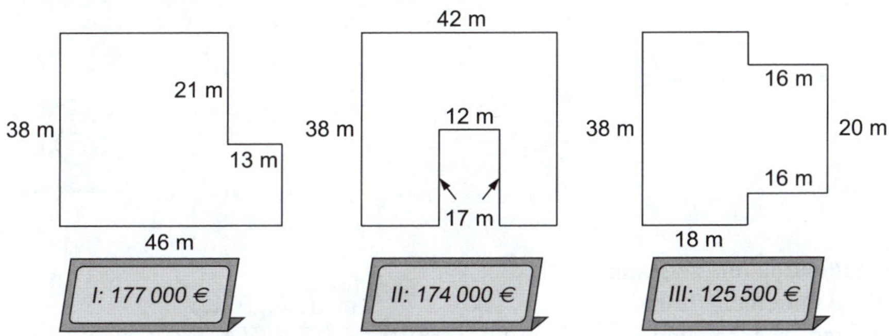

229 Der Innenhof einer römischen Villa ist 14 m lang und 11 m breit. Abgesehen von einem quadratischen Brunnen mit 5 m Kantenlänge ist er mit wertvollem weißen Carrara-Marmor ausgelegt. Der Brunnen ist so angeordnet, dass der Abstand zum Säulengang, der den Innenhof umgibt, auf drei Seiten identisch ist. Karl und Nino sind vom Marmor fasziniert und haben deshalb die Größe der Marmorfläche ermittelt. Sie erhalten aber unterschiedliche Ergebnisse.

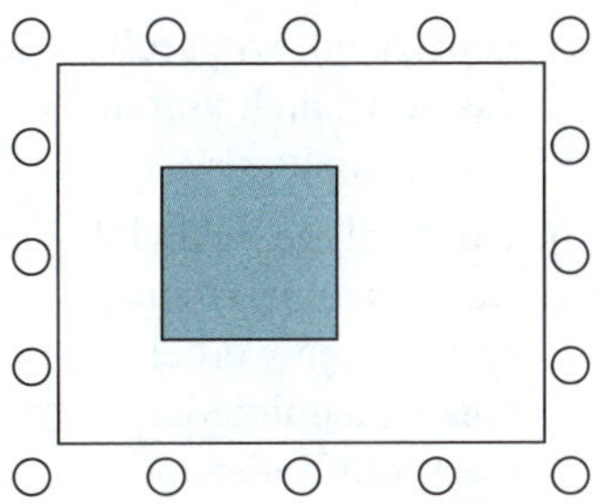

Karl:

$$\begin{aligned} A &= 6\text{ m}\cdot 11\text{ m} + 3\text{ m}\cdot 8\text{ m} + 3\text{ m}\cdot 11\text{ m} + 3\text{ m}\cdot 8\text{ m} \\ &= 66\text{ m}^2 + 24\text{ m}^2 + 33\text{ m}^2 + 24\text{ m}^2 = 147\text{ m}^2 \end{aligned}$$

Nino:

$$A = 11\text{ m}\cdot 14\text{ m} - 5\text{ m}\cdot 5\text{ m} = 154\text{ m}^2 - 25\text{ m}^2 = 129\text{ m}^2$$

Beschreibe für beide Versuche die zugrunde liegende Idee und erläutere, an welcher Stelle ein Rechenfehler vorliegt.

230 Patrick hat die rechts abgebildete Eins in sein Heft gezeichnet und wettet mit Johanna, dass sie deren Fläche nicht berechnen kann. Johanna grübelt eine Weile und präsentiert dann das korrekte Ergebnis:

$A = 35\text{ mm} \cdot 10\text{ mm} + (20\text{ mm} \cdot 35\text{ mm}) : 2$
$= 700\text{ mm}^2 = 7\text{ cm}^2$

Erkläre, wie Johanna vorgegangen ist.

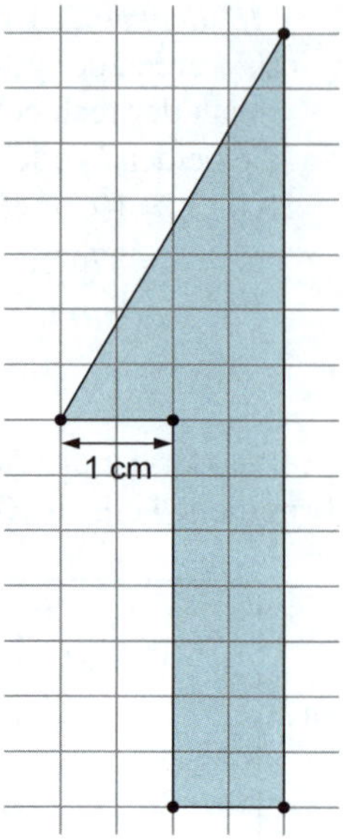

231 Die Luftaufnahme zeigt ein Freibad mit einem 25-m-Schwimmerbecken und einem 20-m-Spaßbecken.

a) Schätze ab, wie groß das gestrichelt umrandete Freibadareal ist.

b) Überschlage, wie viele Badegäste maximal eingelassen werden dürfen, damit jeder Gast sein Badehandtuch auf der Liegewiese ausbreiten kann.

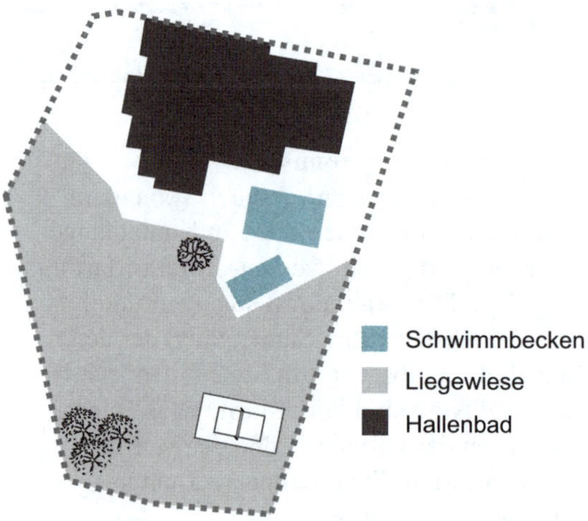

4 Körper, Netze und Schrägbilder

Während geometrische Figuren gezeichnet oder ausgeschnitten werden können, sind geometrische Körper räumliche Gebilde, die man z. B. aus Knetmasse herstellen kann. Die Körper können entsprechend ihrer Form eingeteilt werden.

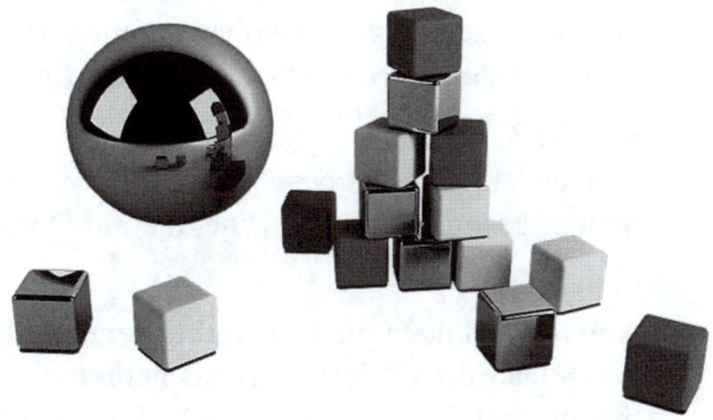

Würfel

- Die sechs Seiten eines **Würfels** sind identische Quadrate, die jeweils senkrecht aufeinander stehen.
- Die 8 Ecken sind durch 12 Kanten miteinander verbunden.
- Häufig bezeichnet man die untere Würfelseite als Grundfläche, die obere als Deckfläche und die restlichen vier als Seitenflächen.

Das **Netz** des Würfels besteht aus sechs gleich großen Quadraten, die auf unterschiedliche Weise zusammenhängen können. Zwei dieser Möglichkeiten sind hier abgebildet.

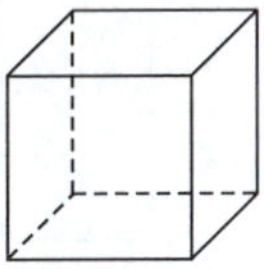

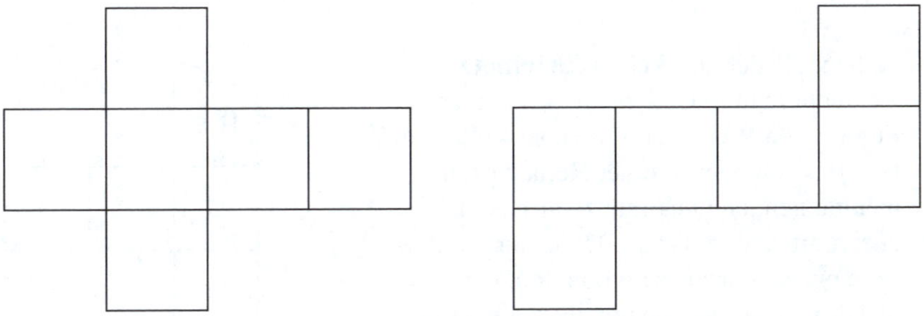

Um zu prüfen, ob eine Figur ein Würfelnetz ist, kann man folgendes Verfahren anwenden.

Schritt 1:
Man sucht sich eine Fläche als Grundseite aus und kennzeichnet sie mit G. Am besten wird eine Seite gewählt, an die möglichst viele andere Seiten anstoßen.

Schritt 2:
Die an die Grundfläche angrenzenden Flächen werden als Seitenflächen in Gedanken senkrecht nach oben gefaltet. Man markiert sie z. B. mit V. S. (Vorderseite), H. S. (Hinterseite), l. S. (linke Seite) und r. S. (rechte Seite).

Schritt 3:
Je nachdem, wie das Netz beschaffen ist, findet man angrenzend an eine dieser Seitenflächen eine Deckfläche, die mit D markiert wird.

Schritt 4:
Nun müssen noch die evtl. verbleibenden Flächen in Gedanken gefaltet und der Würfel auf diese Weise vervollständigt werden. Dabei fällt schnell auf, wenn eine bereits vergebene Kennzeichnung erneut auftritt.

Beispiel

Welche der folgenden Figuren sind Würfelnetze? Welche weitere Kante im Würfelnetz berührt beim Zusammenfalten die farbig markierte Kante?

a) 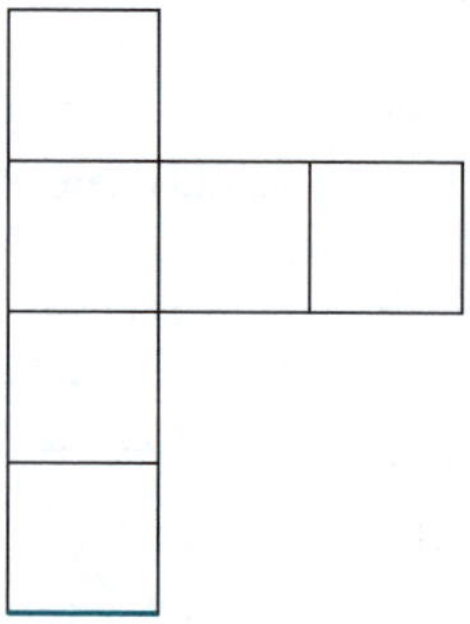

b) 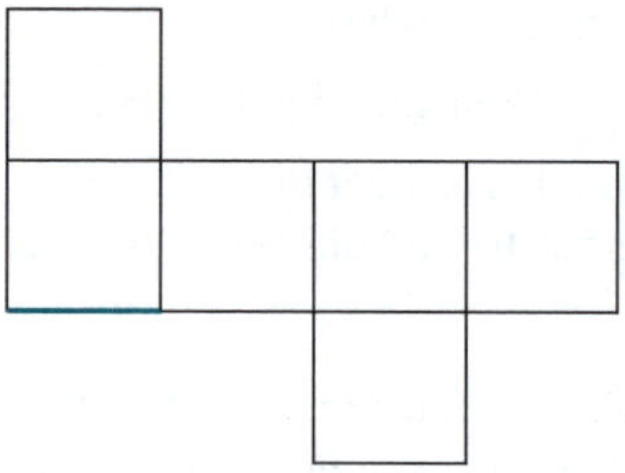

Lösung:

a) Es handelt sich um **kein Würfelnetz**. Versucht man in Gedanken, aus dieser Figur einen Würfel zu falten, so stellt man fest, dass die vier in einer Reihe zusammenhängenden Quadrate zwar Deckfläche, Vorderseite, Grundfläche und Hinterseite eines Würfels sein könnten, das Quadrat ganz rechts dann aber wieder auf die Deckfläche gefaltet wird. Der Würfel würde so auf der linken Seite offen bleiben.

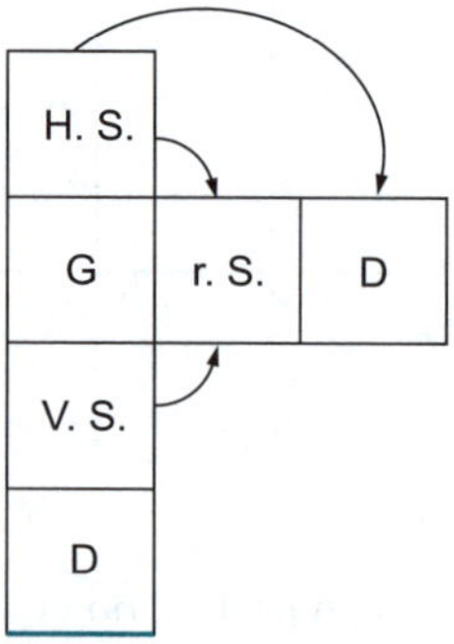

b) Es handelt sich um ein **Würfelnetz**, bei dem die markierte Kante mit der unteren Kante der unten angehängten Fläche zusammenfällt.

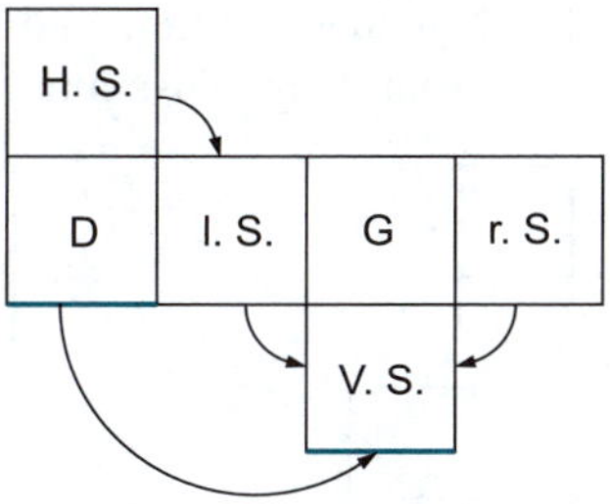

Quader

- Die sechs Seiten eines **Quaders** sind Rechtecke, die senkrecht aufeinander stehen.
- Jeweils die beiden gegenüberliegenden Seitenflächen sind identisch, weshalb je 4 der 12 Kanten gleich lang sind.
- Beim **Quadernetz** müssen die zusammenfallenden Kanten gleich lang sein.

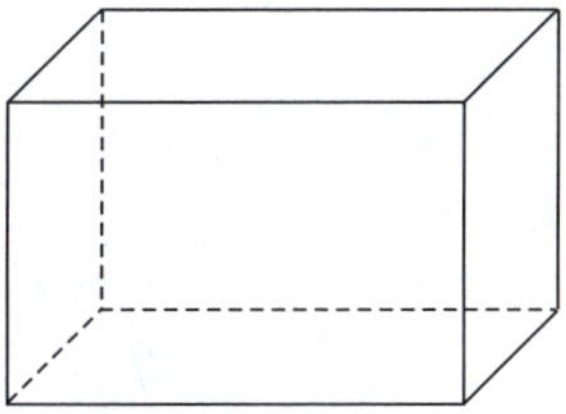

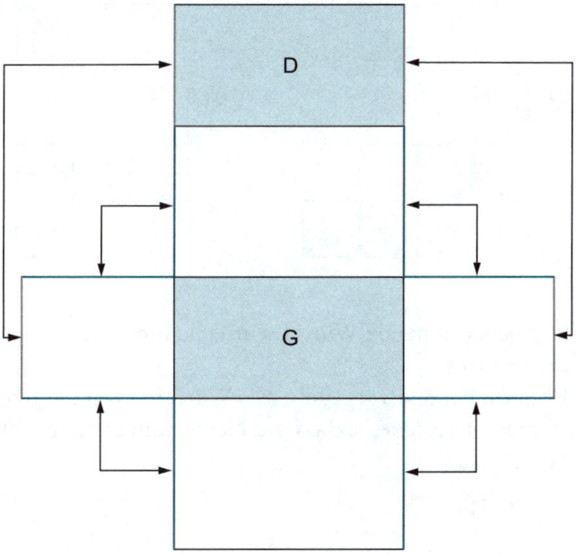

232 Welche der folgenden Figuren sind Würfelnetze? Welche weitere Kante im Würfelnetz berührt beim Zusammenfalten die farbig markierte Kante?

a) 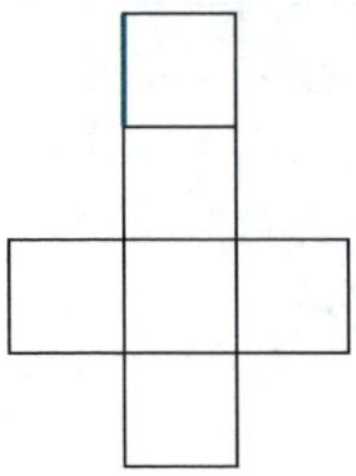

b) 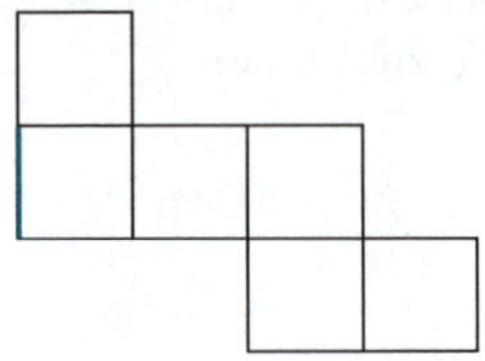

233 Der nebenstehende Würfel wurde zur Hälfte in Farbe eingetaucht.
Entscheide, welche Netze zu diesem Würfel gehören.

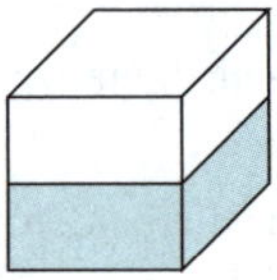

a) 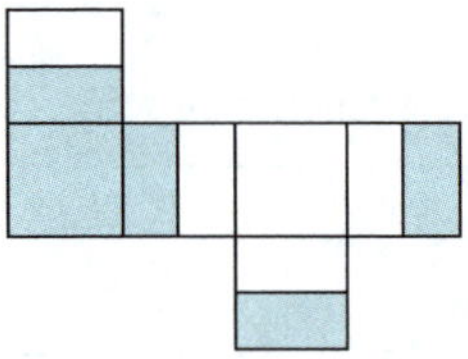

b) 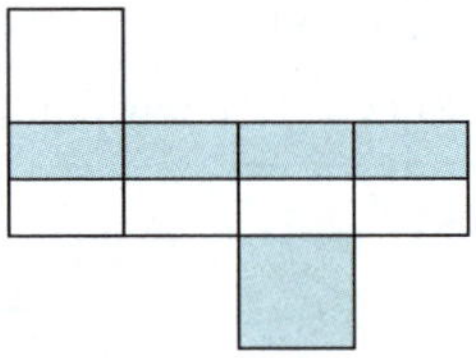

c) 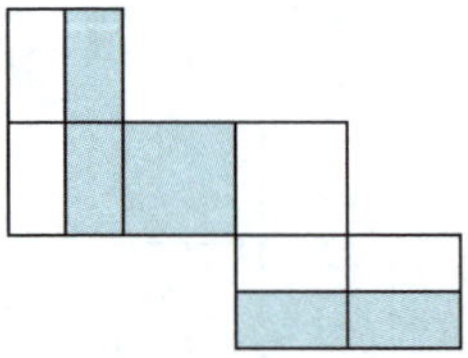

d) 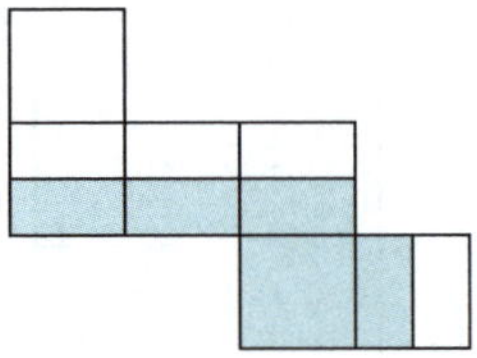

234 Der nebenstehende Würfel wurde an einer Ecke in Farbe eingetaucht.
Ergänze bei den vorgegebenen Würfelnetzen die fehlenden farbigen Dreiecke, sodass die Netze zum eingetauchten Würfel passen.

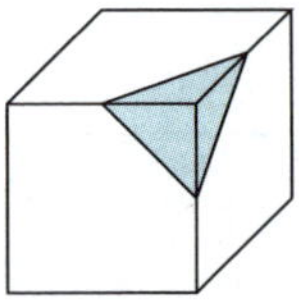

a) 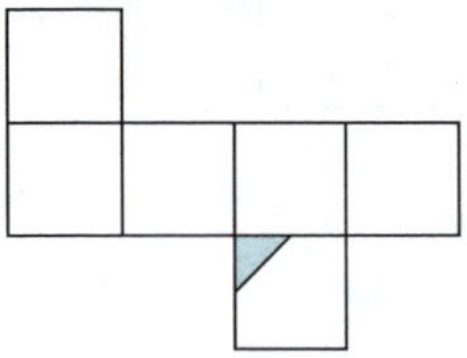

b) 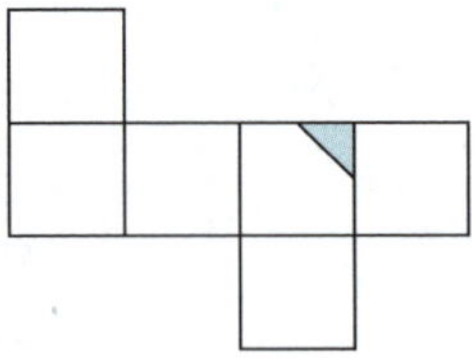

Schrägbilder

Da Körper dreidimensional sind, kann man sie eigentlich nicht auf ein Blatt Papier zeichnen. In der Kunst gibt es verschiedene Möglichkeiten der perspektivischen Darstellung, die einen räumlichen Eindruck erwecken und teilweise sehr realistische Abbildungen ermöglichen. In der Mathematik beschränkt man sich auf ein relativ einfaches Verfahren, um Schrägbilder von Körpern zu zeichnen.

Vorgehen beim Zeichnen eines Schrägbildes:

- Zeichne die vordere Seite mit den tatsächlichen Maßen.
- Zeichne nach hinten verlaufende Kanten um 45° geneigt und verkürzt ein.
- Zeichne verdeckte Kanten gestrichelt ein.

Beispiel

Zeichne das Schrägbild einer Streichholzschachtel, die 5 cm lang, 3 cm breit und 2 cm hoch ist.

Lösung:

Schritt 1:

Man wählt eine Seite der Schachtel als Vorderseite und zeichnet sie mit den angegebenen Maßen.

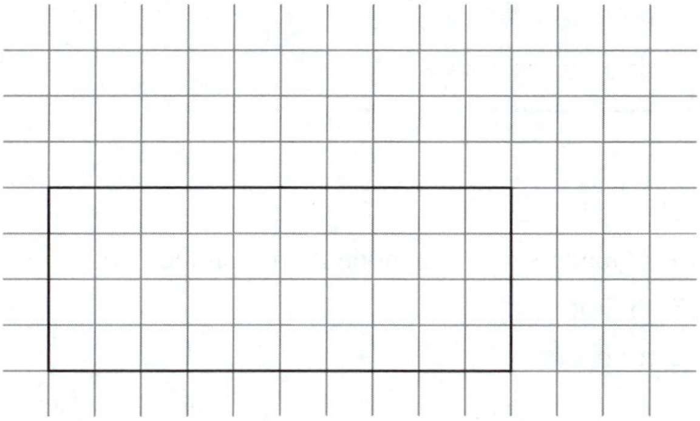

Schritt 2:

Bei einer Streichholzschachtel beträgt die tatsächliche Länge der nach hinten laufenden Kanten 3 cm. Man zeichnet diese Kanten um 45° geneigt diagonal durch drei Kästchen – sie sind dann ungefähr 21 mm lang.

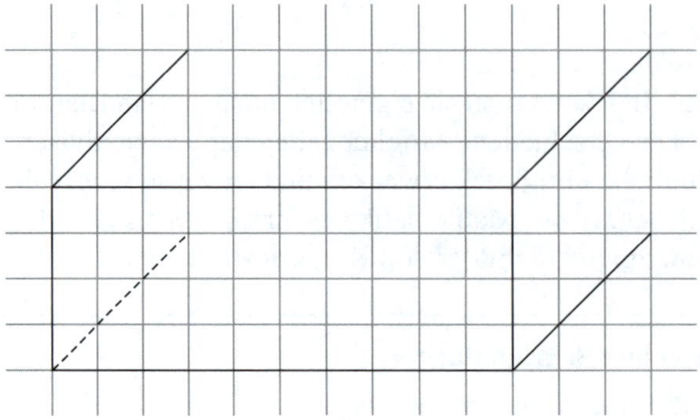

Schritt 3:
Da Vorder- und Rückseite parallel zueinander stehen, wird die Rückseite ebenfalls unverzerrt dargestellt.

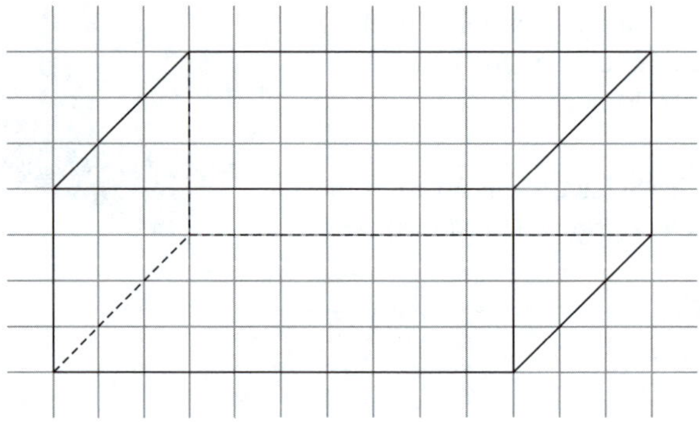

235 Zeichne das Schrägbild eines Quaders mit folgenden Abmessungen:

a) 2 cm breit, 4 cm lang, 3 cm hoch

b) 2 cm breit, 3 cm lang, 2 cm hoch

236 a) Zeichne das Schrägbild eines Würfels mit Kantenlänge 3 cm.

b) Bei einem Würfel mit 5 cm Kantenlänge wurde an der vorderen rechten oberen Ecke ein Würfel mit 3 cm Kantenlänge ausgespart.
Zeichne das Schrägbild des entstandenen Körpers.

5 Oberflächeninhalt

Um die Heizkosten bei Wohn- und Bürogebäuden niedrig zu halten, achtet man beim Bau auf eine gute Dämmung der Außenwände. Daher ist bei der Planung eines Gebäudes interessant, wie groß die zu dämmenden Flächen sind.

Als **Oberflächeninhalt** eines Körpers wird die Summe der Flächeninhalte aller seiner Begrenzungsflächen bezeichnet. Dabei wird auch die Grundfläche des Körpers mitgezählt. Oft spricht man auch nur von der **Oberfläche** und meint damit den Oberflächeninhalt.

Beispiel

Das 2004 fertiggestellte Hochhaus Uptown München ist mit 37 Stockwerken und 146 m Höhe nach dem Olympiaturm das zweithöchste Gebäude Münchens. Es ist fast quaderförmig, wobei die Grundfläche ein Quadrat mit 50 m Kantenlänge ist. Die vier Seiten des Hochhauses sind vollständig verglast.

a) Ermittle die Glasfläche des Gebäudes in Hektar.

b) Berechne die gesamte Oberfläche des Hochhaus-Quaders inklusive Grund- und Deckfläche.

Lösung:

a) Bei dem Gebäude sind die **vier Seitenflächen** verglast. Da die Grundfläche von einem Quadrat mit 50 m Kantenlänge gebildet wird und das Hochhaus 146 m hoch ist, handelt es sich bei den verglasten Seiten um vier identische Rechtecke mit **50 m Breite** und **146 m Höhe**.

Für die gesamte Glasfläche folgt daher:

$$\begin{aligned} A_{Glas} &= 4 \cdot (50\text{ m} \cdot 146\text{ m}) \\ &= 4 \cdot 7\,300\text{ m}^2 \\ &= 29\,200\text{ m}^2 \\ &= 292\text{ a} = 2{,}92\text{ ha} \end{aligned}$$

Die Glasfläche ist insgesamt 2,92 ha groß.

b) Die Oberfläche eines Quaders entspricht der Summe seiner **sechs Seitenflächen**. Zu den vier verglasten Seitenflächen müssen deshalb noch die **quadratische Grund- und Deckfläche** addiert werden:

$$\begin{aligned} A_{\text{Oberfläche}} &= A_{\text{Glas}} + 2 \cdot A_{\text{Grundfläche}} \\ &= 29\,200\ \text{m}^2 + 2 \cdot (50\ \text{m})^2 \\ &= 29\,200\ \text{m}^2 + 2 \cdot 2\,500\ \text{m}^2 \\ &= 29\,200\ \text{m}^2 + 5\,000\ \text{m}^2 \\ &= 34\,200\ \text{m}^2 \\ &= 3{,}42\ \text{ha} \end{aligned}$$

Die Oberfläche des Uptown München hat eine Fläche von 3,42 ha.

237 Berechne die Oberfläche eines Würfels mit 30 cm Kantenlänge und gib das Ergebnis in Quadratmetern an.

238 Ein quaderförmiger Ytong-Stein ist 60 cm lang, 25 cm hoch und 20 cm tief. Berechne seine Oberfläche.

239 Johannes hat drei Würfel mit den Kantenlängen 30 cm, 20 cm und 10 cm zu einem Turm aufeinandergeklebt und will das Bauwerk streichen. Der oberste Würfel soll schwarz, der mittlere rot und der unterste goldfarben angemalt werden, wobei Johannes auch die Unterseite des Turms golden streichen will.
Berechne für alle drei Farben, wie groß die jeweils zu streichende Fläche ist.

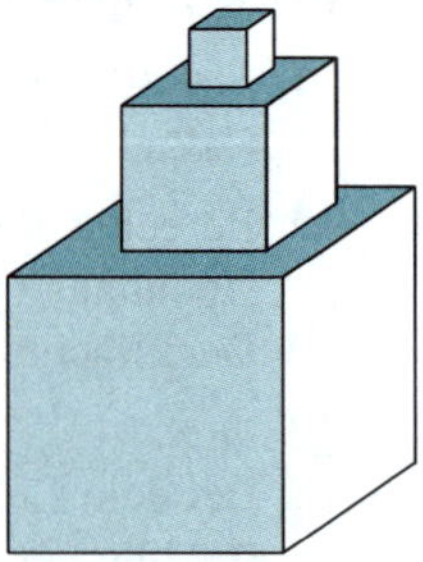

✱ **240** Die Oberfläche eines Granitzaunpfostens beträgt 76,5 dm^2.
Wie hoch ist der quaderförmige Pfosten, wenn seine Grundfläche ein Quadrat mit 15 cm Kantenlänge ist?

Grundwissen der 5. Klasse

Abstand
Der Abstand ist die kürzeste Entfernung zweier Objekte.

Beispiele:
- Der Abstand der Punkte A und B ist die Länge der Strecke $\overline{AB}$.
- Der Abstand von Punkt A und Gerade g ist die Länge der Strecke $\overline{AF}$, wobei F der Lotfußpunkt des Lotes durch A auf g ist.

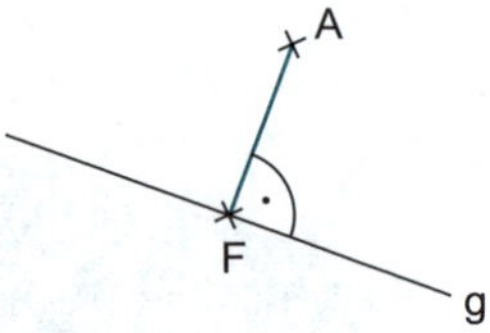

- Der Abstand der parallelen Geraden g und h ist die Länge der Strecke von einem beliebigen auf g liegenden Punkt A zum Lotfußpunkt des Lotes von A auf h.

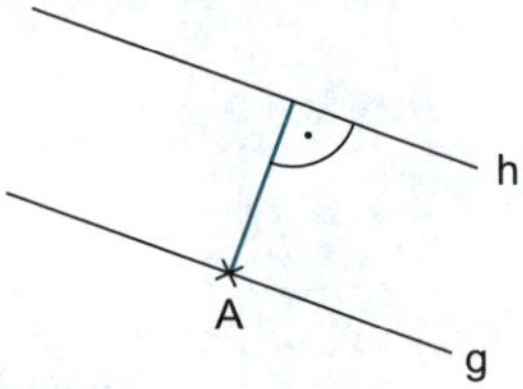

Achsensymmetrie
Zwei Punkte A und A' sind symmetrisch bezüglich der Symmetrieachse a, wenn die Verbindungsstrecke der Punkte senkrecht auf der Achse a steht und von ihr halbiert wird.

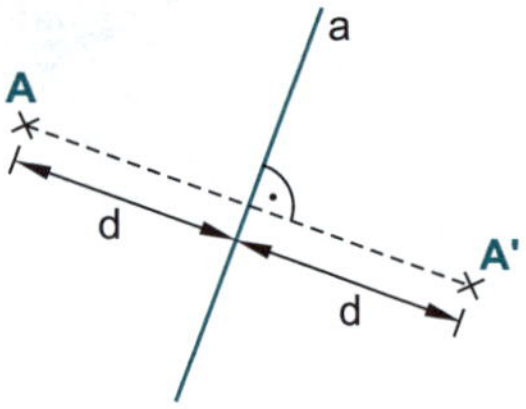

Addition
Der Term einer Addition heißt Summe.
1. Summand + 2. Summand = Summenwert

Betrag
Als Betrag einer Zahl wird ihr Abstand zur Null auf der Zahlengerade bezeichnet.
Beispiele: $|-3| = 3$ und $|3| = 3$

Diagramm
Das Diagramm dient zur grafischen Veranschaulichung.

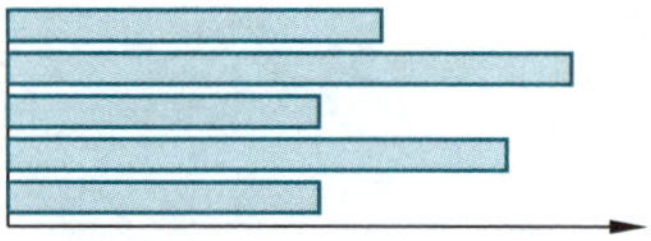
Balkendiagramm

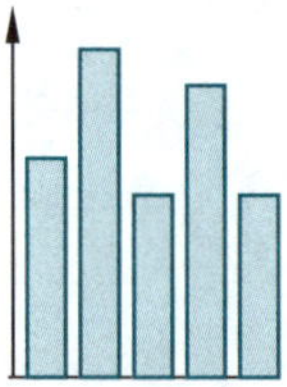
Säulendiagramm

Division

Der Term einer Division heißt Quotient.
Dividend : Divisor = Quotientenwert
Der Quotientenwert ist genau dann null, wenn der Dividend null ist.
Die Division durch null ist nicht möglich.

Element

Eine Zahl ist Element einer Zahlenmenge, wenn die Zahl in der Menge enthalten ist.
Schreibweise: $\in$, $\notin$

Flächeninhalt

Einheiten: $1\ km^2$, 1 ha (Hektar), 1 a (Ar), $1\ m^2$, $1\ dm^2$, $1\ cm^2$, $1\ mm^2$

Umrechnungstabelle:

$1\ km^2 = 100\ ha$
$1\ ha = 100\ a$
$1\ a = 100\ m^2$
$1\ m^2 = 100\ dm^2$
$1\ dm^2 = 100\ cm^2$
$1\ cm^2 = 100\ mm^2$

Formeln zur Flächenberechnung:

Rechteck	$A = a \cdot b$
Quadrat	$A = a^2$

Komplizierte Flächen lassen sich oft bestimmen, indem sie in Rechtecke zerlegt oder zu Rechtecken ergänzt werden. Häufig lassen sie sich auch zu berechenbaren Flächen umbauen.

Gerade

Die Verlängerung der Strecke $\overline{AB}$ über A und B hinaus ergibt die Gerade AB.
Geraden werden häufig mit kleinen lateinischen Buchstaben bezeichnet: g, h, …

Halbgerade

Verlängert man die Strecke von A nach B über B hinaus, so entsteht die Halbgerade [AB.
Halbgeraden werden oft mit kleinen lateinischen Buchstaben bezeichnet: g, h, …

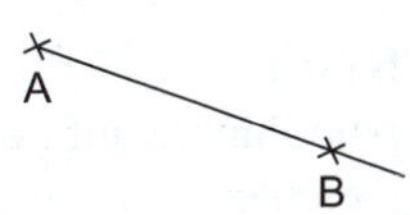

Kegel

Die Grundfläche ist ein Kreis. Die gekrümmte Mantelfläche lässt sich zu einem Kreissektor „auseinanderrollen“.

Kegelnetz:

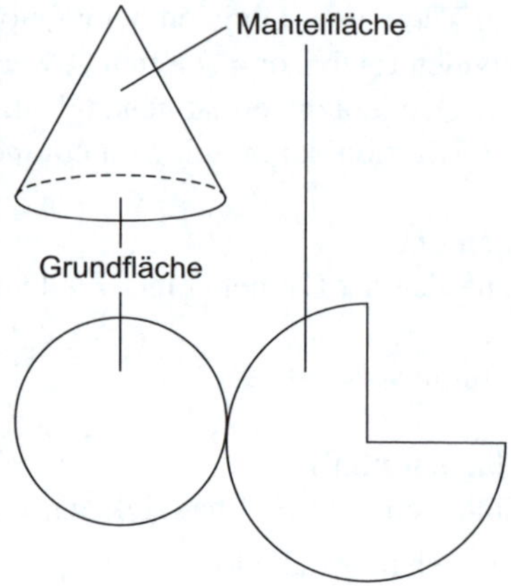

Koordinaten

Die x- und y-Koordinaten geben die Lage eines Punktes im Koordinatensystem an.

Koordinatensystem

Zwei sich senkrecht bei den Nullpunkten kreuzende Zahlengeraden ergeben ein Koordinatensystem.
Der Nullpunkt wird als Ursprung des Koordinatensystems bezeichnet.
Das Koordinatensystem unterteilt die Zeichenebene in vier Quadranten.

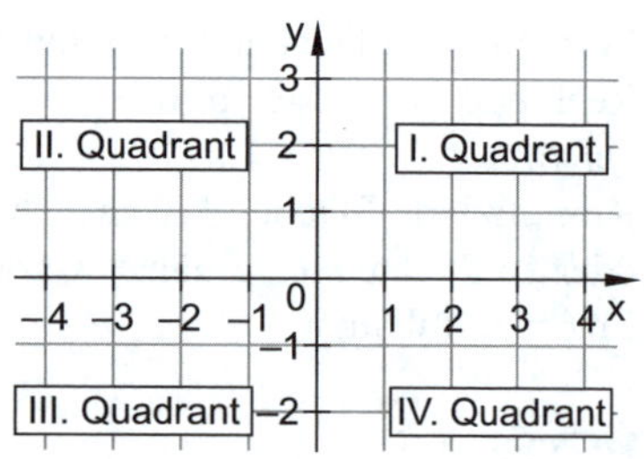

Kreis

Alle Punkte eines Kreises haben vom Mittelpunkt den gleichen Abstand. Dieser Abstand heißt Radius.
Kurzschreibweise: k(M; r) „Kreis um Mittelpunkt M mit Radius r“

Kugel

Alle Punkte auf der Oberfläche haben den gleichen Abstand zum Mittelpunkt.

Lot

Das Lot zu einer Geraden g ist eine Gerade, die senkrecht auf g steht. Der Schnittpunkt des Lotes mit der Geraden heißt Lotfußpunkt.

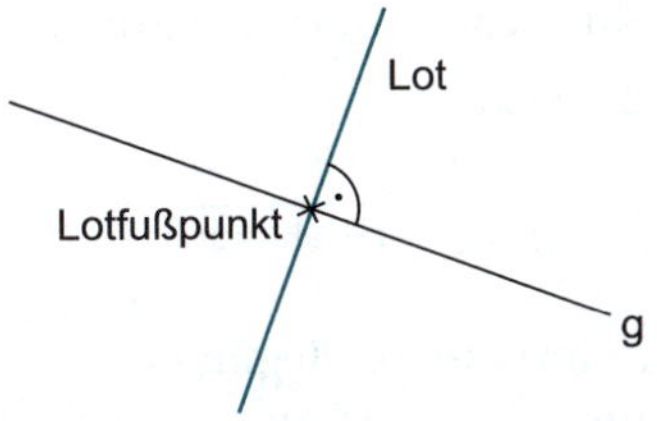

Maßstab

Maßstab 1 : 50 bedeutet, dass 1 cm in der Zeichnung 50 cm in Wirklichkeit entspricht.

Beispiele:

- 4 cm in der Zeichnung: $4\ \text{cm} \cdot 50 = 200\ \text{cm} = 2\ \text{m}$ in Wirklichkeit
- 8 m in Wirklichkeit: $8\ \text{m} : 50 = 800\ \text{cm} : 50 = 16\ \text{cm}$ in der Zeichnung

Multiplikation

Der Term einer Multiplikation heißt Produkt.

1. Faktor · 2. Faktor = Produktwert

Ein Produkt ist genau dann null, wenn mindestens ein Faktor null ist.

Netz

Schneidet man einen Körper entlang einiger seiner Kanten so auf, dass er sich zu einer zusammenhängenden Fläche auseinanderfalten lässt, so wird diese Fläche als Netz des Körpers bezeichnet.

Oberfläche

Die Oberfläche eines Körpers besteht aus allen Flächen, die den Körper begrenzen.

Für die Oberfläche eines Quaders mit den Kantenlängen a, b und c gilt:

$O_{\text{Quader}} = 2 \cdot a \cdot b + 2 \cdot a \cdot c + 2 \cdot b \cdot c = 2 \cdot (a \cdot b + a \cdot c + b \cdot c)$

Sonderfall: $O_{\text{Würfel}} = 6 \cdot a^2$

Parallele Geraden oder Strecken

Zwei Geraden oder Strecken verlaufen parallel zueinander, wenn sie an jeder beliebigen Stelle den gleichen Abstand haben.

Parallelogramm

Ein Viereck, bei dem die jeweils gegenüberliegenden Seiten zueinander parallel sind, heißt Parallelogramm.

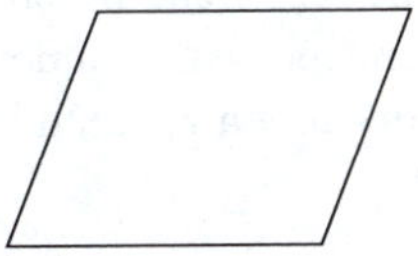

Potenz

Kurzschreibweise für Produkte mit gleichen Faktoren

Exponent

$$a^n = \underbrace{a \cdot a \cdot \ldots \cdot a}_{n \text{ Faktoren}}$$

Basis

Primfaktorzerlegung

Eine Zahl wird als Produkt dargestellt, das nur aus Primzahlen besteht.

Primzahlen

Primzahlen sind natürliche Zahlen, die genau zwei verschiedene Teiler haben.

Prisma

Grund- und Deckfläche eines n-seitigen Prismas sind zwei identische n-Ecke, die parallel übereinander liegen.
Die Seitenflächen bestehen aus Rechtecken.

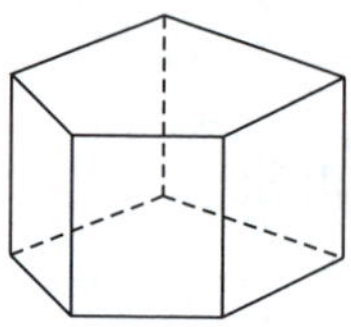

fünfseitiges Prisma

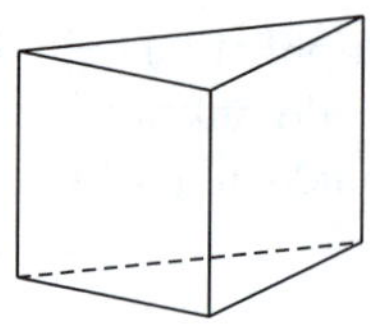

dreiseitiges Prisma

Pyramide

Die Grundfläche einer Pyramide ist ein n-Eck. Die Seitenflächen sind immer Dreiecke.

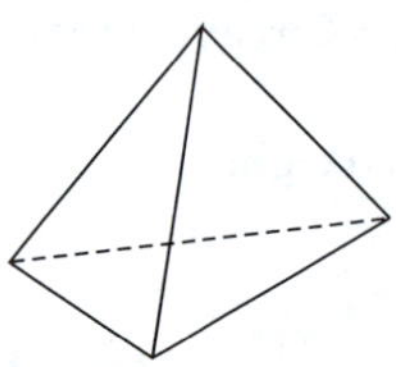

dreiseitige Pyramide

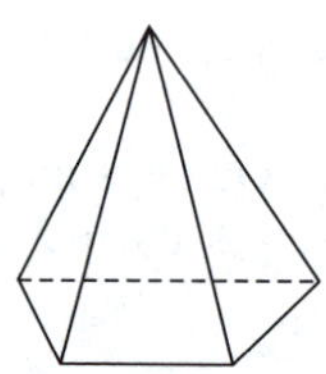

vierseitige Pyramide

Quader

Die sechs Seiten eines Quaders sind Rechtecke, wobei die beiden gegenüberliegenden Seitenflächen jeweils identisch sind. Aneinander angrenzende Seiten stehen zueinander senkrecht.

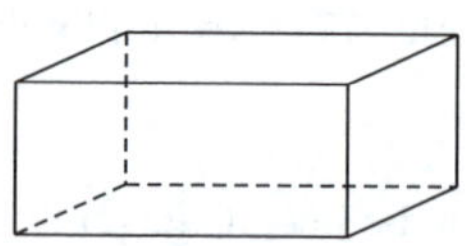

Quadernetz:

Quadrat

Ein Rechteck mit vier gleich langen Seiten heißt Quadrat. Es hat vier Symmetrieachsen.

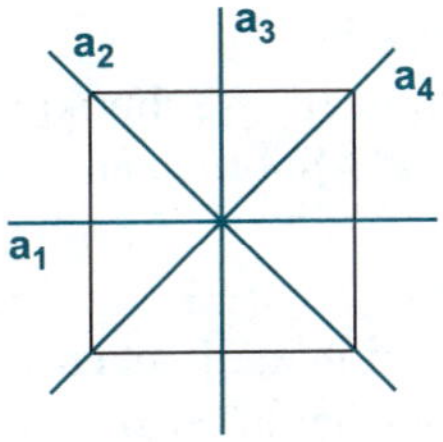

Raute

Ein Viereck mit vier gleich langen Seiten heißt Raute. Sie hat zwei Symmetrieachsen.

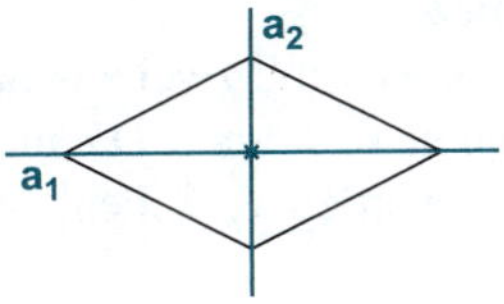

Rechengesetze

Zuerst werden die Klammern berechnet, dann „Potenzen" vor „Punkt" vor „Strich". Innerhalb der Punkt- bzw. Strichrechenarten wird von links nach rechts gearbeitet bzw. das Kommutativ- und Assoziativgesetz angewandt.

Kommutativgesetz (KG)

$a+b=b+a$	Addition
$a \cdot b=b \cdot a$	Multiplikation

Assoziativgesetz (AG)

$(a \cdot b) \cdot c=a \cdot (b \cdot c)$	Multiplikation
$(a+b)+c=a+(b+c)$	Addition

Distributivgesetz (DG)

$a \cdot (b+c)=a \cdot b+a \cdot c$ $a \cdot (b-c)=a \cdot b-a \cdot c$	Multiplikation
$(a+b) \cdot c=a \cdot c+b \cdot c$ $(a-b) \cdot c=a \cdot c-b \cdot c$	
$(a+b):c=a:c+b:c$ $(a-b):c=a:c-b:c$	Division

Rechteck
Ein Viereck mit vier rechten Winkeln heißt Rechteck. Es hat zwei Symmetrieachsen.

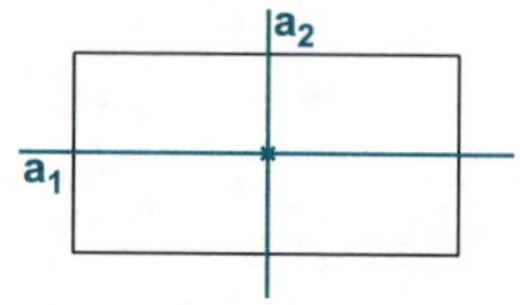

Strecke
Die kürzeste Verbindung zwischen zwei Punkten A und B ist die Strecke $\overline{AB}$.

Die Länge der Strecke $\overline{AB}$ wird abgekürzt als $|\overline{AB}|$.

Subtraktion
Der Term einer Subtraktion heißt Differenz.
Minuend – Subtrahend = Differenzwert

Term
Ein aus Zahlen, Rechenzeichen und Klammern bestehender sinnvoller Rechenausdruck heißt Term.

Trapez
Ein Viereck mit zwei zueinander parallelen Seiten heißt Trapez. Die nicht parallelen Seiten werden als Schenkel bezeichnet.

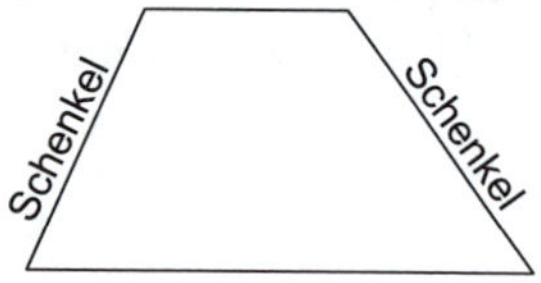

Viereck
Bezeichnungen beim allgemeinen Viereck (siehe nebenstehende Abbildung).

Besondere Vierecke:
Drachenviereck, Parallelogramm, Quadrat, Raute, Rechteck, Trapez

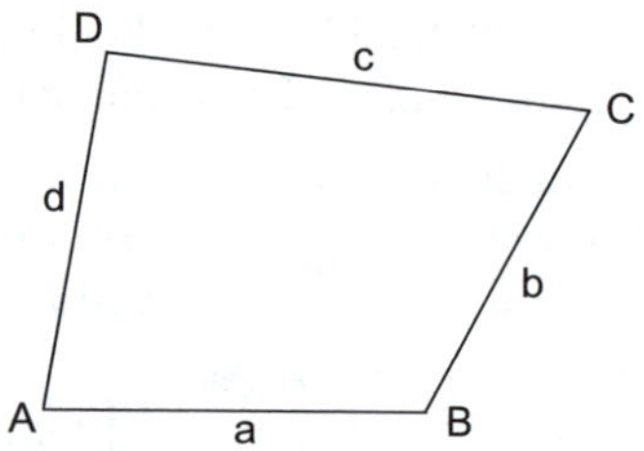

Vorzeichenregel beim Multiplizieren und Dividieren ganzer Zahlen
Rechne mit Beträgen und bestimme das Vorzeichen der Lösung nach folgenden Regeln:

$(+) \cdot (+) = (+)$	$(-) \cdot (-) = (+)$
$(+) \cdot (-) = (-)$	$(-) \cdot (+) = (-)$
$(+) : (+) = (+)$	$(-) : (-) = (+)$
$(+) : (-) = (-)$	$(-) : (+) = (-)$

Winkel

Zwei sich schneidende Geraden oder Halbgeraden bilden einen Winkel.
Die beiden (Halb-)Geraden werden entgegen dem Uhrzeigersinn als Schenkel 1 und Schenkel 2 bezeichnet, ihr Schnittpunkt ist der Scheitel des Winkels.

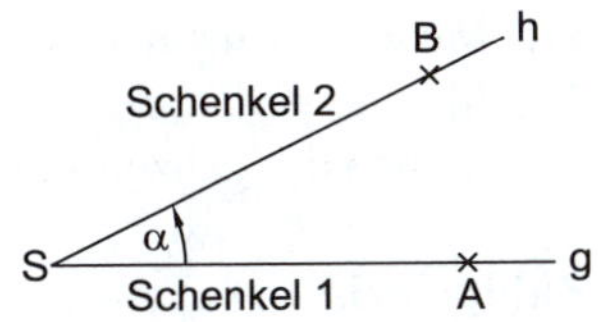

Bezeichnungen und Schreibweisen:

α, β, …

∢ASB: Angabe von drei Punkten (Punkt auf Schenkel 1, Scheitelpunkt, Punkt auf Schenkel 2)

∢(g; h), ∢(SA; SB): Angabe von zwei (Halb-)Geraden für den ersten und zweiten Schenkel

Besondere Winkel:

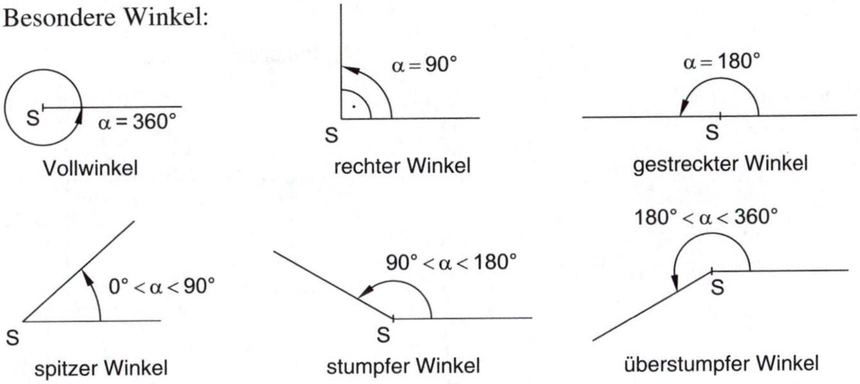

Würfel

Ein Würfel ist ein Quader mit gleicher Länge, Höhe und Breite.

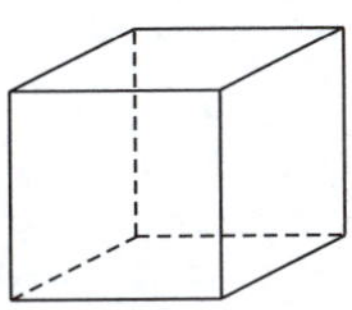

mögliches Würfelnetz:

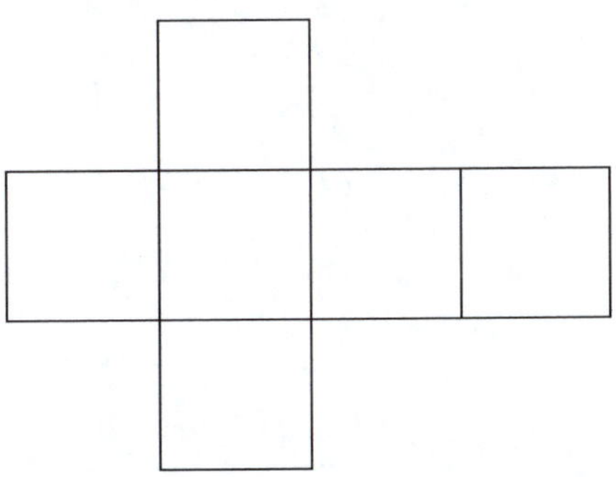

Zahlenmengen

$\mathbb{N}$: Menge der natürlichen Zahlen $\mathbb{N} = \{1; 2; 3; \ldots\}$

$\mathbb{N}_0$: Menge der natürlichen Zahlen mit 0 $\mathbb{N}_0 = \{0; 1; 2; 3; \ldots\}$

$\mathbb{Z}$: Menge der ganzen Zahlen $\mathbb{Z} = \{\ldots; -3; -2; -1; 0; 1; 2; \ldots\}$

Zählprinzip

Multipliziert man die Möglichkeiten an den einzelnen Verzweigungen des Baumdiagramms, so ergibt das Produkt die Gesamtzahl aller Möglichkeiten.

Zylinder

Grund- und Deckfläche sind identische Kreise. Die gekrümmte Mantelfläche lässt sich zu einem Rechteck „auseinanderrollen".

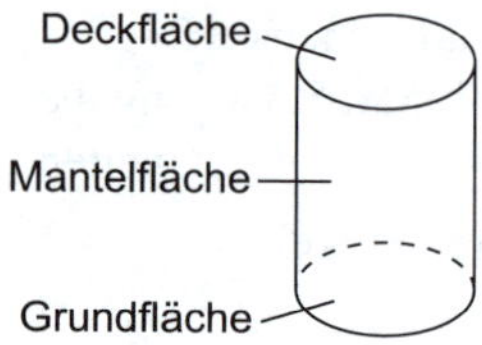

Zylindernetz:

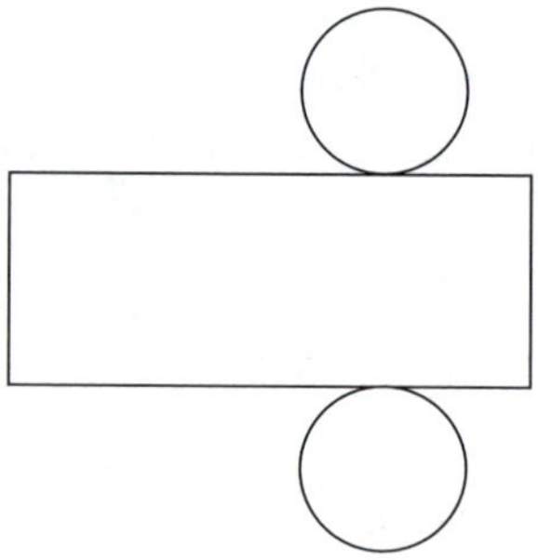

Lösungen

1

Vorgänger	Zahl	Nachfolger
19 998	19 999	20 000
9 999	10 000	10 001
20 000	20 001	20 002
209 998	209 999	210 000
999 998	999 999	1 000 000

2 a) 1 905 642 $\Rightarrow$ **9 642** b) 9 182 736 $\Rightarrow$ **9 876**

3 a) 9 182 736 $\Rightarrow$ **1 236** b) 1 305 642 $\Rightarrow$ 0542 = **542**

4 a) kleinste fünfstellige Zahl: **10 000**

b) Die größte fünfstellige Zahl 99 999 ist ungerade.
größte gerade fünfstellige Zahl: **99 998**

c) Die kleinste sechsstellige Zahl 100 000 ist gerade.
kleinste sechsstellige ungerade Zahl: **100 001**

d) größte sechsstellige Zahl: 999 999
drittgrößte sechsstellige Zahl: **999 997**

5 a) An die Hunderterstelle kann entweder die Ziffer 1 oder 2 geschrieben werden, d. h., es gibt 2 Möglichkeiten, diese Stelle zu besetzen. Für die Zehnerstelle kann man sich wieder zwischen den beiden Möglichkeiten 1 und 2 entscheiden. Es gibt also $2 \cdot 2 = 4$ unterschiedliche Kombinationen, die Hunderter- und Zehnerstelle zu besetzen. Für jede dieser 4 Kombinationen kann an die noch freie Einerstelle wieder die 1 oder die 2 geschrieben werden. Es gibt also wieder 2 Möglichkeiten und somit lassen sich insgesamt $4 \cdot 2 =$ **8** unterschiedliche dreistellige Zahlen aus den Ziffern 1 und 2 bilden.
Kurzform: $\overline{2} \cdot \overline{2} \cdot \overline{2} = 8$

Es gibt **8** verschiedene dreistellige Zahlen, die nur aus den Ziffern 1 und 2 bestehen.

b) Die Überlegungen aus Teilaufgabe a werden für die vierte, fünfte und sechste Stelle fortgesetzt.
Kurzform: $\overline{2} \cdot \overline{2} \cdot \overline{2} \cdot \overline{2} \cdot \overline{2} \cdot \overline{2} = 64$

Es gibt **64** verschiedene sechsstellige Zahlen, die nur aus den Ziffern 1 und 2 bestehen.

c) Da jetzt die Ziffern 1, 2 und 3 zur Verfügung stehen, gibt es für jede der 4 Stellen 3 Möglichkeiten.
Kurzform: $\overline{3} \cdot \overline{3} \cdot \overline{3} \cdot \overline{3} = 81$
Es gibt **81** verschiedene vierstellige Zahlen, die nur aus den Ziffern 1, 2 und 3 bestehen.

6 a) An der Hunderterstelle darf nicht die 0 stehen, weil sonst eine zweistellige Zahl entstehen würde. Für die Hunderterstelle gibt es also 9 Möglichkeiten. Für die Zehnerstelle dürfen die 10 Ziffern von 0 bis 9 verwendet werden und an der Einerstelle darf nur die 3 stehen. Insgesamt gibt es daher $9 \cdot 10 \cdot 1 = 90$ dreistellige Zahlen, bei denen die 3 an der Einerstelle steht.
Kurzform: $\overline{9} \cdot \overline{10} \cdot \overline{1} = 90$
Es gibt **90** solche Zahlen.

b) Im Unterschied zu Teilaufgabe a darf an der Einerstelle jetzt nicht die 3 stehen, sondern eine der 9 Ziffern 0, 1, 2, 4, 5, 6, 7, 8 und 9.
Kurzform: $\overline{9} \cdot \overline{10} \cdot \overline{9} = 810$
Es gibt **810** dreistellige Zahlen, die keine 3 an der Einerstelle haben.

c) Für die Einer- und Hunderterstelle gibt es jeweils nur eine, für die Zehnerstelle dagegen 10 Möglichkeiten.
Kurzform: $\overline{1} \cdot \overline{10} \cdot \overline{1} = 10$
Es gibt **10** dreistellige Zahlen mit einer 4 als Einer- und Hunderterziffer.

7 a) Es gibt keine größte natürliche Zahl. Deshalb gibt es **unendlich viele** natürliche Zahlen, die größer als 10 sind.

b) Da die 0 nicht zu den natürlichen Zahlen gehört, gibt es nur **9** natürliche Zahlen, die kleiner als 10 sind: 1, 2, 3, 4, 5, 6, 7, 8 und 9

8 Untersuche zunächst, ob die Abstände zwischen den einzelnen Zahlen einer Folge gleich groß sind. Bei den ersten drei Folgen ist das der Fall und du kannst die Folgen durch Hinzuzählen bzw. Abziehen dieses Abstandes Stück für Stück ergänzen.

a) 7, 14, 21, **28, 35, 42, 49, 56**

b) **7, 10, 13, 16, 19**, 22, 25, 28

c) **18, 30, 42, 54, 66**, 78, 90, 102, **114, 126, 138, 150, 162**

d) 3, 7, 12, 18, **25**, **33**, **42**, **52**, **63**

+4 +5 +6 +7 +8 +9 +10 +11

Hier wird der Abstand zwischen den einzelnen Zahlen jeweils um 1 größer. Bisher wurden 4, 5 und 6 addiert, weshalb die nächsten Zahlen durch Hinzuzählen von 7, 8, 9, 10 und 11 gefunden werden.

9 Es gibt keine größte natürliche Zahl. Deshalb lässt sich jede Folge zu größeren Zahlen hin beliebig weit fortsetzen. Jedoch können Folgen natürlicher Zahlen in absteigender Richtung maximal bis zur Null fortgesetzt werden.
Nur die erste, die dritte und die letzte Folge können deshalb – jeweils nach rechts – unendlich weit fortgesetzt werden.

10 a) Es können die Ziffern 0, 1, 2, 3, 4, 5 und 6 eingesetzt werden.

b) Es können die Ziffern 4, 5, 6, 7, 8 und 9 eingesetzt werden.

c) Für den ersten Tintenfleck können die Ziffern 0, 1, 2 oder 3 und für den zweiten Fleck sämtliche Ziffern von 0 bis 9 eingesetzt werden.

d) Wird für den hinteren Fleck eine der Ziffern 4, 5, 6, 7, 8 oder 9 eingesetzt, so können anstelle des vorderen Flecks alle Ziffern von 0 bis 9 stehen.
Es kann aber für den hinteren Fleck auch eine 3 eingesetzt werden, dann dürfen vorne nur die Ziffern 0, 1, 2, 3, 4 oder 5 eingesetzt werden.

11 Da gerade dreistellige Zahlen gesucht sind, ist es sinnvoll, mit der Besetzung der Einerstelle anzufangen. Da nur die geraden Ziffern 2 und 4 zur Verfügung stehen, gibt es lediglich 2 Möglichkeiten, die Einerstelle zu besetzen.
Für die zwei weiteren Stellen gilt nur die Einschränkung, dass keine Ziffer mehrfach auftauchen darf.
Für jede der beiden Möglichkeiten können an der Zehnerstelle die jeweils verbliebenen 4 Ziffern eingesetzt werden. Es gibt bisher also $2 \cdot 4 = 8$ Möglichkeiten.

Eine Zahl ist gerade, wenn sie ohne Rest durch 2 geteilt werden kann. Solche Zahlen erkennt man daran, dass an der Einerstelle eine gerade Ziffer steht. Gerade Ziffern sind die 0, 2, 4, 6 und 8.

Es ist egal, ob du dir zuerst Gedanken um die Besetzung der Zehner- oder der Hunderterstelle machst. Wegen der Forderung, eine gerade Zahl zu erzeugen, musstest du mit der Einerstelle beginnen. Daher bietet es sich an, weiter von rechts nach links zu arbeiten.

Für die Hunderterstelle stehen jetzt noch jeweils 3 Ziffern zur Verfügung. Insgesamt ergeben sich dabei $8 \cdot 3 =$ **24** verschiedene Zahlen.
Kurzform:

$$\underline{3} \cdot \underline{4} \cdot \underline{2} = 24$$

Es gibt $3 \cdot 4 \cdot 2 =$ **24** Möglichkeiten.

12 Verwende die Stellenwerttafel nur im Notfall. Denk daran, dass du beim Markieren der Dreierbündel durch Lücken von rechts anfangen musst.

a) **27 315**
siebenundzwanzigtausenddreihundertfünfzehn

b) **17 300 200**
siebzehn Millionen dreihunderttausendzweihundert

c) **12 345 023 002 001**
zwölf Billionen dreihundertfünfundvierzig Milliarden dreiundzwanzig Millionen zweitausendeins

Die 23 gehört zu den Millionen, die 345 zu den Milliarden und die 12 zu den Billionen.

d) **10 020 300 405 006 070 080 900**
zehn Trilliarden zwanzig Trillionen dreihundert Billiarden vierhundertfünf Billionen sechs Milliarden siebzig Millionen achtzigtausendneunhundert

Die 70 gehört zu den Millionen, die 6 zu den Milliarden, die 405 zu den Billionen, die 300 zu den Billiarden, die 20 zu den Trillionen und die 10 zu den Trilliarden.

13 Versuche, die Aufgabe ohne Verwendung einer Stellenwerttafel zu lösen. Beachte die Reihenfolge der Hauptstufenzahlen: Millionen, Milliarden, Billionen, Billiarden, Trillionen, Trilliarden, …

a) **606 550 000 055**

Bei dieser Zahl gibt es keine Tausender, weshalb nach den Millionen drei Nullen eingefügt werden müssen.

b) **70 000 025 002 004**

Zwischen Billionen und Millionen gibt es noch die Milliarden, die bei dieser Zahl nicht vorhanden sind.

c) **5 000 700 301**

Bei dieser Zahl gibt es keine Millionen, weshalb an der passenden Stelle drei Nullen eingefügt werden müssen.

d) **50 000 000 000 000 000 050**

Hier gibt es keine Tausender, Millionen, Milliarden, Billionen und Billiarden, weshalb nach den Trillionen $5 \cdot 3 = 15$ Nullen eingefügt werden müssen.

14 a) **2 307 410**
zwei Millionen dreihundertsiebentausendvierhundertzehn

b) Um eine möglichst kleine Zahl zu erhalten, muss die Stelle mit dem höchsten Wert – hier also die Millionenspalte – reduziert und die Stelle mit dem kleinsten Wert – also immer die Einerspalte – erhöht werden. Man muss daher ein Plättchen aus der Millionenspalte in die Einerspalte verschieben.
Es entsteht die Zahl **1 307 411**.

c) Wieder muss die Millionenspalte reduziert werden. Dieses Mal muss jedoch die Zehnerspalte ergänzt werden. Die entstehende Zahl lautet **1 307 420**.

d) Geradzahlige Pakete liegen in der Millionen- und Hunderterspalte, ungeradzahlige Pakete in der Hunderttausender-, Tausender- und Zehnerspalte. In der Millionenspalte landen die drei Plättchen aus der Hundertausenderspalte, die Hundertausenderspalte wird nicht wieder gefüllt. In der Zehntausenderspalte landen die zwei Plättchen aus der Millionen- und zusätzlich die sieben Plättchen aus der Tausenderspalte – insgesamt also neun Plättchen. Die Tausenderspalte ist nach den Verschiebungen leer. In der Hunderterspalte landet das Plättchen aus der Zehnerspalte, die selbst nicht wieder befüllt wird. Die Einerspalte enthält die vier Plättchen aus der Hunderterspalte. Auf diese Weise entsteht die Zahl **3 090 104**.

15 Es fällt auf, dass die Stufenzahlen mit speziellen Namen abwechselnd mit „-ionen" und mit „-iarden" enden.

a) Betrachte zunächst die „-ionen": Die Million hat sechs Nullen, die Billion hat $12=2\cdot6$ Nullen und die Trillion hat $18=3\cdot6$ Nullen. Von der Million abgesehen gibt die Vorsilbe an, wie viele „Sechserbündel" an Nullen die entsprechende Stufenzahl besitzt.
Da „quad" für vier steht, hat die Quadrillion somit $4\cdot6=\mathbf{24}$ Nullen:
1 000 000 000 000 000 000 000 000
Und weil „quint" für fünf steht, hat die Quintillion $5\cdot6=\mathbf{30}$ Nullen:
1 000 000 000 000 000 000 000 000 000 000

b) Die Million hat sechs Nullen und wird gefolgt von der Milliarde mit $9=6+3$ Nullen.
Die Billion hat zwölf Nullen und wird gefolgt von der Billiarde mit $15=12+3$ Nullen.
Somit hat die Quadrilliarde drei Nullen mehr als die Quadrillion, also $4\cdot6+3=24+3=\mathbf{27}$:
1 000 000 000 000 000 000 000 000 000
Entsprechend hat die Quintilliarde $5\cdot6+3=30+3=\mathbf{33}$ Nullen:
1 000 000 000 000 000 000 000 000 000 000 000

16 **A = {100; 101; 102; …; 9 999}**

B = {5; 10; 15; 20; …}

C = {11; 13; 15; …; 99}

D = {1}

17 a) 100, 101 und 102 sind direkt aufeinanderfolgende natürliche Zahlen, was somit auch für die folgenden nicht aufgeschriebenen Zahlen bis einschließlich 998 gilt. A ist die **endliche Menge** der **dreistelligen natürlichen Zahlen**.

b) 3, 6, 9 und 12 sind die kleinsten durch 3 teilbaren natürlichen Zahlen. Die drei Punkte am Ende der Mengenklammer geben an, dass B unendlich viele Elemente enthält und somit die **unendliche Menge** der **durch 3 teilbaren natürlichen Zahlen** darstellt.

c) Die drei Punkte stehen zwischen den Zahlen 32 und 1 024 und stehen daher für eine **endliche Anzahl** nicht aufgeschriebener Elemente der Menge C. Um herauszufinden, welche Elemente die Menge C enthält, müssen die Zahlen 1, 2, 4, 8, 16 und 32 genau betrachtet werden. Jede aufgeschriebene **Zahl ist doppelt so groß wie die vorhergehende**.

18 Eine Zahl ist durch 3 teilbar, wenn ihre Quersumme (QS) durch 3 teilbar ist.

$QS(10)=1+0=1$	$QS(12)=1+2=3$
$QS(20)=2+0=2$	$QS(25)=2+5=7$
$QS(100)=1+0+0=1$	$QS(216)=2+1+6=9$
$QS(250)=2+5+0=7$	$QS(1\,200)=1+2+0+0=3$

Somit sind nur die Zahlen **12**, **216** und **1 200** durch 3 teilbar.

Eine Zahl ist durch 4 teilbar, wenn die aus ihren zwei letzten Ziffern gebildete Zahl ohne Rest durch 4 teilbar ist.

10	→	10 : 4 = 2 Rest 2	12	→	12 : 4 = 3
20	→	20 : 4 = 5	25	→	25 : 4 = 6 Rest 1
100	→	00 : 4 = 0	216	→	16 : 4 = 4
250	→	50 : 4 = 12 Rest 2	1 200	→	00 : 4 = 0

Also sind die Zahlen **12**, **20**, **100**, **216** und **1 200** durch 4 teilbar.

Eine Zahl ist durch 5 teilbar, wenn ihre letzte Ziffer eine 0 oder eine 5 ist. Deshalb sind **bis auf 12 und 216 alle gegebenen Zahlen** durch 5 teilbar.

Eine Zahl ist durch 9 teilbar, wenn ihre Quersumme durch 9 teilbar ist. Die Quersummen wurden oben für die Teilbarkeit durch 3 schon berechnet und es lässt sich sofort ablesen, dass von den vorgegebenen Zahlen nur **216** durch 9 teilbar ist.

19 a) **T(6) = {1; 2; 3; 6}**

1 und 6 sind Teiler von 6. Da 6 eine gerade Zahl mit einer durch 3 teilbaren Quersumme ist, sind auch 2 und 3 Elemente von T(6).

b) **T(9) = {1; 3; 9}**

1 und 9 sind Elemente von T(9). Als ungerade Zahl mit Quersumme 9 lässt sich 9 nicht durch 2 und 4, wohl aber durch 3 teilen.

c) **V(3) = {3; 6; 9; 12; …}**

d) **T(7) = {1; 7}**

Als Primzahl hat 7 nur die Teiler 1 und sich selbst.

e) **T(10) = {1; 2; 5; 10}**

f) $\mathbf{V(6) = \{6; 12; 18; 24; \ldots\}}$

g) $\mathbf{T(41) = \{1; 41\}}$ Auch 41 ist eine Primzahl.

h) $\mathbf{T(30) = \{1; 2; 3; 5; 6; 10; 15; 30\}}$

20 Wenn eine Aussage falsch ist, kann man das meistens sehr einfach mit einem Gegenbeispiel zeigen.

a) Hier zeigt ein Gegenbeispiel, dass die Aussage falsch ist: 21 ist ein Vielfaches von 7, aber kein Vielfaches von 14.

b) Die Aussage ist wahr. Bei allen Vielfachen von 10 ist die letzte Ziffer immer die 0 und damit gerade. Also ist jedes Vielfache von 10 durch 2 teilbar.

c) Die Aussage ist falsch, wie folgendes Gegenbeispiel beweist: 9 ist durch 3 teilbar, aber nicht durch 6.

d) Um diese Behauptung überprüfen zu können, muss man alle Zahlen von 11 bis 19 untersuchen:

Primzahlen: 11, 13, 17, 19
keine Primzahlen: 12, 14, 15, 16, 18

Die Behauptung ist also wahr.

21

a) $7 \in \mathbb{N}$ — 7 ist eine natürliche Zahl.

b) $7 \in \mathbb{N}_0$ — 7 ist in der Menge der natürlichen Zahlen einschließlich der 0 enthalten.

c) $0 \notin \mathbb{N}$ — Die Menge der natürlichen Zahlen beginnt mit der 1, weshalb die 0 nicht in dieser Zahlenmenge enthalten ist.

d) $0 \in \mathbb{N}_0$ — Natürlich ist 0 in der Menge der natürlichen Zahlen einschließlich der 0 enthalten!

e) $16 \in V(2)$ — V(2) enthält alle geraden Zahlen und somit auch die 16.

f) $2 \notin V(16)$ — Weil 2 kleiner als 16 ist, kann 2 nicht in der Vielfachenmenge von 16 enthalten sein.

g) $2 \in T(16)$ — Es gilt: $16 : 2 = 8$. Somit ist 2 ein Teiler von 16 und deshalb Element der Teilermenge von 16.

h) $16 \notin T(2)$ — Weil 16 größer als 2 ist, kann 16 nicht in der Teilermenge von 2 enthalten sein.

22 a) 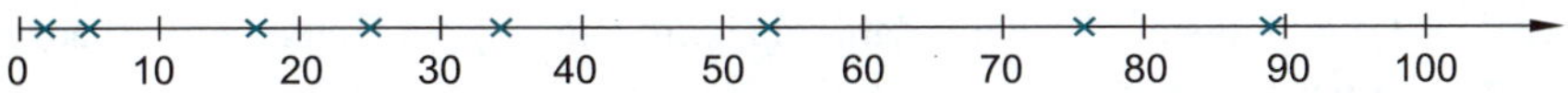

b) 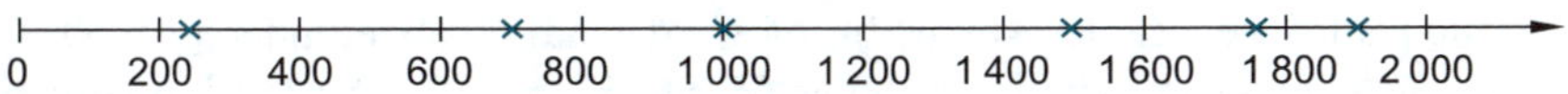

23 a) 

b) 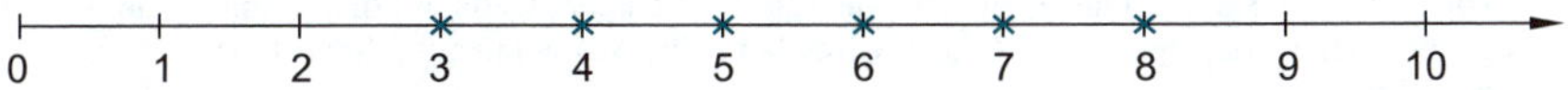

c) Es gilt:
T(30) = {1; 2; 3; 5; 6; 10; 15; 30}
V(10) = {10; 20; 30; 40; …}
Es gibt sechs Zahlen, die Element von T(30) und gleichzeitig nicht Element von V(10) sind: 1, 2, 3, 5, 6 und 15

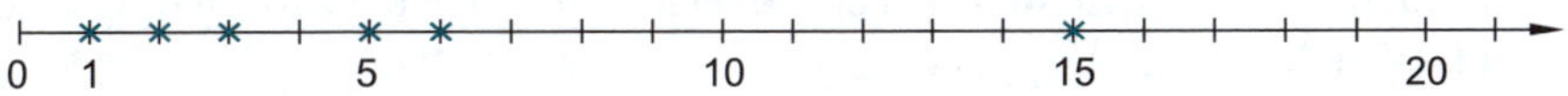

24 Die markierten Zahlen sind nicht exakt abzulesen, aber da es sich um eine Teilermenge handelt, stellt das erste Kreuz die 1 dar. Die zweite und dritte markierte Zahl müssen Teiler der letzten Zahl sein und es darf nur diese Teiler geben. Das zweite Kreuz stellt deshalb die 7, das dritte die 11 und das letzte die 77 dar. Es handelt sich somit um **T(77)**.

25 a) 3 726 ≈ **3 700** (H) b) 2 945 ≈ **2 950** (Z)

c) 17 051 ≈ **17 000** (T) d) 456 ≈ **0** (T)

e) 1 999 ≈ **2 000** (Z) f) 38 950 ≈ **39 000** (H)

26 Die richtige Antwort findet man schnell, wenn man die linke Zahl jeweils auf Zehner, Hunderter und Tausender rundet und mit dem gerundeten Ergebnis aus der Aufgabenstellung vergleicht.

a) 5 738 ≈ 5 740 (Z) 5 738 ≈ 5 700 (H) 5 738 ≈ 6 000 (T)
Die richtige Antwort ist somit **Z**.

b) 6 043 ≈ 6 040 (Z) 6 043 ≈ 6 000 (H) 6 043 ≈ 6 000 (T)
Die richtige Antwort ist somit **H oder T**.

c) 5 899 ≈ 5 900 (Z) 5 899 ≈ 5 900 (H) 5 899 ≈ 6 000 (T)
Die richtige Antwort ist somit **Z oder H**.

d) 3 897 ≈ 3 900 (Z) 3 897 ≈ 3 900 (H) 3 897 ≈ 4 000 (T)
Die richtige Antwort ist somit **T**.

27 a) 55 ist die kleinste natürliche Zahl, die beim Runden auf Zehner auf 60 aufgerundet wird: $5\underline{5} \approx 60$
Die natürlichen Zahlen von 61 bis 64 werden auf 60 abgerundet: $6\underline{4} \approx 60$
Gesucht sind somit die zehn Zahlen **55, 56, 57, 58, 59, 60, 61, 62, 63 und 64**.

Beachte, dass die 60 auch mitgezählt wird, obwohl sie sich beim Runden nicht verändert. Vorsicht: Um die Anzahl der auf 60 zu rundenden Zahlen herauszufinden, darfst du nicht $64 - 55 = 9$ rechnen. Auf diese Weise ermittelst du die Anzahl der Schritte auf dem Zahlenstrahl von 55 bis 64. Das sind tatsächlich 9. Die Zahl 55, von der aus du auf dem Zahlenstrahl startest, gehört auch zu den gesuchten Zahlen, wird aber beim Ausrechnen der Schrittanzahl nicht berücksichtigt.

b) **450** ist die kleinste und **549** die größte Zahl, die auf Hunderter gerundet 500 ergibt: $4\underline{5}0 \approx 500$ und $5\underline{4}9 \approx 500$

28 a) Gerundet wird auf **Zehner**. An der Einerstelle können die Ziffern **0, 1, 2, 3 und 4** stehen.

b) Es wird auf **Hunderter** gerundet. Es können die Ziffern **0 bis 4** eingesetzt werden.

c) Hier gibt es zwei Möglichkeiten:
Entweder wird auf **Hunderter** gerundet. Dann ist die Einerstelle bedeutungslos und es können alle Ziffern von **0 bis 9** eingesetzt werden.
Oder es wird auf **Zehner** gerundet, wobei die 9 Zehner zu einem Hunderter werden. Eingesetzt werden können dann nur die Ziffern **5 bis 9**.

d) Hier gibt es wieder zwei Möglichkeiten:
Wenn auf **Tausender** gerundet wird, muss an der Hunderterstelle eine der Ziffern **5, 6, 7, 8 oder 9** stehen.
Wenn auf **Zehntausender** gerundet wird, ist die Hunderterstelle bedeutungslos und es können alle Ziffern von **0 bis 9** eingesetzt werden.

e) Da die gerundete Zahl 2 Endnullen besitzt und an der Zehnerstelle der ungerundeten Zahl eine Ziffer kleiner als 5 steht, wird sicher auf **Hunderter** gerundet. Die 3 an der Zehnerstelle verrät auch, dass auf Hunderter abgerundet wird. Somit kann an der Hunderterstelle nur die Ziffer **4** stehen.

f) Hier wird auf **Tausender** aufgerundet. An der Hunderterstelle können somit nur die Ziffern **5, 6, 7, 8 oder 9** stehen.

29 Variante 1: 1 492 ≈ 1 490 (Z) ≈ 1 500 (H) ≈ **2 000** (T)

Variante 2: 1 492 ≈ **1 000** (T)

Offensichtlich ist Susannes Behauptung **falsch**!

Sinnvoller ist sicher das Ergebnis von Variante 2, weil 1 492 näher bei 1 000 als bei 2 000 liegt. Wenn es in der Aufgabenstellung nicht anders verlangt ist, darfst du daher nicht mehrmals hintereinander runden.

30 Das Jahresgehalt wurde aller Wahrscheinlichkeit nach auf Millionen gerundet, während die Siegprämie tatsächlich exakt 600 000 Euro betrug.

31 Während die Anzahl der Lkws und Nutzfahrzeuge mit 173 286 Fahrzeugen exakt angegeben ist, wurde die Gesamtzahl der Fahrzeuge offensichtlich gerundet. Da also die genaue Gesamtzahl der Renault-Fahrzeuge nicht bekannt ist, kann Leander die Anzahl der Pkws ebenfalls nicht exakt angeben, weil sie der Differenz aus Anzahl aller Fahrzeuge und Anzahl der Lkws und Nutzfahrzeuge entspricht.

32 a)

				1	2
			1	2	3
		1	2	3	4
+	1	2	3	4	5
			1	1	
	1	**3**	**7**	**1**	**4**

Überschlagsrechnung (jeweils auf Hunderter gerundet):
0 + 100 + 1 200 + 12 300 = **13 600** ✓

b)

	5	0	4	2
			1	7
		9	0	4
+	4	0	0	1
			1	
	9	**9**	**6**	**4**

Überschlagsrechnung (jeweils auf Tausender gerundet):
5 000 + 0 + 1 000 + 4 000 = **10 000** ✓

c) 1 971 + 1 974 + 2 004 + 2 006 = **7 955**

Überschlagsrechnung (jeweils auf Tausender gerundet):
2 000 + 2 000 + 2 000 + 2 000 = **8 000** ✓

d) 1 234 + 395 + 79 = **1 708**

Überschlagsrechnung (jeweils auf Hunderter gerundet):
1 200 + 400 + 100 = **1 700** ✓

e) 9 250 + 295 + 2 353 = **11 898**

Beachte den Übertrag 1 von der Zehner- auf die Hunderterstelle.

Überschlagsrechnung (jeweils auf Hunderter gerundet):
9 300 + 300 + 2 400 = **12 000** ✓

f) 93 112 + 9 343 + 6 402 = **108 857**

Ein Übertrag entsteht von der Tausender- auf die Zehntausenderstelle und auf die Hunderttausenderstelle.

Überschlagsrechnung (jeweils auf Tausender gerundet):
93 000 + 9 000 + 6 000 = **108 000** ✓

g) 39 354 + 17 904 = **57 258**

Überschlagsrechnung (jeweils auf Zehntausender gerundet):
40 000 + 20 000 = **60 000** ✓

h) 1 234 + 2 345 + 3 456 + 4 567 = **11 602**

Überschlagsrechnung (jeweils auf Hunderter gerundet):
1 200 + 2 300 + 3 500 + 4 600 = **11 600** ✓

33 Arbeite dich von der Einerstelle ausgehend nach links durch die Aufgabe.

a)

	3	7	5	1
+	9	**2**	**5**	3
1	1	1		
1	3	0	0	4

b)

	3	5	3	9
		3	7	**5**
+		8	**2**	3
	1	1	1	
	4	**7**	3	7

34 Nebenrechnung:

		3	1	5
		2	8	5
		3	1	7
		1	8	3
+		5	3	0
	1	2	2	
	1	**6**	**3**	**0**

Wenn du den Gesamtbetrag schriftlich berechnen willst, solltest du eine Nebenrechnung verwenden. Hierbei musst du nicht hinter jede Zahl das Euro-Zeichen schreiben.

285 € + 317 € + 315 € + 183 € + 530 € = **1 630 €**

Überschlagsrechnung (jeweils auf Hunderter gerundet):
300 + 300 + 300 + 200 + 500 = **1 600** ✓

35 a) 2 017 + 987 = **3 004**

b) 539 + 117 + 539 = 656 + 539 = **1 195**

1. Summand: 539 + 117
2. Summand: 539

c) 77 + 154 = **231**

d) 99 + 100 + 101 = 199 + 101 = **300**

36 a) 17 592 + 42 101 ≈ 18 000 + 42 000 = 60 000
Nur **59 693** kommt als Ergebnis infrage.

b) 5 163 + 11 452 + 9 415 ≈ 5 000 + 11 000 + 9 000 = 25 000
Die beiden möglichen Ergebnisse 24 340 und 26 030 passen ungefähr zur Überschlagsrechnung. Weil die Überschlagsrechnung sehr grob war, darf in einem solchen Fall nicht das etwas besser passende Ergebnis 24 340 gewählt werden, sondern es muss eine genauere Überschlagsrechnung durchgeführt werden:
5 163 + 11 452 + 9 415 ≈ 5 200 + 11 500 + 9 400 = 26 100
Mit dieser zweiten Überschlagsrechnung wird das korrekte Ergebnis **26 030** sehr genau getroffen.

c) 17 103 + 121 872 + 9 999 ≈ 17 000 + 122 000 + 10 000 = 149 000
Da für die Überschlagsrechnung der erste Summand nur um ca. 100 abgerundet wurde und die beiden folgenden Summanden insgesamt um ca. 130 aufgerundet wurden, muss der abgeschätzte Wert knapp über dem genauen Ergebnis liegen. Daher kommt als Ergebnis nur **148 974** infrage.

37 Eine Überschlagsrechnung zeigt, dass die **erste Rechnung falsch** ist:
7 212 + 293 ≈ 7 200 + 300 = 7 500

Das Ergebnis der zweiten Rechnung erscheint auf den ersten Blick realistisch. Tatsächlich genügt es, bei der dritten Rechnung die Ziffern an den Einerstellen der beiden Summanden zu betrachten. Addiert ergeben sie 8 + 7 = **15**, weshalb der Summenwert an der Einerstelle auf jeden Fall die Ziffer **5** haben muss. Da dies nicht der Fall ist, muss die **dritte Rechnung falsch** und die **zweite Rechnung** deshalb **korrekt** sein.

38 a)

	9	8	7	6	5
−	5	6	7	8	9
	4	**1**	**9**	**7**	**6**

b)

	9	0	4	8	2
−		1	9	5	3
	8	**8**	**5**	**2**	**9**

c)

	1	0	0	5	6
−		5	6	0	0
		4	**4**	**5**	**6**

d)

	2	0	5	0	2
−			9	0	9
	1	**9**	**5**	**9**	**3**

39 a) 1 595 − 1 492 = **103**
Probe: 103 + 1 492 = **1 595** ✓

b) 707 − 296 = **411**
Probe: 411 + 296 = **707** ✓

c) 71 031 – 29 842 = **41 189**
Probe: 41 189 + 29 842 = **71 031** ✓

d) 9 009 – 2 020 = **6 989**
Probe: 6 989 + 2 020 = **9 009** ✓

40 a) Um die Gesamtstrecke zu ermitteln, muss vom Kilometerstand am Ende der Tour der Kilometerstand vom Start abgezogen werden:
2 179 km – 2 037 km = 142 km
Franz ist insgesamt **142 km** gefahren.

b) Zunächst müssen für alle drei Tage die zurückgelegten Strecken ermittelt werden:
Montag: 2 085 km – 2 037 km = 48 km
Dienstag: 2 123 km – 2 085 km = 38 km
Mittwoch: 2 179 km – 2 123 km = 56 km
Franz hat am **Mittwoch** die längste Strecke zurückgelegt.

41 a) 846 – 423 = **423**

b) 311 – 198 = **113**

c) 999 – 100 = **899**

d) 100 – 99 = **1**

e) 975 – 111 = **864**

Da unterschiedliche ungerade Ziffern verlangt sind, müssen für die größte dreistellige Zahl die drei größten ungeraden Ziffern 5, 7 und 9 absteigend angeordnet werden. Beim Subtrahenden ist nicht verlangt, dass alle Ziffern unterschiedlich sein müssen. Deshalb kann die 1 als kleinste ungerade Ziffer dreimal verwendet werden.

42 *Möglichkeit 1:*
32,65 € + 1,70 € + 1,40 € = 35,75 €
100 € – 35,75 € = 64,25 €

Möglichkeit 2:
100 € – 32,65 € = 67,35 €
67,35 € – 1,70 € = 65,65 €
65,65 € – 1,40 € = 64,25 €

Herr Ruf bekommt **64,25 €** zurück.

Entweder addierst du zunächst die drei zu zahlenden Beträge und ziehst den Summenwert anschließend von 100 € ab oder du subtrahierst der Reihe nach die drei Einzelbeträge.

43 a) Wenn Mira eine kleinere Zahl abzieht, erhält sie ein **größeres** Ergebnis.

b) Wenn Mira den Minuenden vergrößert, so **vergrößert** sich das Ergebnis ebenfalls.

c) Das Ergebnis **ändert sich nicht**, wenn Minuend und Subtrahend um den gleichen Wert vergrößert werden.

44 a) $134\,002 - 11\,101 \approx 134\,000 - 11\,000 = 123\,000$
Nur **122 901** kommt als Ergebnis infrage.

b) Rundet man hier jeweils auf ganze Tausender, so reduziert man den Minuenden um fast 500 und vergrößert den Subtrahenden um ebenfalls fast 500. Die Überschlagsrechnung würde dadurch einen Wert liefern, der um fast 1 000 unterhalb des korrekten Ergebnisses liegt:
$11\,472 - 9\,515 \approx 11\,000 - 10\,000 = 1\,000$
Diese Überschlagsrechnung würde auf 1 257 als korrektes Ergebnis hindeuten, was aber falsch ist.

Eine etwas genauere Überschlagsrechnung zeigt, dass **1 957** die richtige Lösung ist:
$11\,472 - 9\,515 \approx 11\,500 - 9\,500 = 2\,000$

c) $170\,103 - 121\,872 + 9\,909 \approx 170\,000 - 122\,000 + 10\,000$
$= 48\,000 + 10\,000 = 58\,000$
Das korrekte Ergebnis lautet offenbar **58 140**.

45 Wenn du mit dem Aufstellen einer passenden Umkehraufgabe noch Schwierigkeiten hast, kannst du die Aufgabe zunächst am Zahlenstrahl veranschaulichen. Auf dieses Hilfsmittel solltest du im Laufe der Zeit aber verzichten können.

a) Umkehraufgabe: $200 - 129 = \square$ Lösung: $\square = $ **71** **K**

b) Umkehraufgabe: $499 - 321 = x$ Lösung: $x = $ **178** **R**

c) Umkehraufgabe: $100 + 73 = x$ Lösung: $x = $ **173** **E**

d) Umkehraufgabe: $112 + 111 = \square$ Lösung: $\square = $ **223** **T**

e) Zuerst berechnet man die rechte Seite der Gleichung:
$200 - 175 = 43$

Die Gleichung lautet also:
$29 + \square = 43$

Umkehraufgabe: $43 - 29 = \square$ Lösung: $\square = $ **14** **A**

Lösungswort: **KRETA** Kreta ist eine griechische Insel.

46 a) $x+74=134$
Umkehraufgabe: $134-74=x$ Lösung: $x=$ **60**

b) $124-\square=33$
Umkehraufgabe: $124-33=\square$ Lösung: $\square=$ **91**

47 a) 97 531 – 24 680 = **72 851**

b) 1 000 000 – 97 107 = **902 893**

c) 20 907 297 – 1 000 000 = **19 907 297**

d) 1 000 000 000 – 37 629 825 = **962 370 175**

e) Es wird zunächst der Abstand zwischen 2 087 und 3 903 ermittelt:
3 903 – 2 087 = 1 816
Die gesuchte Zahl liegt 1 816 : 2 = 908 Schritte rechts von 2 087 bzw. links von 3 903:
2 087 + 908 = **2 995** bzw. 3 903 – 908 = **2 995**

48 a) $\underbrace{(302-198)}_{\text{1. Summand}}+\underbrace{(431-341)}_{\text{2. Summand}}=104+90=\mathbf{194}$

Der Term ist eine **Summe**.

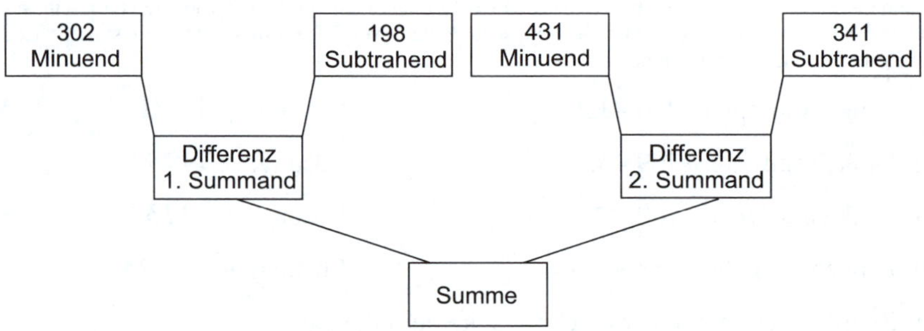

b) $\underbrace{(132-62)+131}_{\text{Minuend}}-\underbrace{(321-216)}_{\text{Subtrahend}}=70+131-105=201-105=\mathbf{96}$

Der Term ist eine **Differenz**.

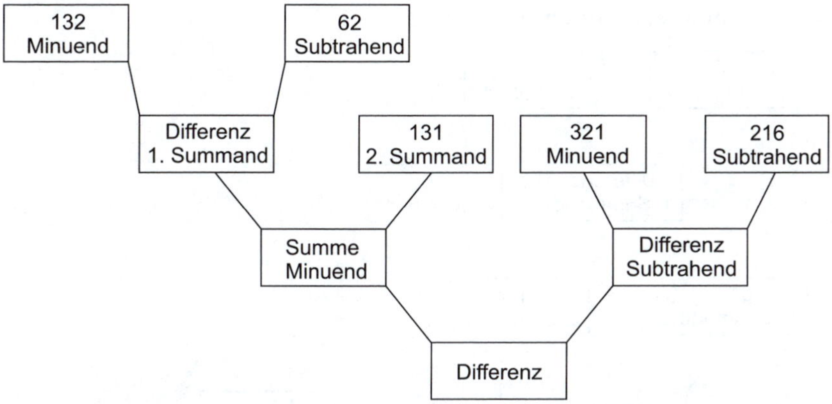

c) $\underbrace{(993+117)}_{\text{Minuend}}-\underbrace{((879-234)-395)}_{\text{Subtrahend}}=1110-(645-395)=1110-250=\mathbf{860}$

Der Term ist eine **Differenz**.

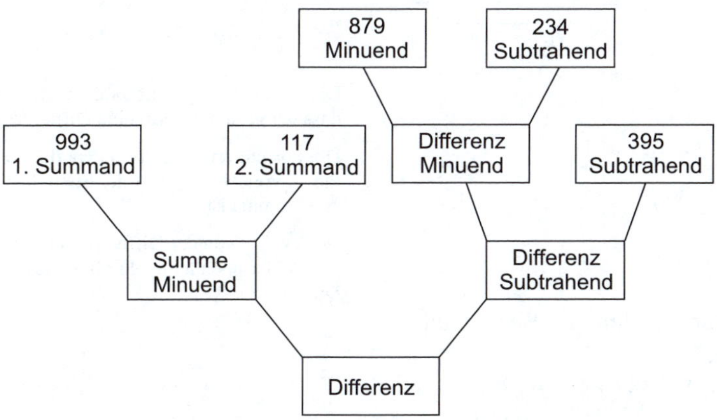

d) $\underbrace{51+(525-104+96)}_{\text{Minuend}}-\underbrace{76}_{\text{Subtrahend}}=51+(421+96)-76=51+517-76$

$=568-76$

$=\mathbf{492}$

Der Term ist eine **Differenz**.

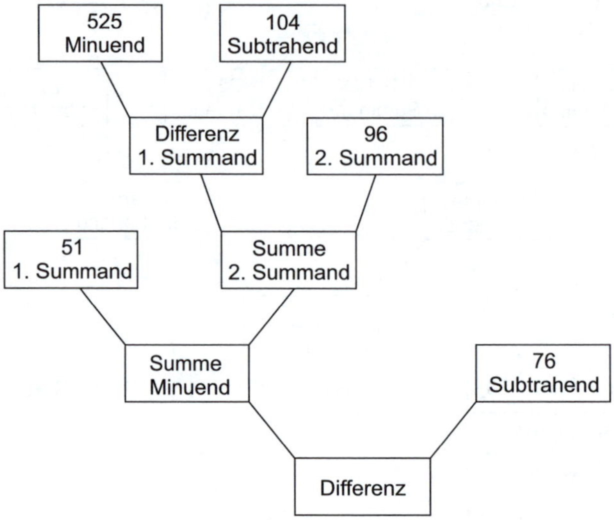

49 a) _____ – _____

Die Aufforderung „Subtrahiere …“ zeigt, dass der gesamte Term eine Differenz ist.

_____ – (_____ + _____)

Die Formulierung „Subtrahiere die Summe … von“ verrät, dass der Subtrahend eine Summe ist.

(_____ – _____) – (_____ + _____)

Wegen „… von der Differenz der Zahlen …“ ist der noch fehlende Minuend eine Differenz.

Einsetzen der Zahlen und Berechnen des Terms:

$(1\,024-299)-(387+168)=725-555$

$=\mathbf{170}$

b) (_____ – _____) + (_____ – _____)

$(87-45)+(166-34)=42+132=\mathbf{174}$

Hier geht es um eine Summe, deren zwei Summanden jeweils Differenzen sind.

c) (_____ – _____) – (_____ – _____)

$(154-45)-(89-24)=109-65=\mathbf{44}$

Hier geht es um eine Differenz, bei der Minuend und Subtrahend jeweils selbst Differenzen sind.

50 Der Termwert wird minimal, wenn möglichst viel abgezogen wird. Durch geeignet gesetzte Klammern kann man erreichen, dass die beiden Zahlen hinter den Pluszeichen auch abgezogen werden:

$$\begin{aligned} 2\,945-(1\,833+302+89)-213-115 &= 2\,945-2\,224-213-115 \\ &= 721-213-115 \\ &= 508-115 \\ &= \mathbf{393} \end{aligned}$$

Man erhält den maximalen Termwert, wenn möglichst wenig abgezogen wird. Das lässt sich erreichen, indem die Zahl 213 vor dem Abziehen durch geeignetes Klammersetzen um 115 verkleinert wird. Dadurch wird nur $213-115=98$ abgezogen:

$$\begin{aligned} 2\,945-1\,833+302+89-(213-115) &= 1\,112+302+89-98 \\ &= 1\,414+89-98 \\ &= 1\,503-98 \\ &= \mathbf{1\,405} \end{aligned}$$

51 a)

$$\begin{aligned} &3\,500+883+500+17 \\ &=(3\,500+500)+(883+17) \\ &=4\,000+900 \\ &=\mathbf{4\,900} \end{aligned}$$

Kommutativ- und Assoziativgesetz

b)

$$\begin{aligned} &13+205-100+95 \\ &=205+95-100+13 \\ &=300-100+13 \\ &=\mathbf{213} \end{aligned}$$

Kommutativgesetz

52 a) Mit Klammern:
$212+(253-111)=212+142=\mathbf{354}$
Ohne überflüssige Klammern:
$212+253-111=465-111=\mathbf{354}$

Vor der Klammer steht kein Minuszeichen. Deshalb kannst du die Klammern weglassen, ohne dass sich der Wert des Terms ändert.

b) Mit Klammern:
$205-(100-27)=205-73=\mathbf{132}$
Die Klammer kann nicht weggelassen werden, da ein Minuszeichen vor der Klammer steht und sich dadurch der Wert des Terms ändern würde.

c) Mit Klammern:
$82+\{(98-67)-10\}-5=82+\{31-10\}-5=82+21-5=103-5=\mathbf{98}$
Ohne überflüssige Klammern:
$82+98-67-10-5=180-67-10-5=113-10-5=103-5=\mathbf{98}$

d) Mit Klammern:

$$
\begin{aligned}
234+\{99-[(66-11)-22]-33\} &= 234+\{99-[55-22]-33\}\\
&= 234+\{99-33-33\}\\
&= 234+\{66-33\}\\
&= 234+33\\
&= \mathbf{267}
\end{aligned}
$$

Ohne überflüssige Klammern:

$$
\begin{aligned}
&234+99-[66-11-22]-33\\
&=333-[55-22]-33\\
&=333-33-33\\
&=300-33\\
&=\mathbf{267}
\end{aligned}
$$

Vor der runden und der geschweiften Klammer steht kein Minuszeichen, also kannst du diese Klammern weglassen. Vor der eckigen Klammer steht ein Minuszeichen, diese Klammer darfst du nicht weglassen.

53 a)

$$
\begin{aligned}
105+298+(52+100)+45 &= 105+298+52+100+45\\
&= 105+45+298+52+100\\
&= (105+45)+(298+52)+100\\
&= 150+350+100\\
&= \mathbf{600}
\end{aligned}
$$

G

b)

$$
\begin{aligned}
312+(44+(36+38))+(64+6) &= (312+38)+(44+36)+(64+6)\\
&= 350+80+70\\
&= 350+(80+70)\\
&= 350+150\\
&= \mathbf{500}
\end{aligned}
$$

E

c)

$$
\begin{aligned}
264+(328+264)+(507+201) &= (264+201)+(328+507)+264\\
&= 465+835+264\\
&= 1\,300+264\\
&= \mathbf{1\,564}
\end{aligned}
$$

S

d) $925-137+225+337=(925+225)+(337-137)=1\,150+200=\mathbf{1\,350}$ **E**

e) $924+385-624+115=(924-624)+(385+115)=300+500=\mathbf{800}$ **T**

f)

$$
\begin{aligned}
2\,076+2\,593-1\,800+624-343 &= (2\,076+624)+(2\,593-343)-1\,800\\
&= 2\,700+2\,250-1\,800\\
&= 4\,950-1\,800\\
&= \mathbf{3\,150}
\end{aligned}
$$

Z

Lösungswort: **GESETZ**

54 a) Tim wollte das Kommutativgesetz anwenden, hat aber übersehen, dass die einzelnen Zahlen nur dann ausgetauscht werden dürfen, wenn es sich bei dem Term um eine reine Summe handelt. Hier hätte er das Minuszeichen vor der 3 mitnehmen müssen:

$97+16\mathbf{-3}=97\mathbf{-3}+16=94+16=110$

Allerdings ergibt sich in diesem Fall durch das Kommutativgesetz kein nennenswerter Rechenvorteil. Tim hätte auch einfach von links nach rechts rechnen können:
$97+16-3=113-3=110$

b) Hier hat Tim übersehen, dass das Assoziativgesetz nur bei reinen Summen angewendet werden darf. Durch das falsche Setzen der Klammern werden von 237 sowohl 64 als auch 36 subtrahiert – obwohl nur 64 subtrahiert und 36 addiert werden soll. Einfacher ist es, die Rechnung ohne Klammersetzung zu bearbeiten:

$237-64+36=173+36=209$

Wenn Tim die Klammern unbedingt setzen will, muss er das Rechenzeichen vor der 36 austauschen:
$237-64+36=237-(64\mathbf{-}36)=237-28=209$

c) Wieder hat Tim das Assoziativgesetz auf einen Term angewendet, der keine reine Summe ist. Lässt er die Klammer einfach weg, so wird die 22 abgezogen. Tatsächlich soll sie aber die 133 vor dem Abziehen von 333 reduzieren, was den Termwert erhöht. Tim hätte deshalb beim Weglassen der Klammer das Minuszeichen vor der 22 durch ein Pluszeichen ersetzen müssen:

$333-(133-22)=333-133\mathbf{+}22=200+22=222$

55 Sabine zerlegt den Subtrahenden 113 in Hunderter, Zehner und Einer und subtrahiert diese nacheinander. Sie rechnet also:

$383-113=383-(100+10+3)=383-100-10-3=283-10-3=273-3=270$

56 a) Carl Friedrich hat erkannt, dass sich die zehn Summanden durch Anwendung des Kommutativ- und des Assoziativgesetzes so zu fünf Paaren umstellen lassen, dass alle fünf Paare die gleiche Summe 11 ergeben:

$$\begin{aligned}&1+2+3+4+5+6+7+8+9+10\\&=1+10+2+9+3+8+4+7+5+6\\&=(1+10)+(2+9)+(3+8)+(4+7)+(5+6)\\&=11+11+11+11+11=\mathbf{55}\end{aligned}$$

Es ist die Anekdote überliefert, dass im Jahr 1786 dem damals 9-jährigen Mathematiker Carl Friedrich Gauß von seinem Lehrer die Aufgabe gestellt wurde, die Zahlen von 1 bis 100 zu addieren. Sehr zum Erstaunen des Lehrers konnte der kleine Carl Friedrich das Ergebnis mithilfe geschickter Paarbildung innerhalb kürzester Zeit nennen.

b) Durch Anwendung von Kommutativ- und Assoziativgesetz können 50 Zahlenpaare mit gleichem Wert gebildet werden:

$$1+2+3+4+\ldots+49+50+51+52+\ldots+97+98+99+100$$
$$=(1+100)+(2+99)+(3+98)+(4+97)+\ldots+(49+52)+(50+51)$$
$$=\underbrace{101+101+101+101+\ldots+101+101}_{50\text{ Mal}}$$
$$=50\cdot 101$$
$$=\mathbf{5050}$$

c) Weil 19 eine ungerade Zahl ist, lassen sich die 19 Summanden nicht wie in den Teilaufgaben a und b in lauter Zahlenpaare mit gleichem Wert aufteilen. Das Verfahren von Carl Friedrich Gauß kann dennoch angewendet werden, es bleibt aber eine Zahl – nämlich die **10** – übrig, die für das Gesamtergebnis berücksichtigt werden muss:

$$1+2+3+4+5+6+7+8+9+10+11+12+13+14+15+16+17+18+19$$
$$=(1+19)+(2+18)+(3+17)+(4+16)+(5+15)$$
$$+(6+14)+(7+13)+(8+12)+(9+11)+\mathbf{10}$$
$$=\underbrace{20+20+\ldots+20}_{9\text{ Mal}}+\mathbf{10}$$
$$=9\cdot 20+\mathbf{10}$$
$$=180+\mathbf{10}$$
$$=\mathbf{190}$$

57 Alle sechs Zahlen gehören zu den ganzen Zahlen $\mathbb{Z}$, aber nur 2, 7 und 100 000 gehören zu den natürlichen Zahlen $\mathbb{N}$.

Denke daran, dass die Null keine natürliche Zahl ist!

58 Tom hat **nicht recht**, weil 0 nicht in der Menge der natürlichen Zahlen enthalten ist. Die kleinste natürliche Zahl ist die 1.
Flo hat ebenfalls **nicht recht**, weil die Menge der ganzen Zahlen auch alle natürlichen Zahlen enthält. Die natürlichen Zahlen sind positiv und deswegen größer als –1.
Ina hat **recht**, weil die Menge der ganzen Zahlen alle natürlichen Zahlen enthält.

59 a) Als negative Zahl ist –17 weder in $\mathbb{N}$ noch in $\mathbb{N}_0$ enthalten: $-17 \in \mathbb{Z}$

b) Die Null ist zwar keine natürliche Zahl, aber trotzdem in zwei der Zahlenmengen enthalten: $0 \in \mathbb{Z}$ und $0 \in \mathbb{N}_0$

c) Als natürliche Zahl ist 7 in allen drei Zahlenmengen enthalten:
$7 \in \mathbb{Z}$ und $7 \in \mathbb{N}_0$ und $7 \in \mathbb{N}$

60 a) Die drei Punkte in {–4; –3; –2; …} deuten an, dass diese **Zahlenmenge** zusätzlich zu den aufgeführten drei Zahlen noch **unendlich viele weitere Zahlen** enthält. Weil –4, –3 und –2 direkt aufeinanderfolgen, stehen die drei Punkte für sämtliche folgende Zahlen. Die Zahlenmenge enthält daher auch die Null: 0 ∈ {–4; –3; –2; …}

b) Wieder deuten die drei Punkte an, dass die Zahlenmenge weitere Zahlen enthält. Da zwischen den drei aufgeführten Zahlen jeweils eine Zahl fehlt, stehen die drei Punkte für die unendlich vielen Zahlen **–7, –5, –3, –1, 1, 3, …**
Die Null ist somit in der angegebenen Zahlenmenge nicht enthalten:
0 ∉ {–7; –5; –3; …}

61 Der Betrag einer Zahl gibt ihren Abstand zur Null an – unabhängig davon, ob die Zahl positiv oder negativ ist.

a) **+5** und **–5**

Gesucht werden die Zahlen, die 5 Längeneinheiten von der Null entfernt sind.

b) **+18** und **–18**

Gesucht werden die Zahlen, die 18 Längeneinheiten von der Null entfernt sind.

c) **0**

Es gibt nur eine Zahl, die 0 Längeneinheiten von der Null entfernt ist: die Null selbst.

d) Der Abstand einer Zahl zur Null ist nie negativ. Daher kann der Betrag einer Zahl nie negativ sein und es gibt **keine Zahl**, die diese Bedingung erfüllt.

62 a) Von –2 bis 0 sind es 2 Längeneinheiten, von 0 bis 8 noch einmal 8, insgesamt also **10** Längeneinheiten.

b) Von –30 bis 0 sind es 30 Längeneinheiten, von 0 bis 240 noch einmal 240, insgesamt also **270** Längeneinheiten.

c) Hier liegen beide Zahlen links von 0. Auf der negativen Seite sind die Abstände von einer Zahl zur nächsten genauso groß wie auf der positiven Seite. Der Abstand zwischen –9 und –4 ist daher genauso groß wie der Abstand zwischen 4 und 9. Die Zahlen sind also **5** Längeneinheiten voneinander entfernt.

d) Die Gegenzahl von 8 ist –8. Die Entfernung zwischen –8 und –6 beträgt **2** Längeneinheiten.

63 a)

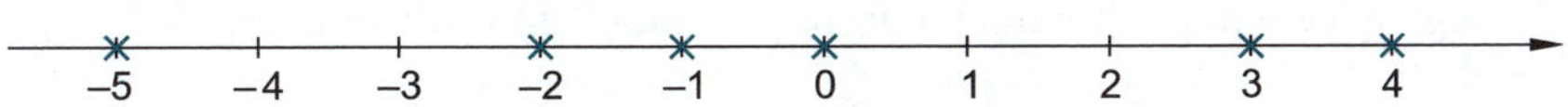

b)

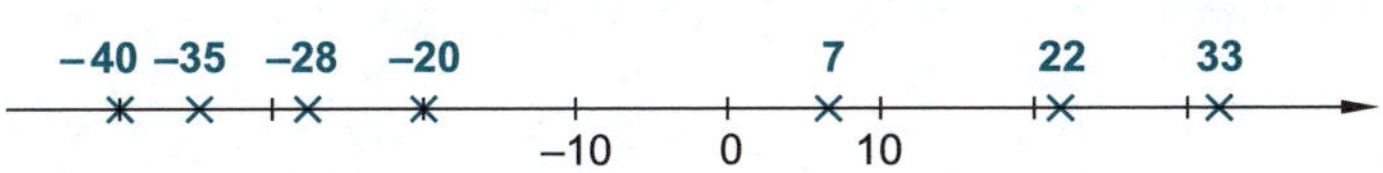

c)

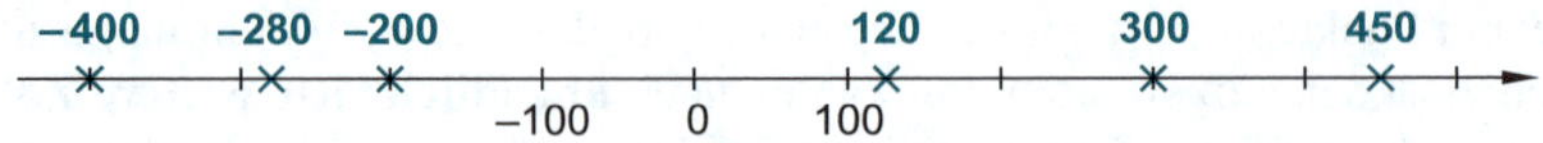

d)

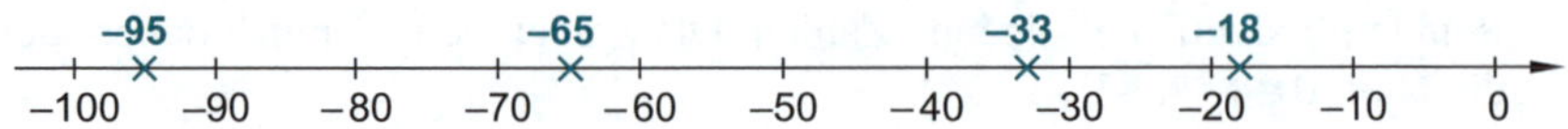

64 a) Von einem großen zum nächsten großen Skalenstrich sind es 5 Längeneinheiten. Von einem kleinen zum nächsten kleinen Skalenstrich ist es dann eine Längeneinheit. Beschrifte erst einige große Skalenstriche, dann fällt dir das Ablesen leichter.

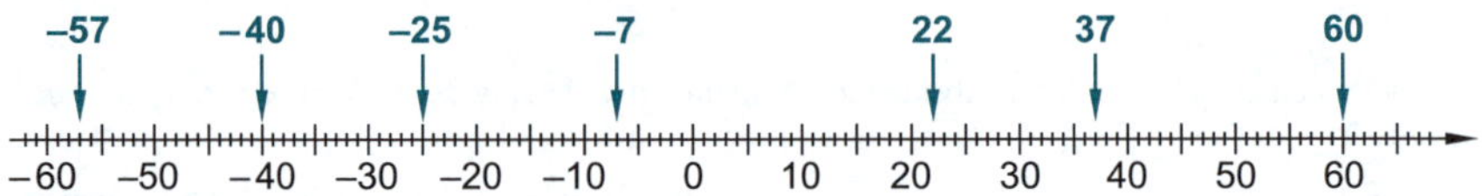

b) Von einem großen Skalenstrich zum nächsten sind es 10 Längeneinheiten. Von einem kleinen Skalenstrich zum nächsten sind es daher 2 Längeneinheiten.

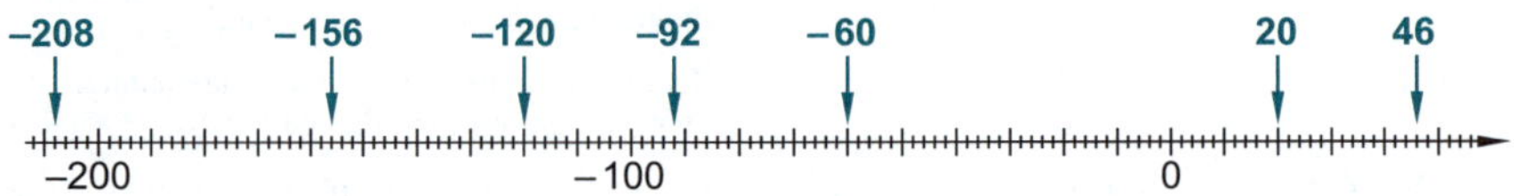

65 a) Für die Teilermenge von 5 gilt: T(5) = {1; 5}
Also müssen folgende Zahlen eingetragen werden: {–5; –1; 1; 5}

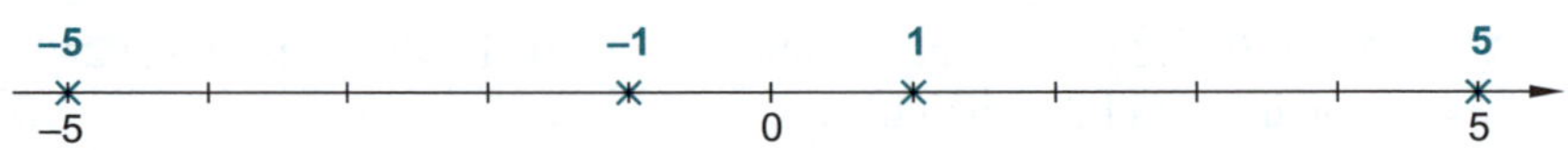

b) Die Gegenzahlen aller negativen Zahlen sind die natürlichen Zahlen. Die natürlichen Zahlen, deren Betrag kleiner als 5 ist, sind: {1; 2; 3; 4}

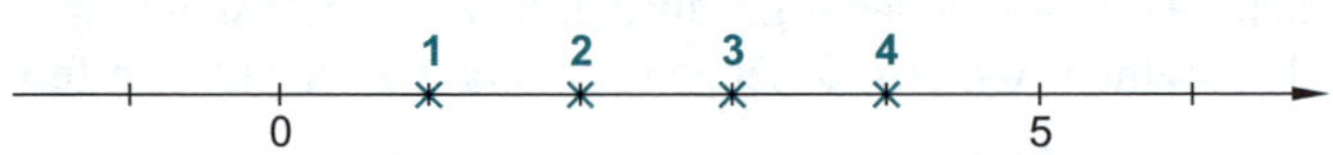

c) Der Abstand einer Zahl zu ihrer Gegenzahl ist doppelt so groß wie der Betrag der Zahl. Da der Abstand zur Gegenzahl kleiner als 6 und die Zahl außerdem negativ sein muss, kommen nur die Zahlen –2 und –1 infrage.

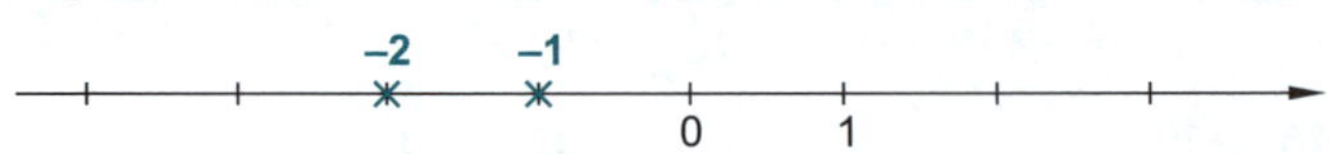

66 a) 26 °C: $|26|=\mathbf{26}$ b) –5 °C: $|-5|=\mathbf{5}$

c) –17 °C: $|-17|=\mathbf{17}$ d) 0 °C: $|0|=\mathbf{0}$

67 a) „Gleicher Abstand zur Null“ bedeutet, dass die Beträge der Zahlen übereinstimmen: $\mathbf{|-8|=|8|}$

b) „Weiter entfernt von der Null“ bedeutet, die entsprechende Zahl hat den größeren Betrag: $\mathbf{|-10|>|3|}$

c) „Näher an der Null“ bedeutet, der Betrag dieser Zahl ist kleiner: $\mathbf{|5|<|-7|}$

68 Bei negativen Zahlen ist der Vorgänger einer Zahl vom Betrag her größer als die Zahl selbst.

Vorgänger	Zahl	Nachfolger
8	9	10
–6	–5	–4
–1	0	1
–188	–187	–186
8 998	8 999	9 000
–99 000 000	–98 999 999	–98 999 998

69 a) Die positiven Zahlen lassen sich leicht sortieren:
$5<8$
Die negativen Zahlen liefern:
$-8<-3<-1$
Ungleichungskette:
$\mathbf{-8<-3<-1<0<5<8}$

Vergiss nicht, die Null einzufügen.

b) Die positiven Zahlen liefern:
$5<8<9$
Die negativen Zahlen liefern:
$-24<-23<-16<-12$
Ungleichungskette:
$\mathbf{-24<-23<-16<-12<5<8<9}$

c) Der Betrag einer Zahl ist immer positiv: $|69|=69$, $|-67|=67$. Diese Zahlen müssen bei den restlichen positiven Zahlen eingeordnet werden:
$10<|-67|<|69|<76<79$
Die negativen Zahlen liefern:
$-79<-78<-65$
Ungleichungskette:
$\mathbf{-79<-78<-65<10<|-67|<|69|<76<79}$

d) Die positiven Zahlen liefern:
$|388| < 389 < |-390|$
Die negativen Zahlen liefern:
$-390 < -389 < -388 < -387$
Ungleichungskette:
$\mathbf{-390 < -389 < -388 < -387 < |388| < 389 < |-390|}$

70 a) –~~83~~2 ~~7~~45 liefert: **– 245**

Von zwei negativen Zahlen ist diejenige größer, die den kleineren Betrag hat.

b) – ~~6~~03 ~~74~~1 liefert: **– 31**

Beginnt eine Zahl mit der Ziffer 0, so hat diese keinen Einfluss auf den Wert der Zahl.

71 Chronologisch sortieren bedeutet, dass zuerst die am längsten zurückliegenden Jahreszahlen aufgeschrieben werden.

Jahreszahlen „vor Christi Geburt“:
776 v. Chr., 753 v. Chr., 333 v. Chr., 44 v. Chr.

Die Jahreszahlen „vor Christi Geburt“ stellen negative Zahlen dar. Je größer der Betrag der Zahl ist, desto weiter liegt das Jahr zurück.

Jahreszahlen „nach Christi Geburt“:
79 n. Chr., 125 n. Chr., 800 n. Chr., 1 000 n. Chr.

Insgesamt:
776 v. Chr., 753 v. Chr., 333 v. Chr., 44 v. Chr., 79 n. Chr., 125 n. Chr., 800 n. Chr., 1 000 n. Chr.

Damit erhält man die folgende Zuordnung:
Erste Olympische Spiele: **776 v. Chr.**
Gründung Roms: **753 v. Chr.**
Schlacht bei Issos: **333 v. Chr.**
Ermordung Caesars: **44 v. Chr.**
Vesuvausbruch: **79 n. Chr.**
Bau des Hadrianswalls: **125 n. Chr.**
Krönung Karls des Großen: **800 n. Chr.**
Wikinger in Amerika: **1 000 n. Chr.**

72 a) **{…, –7, –6, –5, –4, –3, –2}**

Zahlen, die kleiner als –1 sind, liegen auf der Zahlengeraden links von –1. Das sind unendlich viele Zahlen.

b) **{–4, –3, –2, –1, 0, 1, 2, …}**

Alle Zahlen, die auf der Zahlengeraden rechts von –5 liegen, sind größer als –5. Es gibt unendlich viele solche Zahlen.

c) **{–2, –1, 0, 1, 2, 3, 4, 5}**

Die Zahlen müssen rechts von –3 liegen und gleichzeitig nicht weiter rechts als +5.

d) $\{-4, -3, -2, -1, 0, 1, 2, 3, 4\}$

Gesucht sind alle ganzen Zahlen, die von der Null weniger als 5 Längeneinheiten entfernt sind.

e) $\{\ldots, -7, -6, -5, 5, 6, 7, \ldots\}$

Die Zahlen müssen mehr als 4 Längeneinheiten von der Null entfernt sein.

f) $\{\ldots, -4, -3, -2, -1, 0, 1, 2, 3, \ldots\} = \mathbb{Z}$

Der Betrag einer Zahl ist immer positiv oder 0. Deshalb kann man für x sämtliche Zahlen einsetzen.

73 a) Alle markierten Zahlen liegen rechts von 1, also gilt $\square > \mathbf{1}$ oder $\square \geq \mathbf{2}$.

b) Alle markierten Zahlen liegen links von –2, also gilt $\square < \mathbf{-2}$ oder $\square \leq \mathbf{-3}$.

c) Alle markierten Zahlen liegen zwischen –5 und 4: $\mathbf{-5} < \square < \mathbf{4}$ oder $\mathbf{-4} \leq \square \leq \mathbf{3}$ oder $\mathbf{-4} \leq \square < \mathbf{4}$ oder $\mathbf{-5} < \square \leq \mathbf{3}$

d) Alle markierten Zahlen liegen zwischen –3 und 6: $\mathbf{-3} < \square < \mathbf{6}$ oder $\mathbf{-2} \leq \square \leq \mathbf{5}$ oder $\mathbf{-3} < \square \leq \mathbf{5}$ oder $\mathbf{-2} \leq \square < \mathbf{6}$

e) Der Abstand der markierten Zahlen zur Null ist größer als 3: $|\square| > \mathbf{3}$ oder $|\square| \geq \mathbf{4}$

74 Lenas Behauptung ist **falsch**. Auf der Zahlengeraden liegt die Zahl –5 weiter rechts als die Zahl –15, deshalb ist –5 **größer** als –15.

75 a) $14 + 88 = \mathbf{102}$

b) $-25 + 14 = -(25 - 14) = \mathbf{-11}$

c) $-34 + 120 = 120 - 34 = \mathbf{86}$

d) $-298 + 189 = -(298 - 189) = \mathbf{-109}$

e) $-1\,194 + 1\,092 = -(1\,194 - 1\,092) = \mathbf{-102}$

f) $-942 + 3\,844 = 3\,844 - 942 = \mathbf{2\,902}$

76 In allen vier Teilaufgaben ist nur das vor der Klammer stehende Plus- bzw. Minuszeichen ein Rechenzeichen – in allen anderen Fällen handelt es sich um Vorzeichen.

a) $-27 - (-47) = -27 \mathbf{+} 47 = 47 - 27 = \mathbf{20}$

b) $-37 + (-24) = -37 \mathbf{-} 24 = \mathbf{-61}$

c) $-838 + (+382) = -838 \mathbf{+} 382 = -(838 - 382) = \mathbf{-456}$

d) $-3\,898 - (-291) = -3\,898 \mathbf{+} 291 = -(3\,898 - 291) = \mathbf{-3\,607}$

77 a) $-8-9=-(8+9)=\mathbf{-17}$

b) $150-134=\mathbf{16}$

c) $28-98=-(98-28)=\mathbf{-70}$

d) $88-338=-(338-88)=\mathbf{-250}$

e) $-77-372=-(77+372)=\mathbf{-449}$

f) $-8\,288-9\,392=-(8\,288+9\,392)=\mathbf{-17\,680}$

78 Jede der vier Aufgaben enthält genau ein Rechenzeichen, das jeweils direkt vor der Klammer steht. Die anderen Zeichen sind Vorzeichen.

a) $24-(+36)=24\mathbf{-}36=-(36-24)=\mathbf{-12}$

b) $94+(-298)=94\mathbf{-}298=-(298-94)=\mathbf{-204}$

c) $-259-(+198)=-259\mathbf{-}198=-(259+198)=\mathbf{-457}$

d) $-3\,398+(-22\,528)=-3\,398\mathbf{-}22\,528=-(3\,398+22\,528)=\mathbf{-25\,926}$

79 a) 31, 24, 17, 10, **3, –4, –11**

Jede Zahl ist um 7 kleiner als die vorhergehende Zahl. Es folgen deshalb die Zahlen $10-7=3$, $3-7=-4$ und $-4-7=-11$.

b) –15, –11, –7, **–3, 1, 5**

Jede Zahl ist um 4 größer als die vorhergehende Zahl. Die folgenden drei Zahlen sind daher $-7+4=-3$, $-3+4=1$ und $1+4=5$.

80 a) $-57-(-113)=-57\mathbf{+}113=113-57=\mathbf{56}$

b) $(+4)+(-8)=4\mathbf{-}8=-(8-4)=\mathbf{-4}$

c) $-(+234)-(-76)=\mathbf{-}234\mathbf{+}76=-(234-76)=\mathbf{-158}$

d) $+(+8\,987)-(-987)=8\,987\mathbf{+}987=\mathbf{9\,974}$

81 Steht in einer Klammer ein ganzer Rechenausdruck, so musst du diesen zunächst ausrechnen. Erst wenn in der Klammer nur noch eine Zahl steht, darfst du die Klammer auflösen und dabei möglicherweise Rechen- und Vorzeichen kombinieren.

a) $-73-(-15+22)=-73-(+7)=-73-7=-(73+7)=\mathbf{-80}$

b) $$\begin{aligned}-125+[-18+(-53-17)] &= -125+[-18+(-70)]\\ &= -125+[-18-70]\\ &= -125+[-88]\\ &= -125-88\\ &= \mathbf{-213}\end{aligned}$$

c) $-(86-119)-[43+(-68)]=-(-33)-[43-68]=33-[-25]=33+25=$ **58**

d) $-14-(24-34)-44=-14-(-10)-44=-14+10-44=-4-44=$ **−48**

82 a) Die beiden Ausdrücke **links** und der Ausdruck **rechts oben** haben jeweils das **gleiche Ergebnis**. Die verbleibenden Ausdrücke in der **Mitte** und der Ausdruck **rechts unten** haben ebenfalls jeweils das gleiche Ergebnis.

Begründung (nicht gefragt):

$1\,777+(-3\,811)$	
$=1\,777-3\,811$	Rechen- und Vorzeichen kombinieren
$=-3\,811+1777$	Kommutativgesetz (Minuszeichen mitnehmen!)
$-1\,777-(-3\,811)$	
$=-1\,777+3\,811$	Rechen- und Vorzeichen kombinieren
$=3\,811-1\,777$	Kommutativgesetz

b) Die beiden Ausdrücke **links** und der Ausdruck **rechts unten** haben jeweils das **gleiche Ergebnis**. Die verbleibenden Ausdrücke in der **Mitte** und der Ausdruck **rechts oben** haben ebenfalls jeweils das gleiche Ergebnis.

Begründung (nicht gefragt):

$-486-(-579)$	
$=-486+579$	Rechen- und Vorzeichen kombinieren
$=579+(-486)$	Kommutativgesetz
$-579+(-486)$	
$=-579-486$	Rechen- und Vorzeichen kombinieren
$=-(+579+486)$	

83

a) $-565\,\boxed{-}\,(-25)=-540$	Da −565 weiter links von der Null liegt als −540, muss eine positive Zahl addiert bzw. eine negative Zahl subtrahiert werden.
b) $\boxed{-}\,217+(+176)=-41$	Obwohl mit +(+176) eine positive Zahl addiert wurde, ist das Ergebnis negativ. Deshalb muss der Minuend auf jeden Fall negativ sein.
c) $(-107\,\boxed{+}\,139)+178=210$	Von 178 bis 210 fehlt 32. Die Klammer muss diesen Betrag liefern.
d) $364\,\boxed{+}\,(-11)=353$	
e) $82\,\boxed{+}\,(-53\,\boxed{-}\,44)=-15$	Da das Ergebnis negativ ist, muss von 82 eine größere Zahl abgezogen werden. Dies erreichst du durch das Addieren einer negativen Zahl.
f) $-105\,\boxed{+}\,(-72)=\boxed{-}\,177$	

84 a) $-185+(\boxed{})=-176$

Schreibe zunächst die passende Gleichung auf.

$-185+(\boxed{9})=-176$

Die gesuchte Zahl ist **9**.

b) $146-(\boxed{})=200$

$146-(\boxed{-54})=200$

Die gesuchte Zahl ist **–54**.

c) $\boxed{}+(-76)=-50$

$\boxed{}-76=-50$

$\boxed{26}-76=-50$

Die gesuchte Zahl ist **26**.

d) $\boxed{}-(-105)=25$

$\boxed{}+105=25$

$\boxed{-80}+105=25$

Die gesuchte Zahl ist **–80**.

85 Überlege zunächst, wie du von der gegebenen Zahl links vom Gleich¬heitszeichen zur Zahl rechts vom Gleichheitszeichen kommst, ohne dabei auf das Rechen- bzw. Vorzeichen vor der Lücke zu achten. Um die gesuchte Zahl zu ermitteln, musst du anschließend das zunächst nicht berücksichtigte Rechen- bzw. Vorzeichen in deine Überlegung einbeziehen.
Überlege bei den Teilaufgaben c bis f jeweils zuerst, welche beiden Zahlen den auf der rechten Seite des Gleichheitszeichens geforderten Betrag haben. Betrachte anschließend die beiden Fälle getrennt.

a) Um auf der Zahlengeraden von 335 zu 275 zu gelangen, muss man $335-275=60$ Schritte nach links laufen. Von 335 muss also 60 subtrahiert werden, um 275 zu erhalten. Da vor der Lücke bereits ein Minuszeichen steht, gehört in die Lücke **+60**.

b) Von –1 024 bis +512 sind es auf der Zahlengeraden $1\,024+512=1\,536$ Schritte nach rechts. Zu –1 024 muss deshalb entweder 1 536 addiert werden oder es muss –1 536 subtrahiert werden. Weil vor der Klammer ein Minuszeichen steht, gehört in die Klammer **–1 536**.

c) Die Zahlen mit Betrag 3 sind +3 und –3. Im ersten Fall sucht man also eine Zahl, zu der man 5 addieren muss, um +3 zu erhalten. Es handelt sich um die **–2**. Im zweiten Fall sucht man eine Zahl, zu der man 5 addieren muss, um –3 zu erhalten. Hierbei handelt es sich um die **–8**.

d) Die Zahlen mit Betrag 6 sind +6 und −6. In die Lücke muss man im ersten Fall **3** und im zweiten Fall **15** einsetzen, da $9-3=6$ und $9-15=-6$ gilt.

e) Der Term zwischen den Betragsstrichen muss entweder +13 oder −13 ergeben. In die Lücke muss man daher im ersten Fall **66** und im zweiten Fall **92** einsetzen, weil $79-66=13$ und $79-92=-13$ gilt.

f) Diese Aufgabe ist nicht lösbar, weil der Betrag links vom Gleichheitszeichen nicht negativ sein kann.

86 a) $[1\,001-(-31)]-[-22+263]=[1\,001+31]-241=1\,032-241=\mathbf{791}$

b) $[-37-(-19)]+[13-(-23)] = [-37+19]+[13+23]=-18+36=\mathbf{18}$

c) $[-33+47]-[-33-47]=14-[-80]=14+80=\mathbf{94}$

87 a)

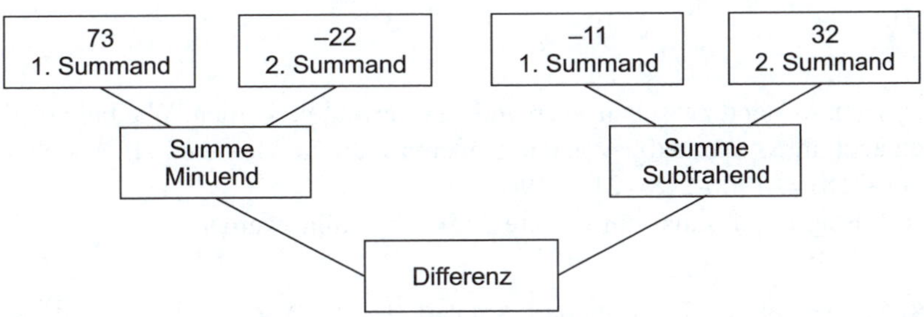

$[73+(-22)]-(-11+32)$
$=[73-22]-(32-11)$
$=51-21$
$=\mathbf{30}$

b)

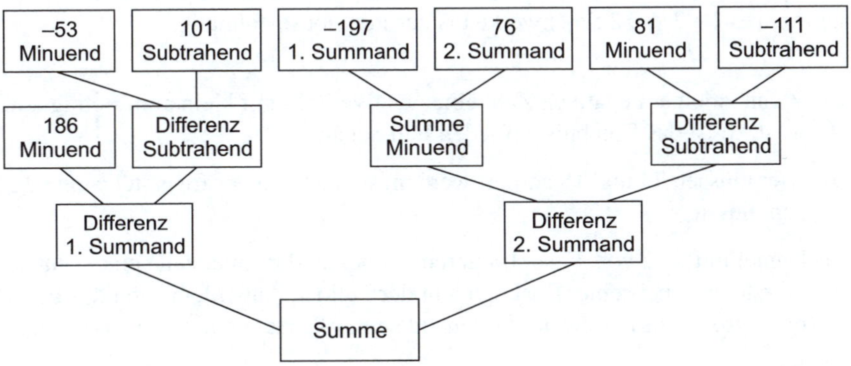

$$\begin{aligned}
&[186-(-53-101)]+[(-197+76)-(81-(-111))]\\
&=[186-(-(53+101))]+[-(197-76)-(81+111)]\\
&=[186-(-154)]+[-121-192]\\
&=[186+154]+[-(121+192)]\\
&=340+(-313)\\
&=340-313\\
&=\mathbf{27}
\end{aligned}$$

88
$$\begin{aligned}
-317+71-183-33+177 &= -246-183-33+177\\
&=-429-33+177\\
&=-462+177\\
&=\mathbf{-285}
\end{aligned}$$

Das U-Boot befindet sich bei der Übergabe in einer Tiefe von **–285 m**, also 285 m unter dem Meeresspiegel.

Du kannst die notwendigen Rechnungen mit reinen Zahlen durchführen und erst in der Antwort die Einheit Meter anfügen.

89 Es muss der Abstand zwischen –196 und –218 ermittelt werden. Wie bei positiven Zahlen auch muss man dafür von der größeren Zahl die kleinere Zahl abziehen:
$-196-(-218)=-196+218=218-196=22$
Die verflüssigte Luft muss um weitere **22 °C** abgekühlt werden.

90 Das 3. Untergeschoss entspricht der –3. Die Fahrt des Aufzugs lässt sich damit als Gleichung aufschreiben: $-3+7-3-2+\square=21$
Es wird zuerst berechnet, von welchem Stockwerk aus der Aufzug bei der letzten Fahrt startet:
$-3+7-3-2=4-3-2=1-2=-1$
Vor der letzten Fahrt befindet sich der Aufzug also im 1. Untergeschoss. Von dort aus sind es $1+21=$ **22** Stockwerke bis zur Penthousewohnung.

91 a) Wenn zu einer negativen Zahl eine positive Zahl mit kleinerem Betrag addiert wird, so ist das Ergebnis auf jeden Fall negativ.

b) Hier müssen 74 und 18 addiert werden, weshalb an der Einerstelle eine 2 stehen müsste.

c) Daniel muss 12 von 37 subtrahieren, wobei an der Einerstelle eine 5 entstehen müsste, was bei seiner Lösung nicht der Fall ist. Außerdem kann das Ergebnis nicht größer als der zweite Summand sein, weil der erste Summand negativ ist.

d) Beide Summanden sind positiv, weil das Minuszeichen vor der Klammer mit dem negativen Vorzeichen in der Klammer zu einem Pluszeichen verschmilzt. Das Ergebnis müsste daher positiv sein.

e) Hier muss Daniel 404 von 396 abziehen, wodurch ein negatives Ergebnis entstehen müsste.

f) Wird von einer negativen Zahl eine positive Zahl abgezogen, so ist das Ergebnis kleiner als der negative Minuend. Bei Daniels Lösung ist das nicht der Fall, weil seine Lösung –250 weiter rechts auf der Zahlengeraden liegt als –294 und deshalb größer ist.

92

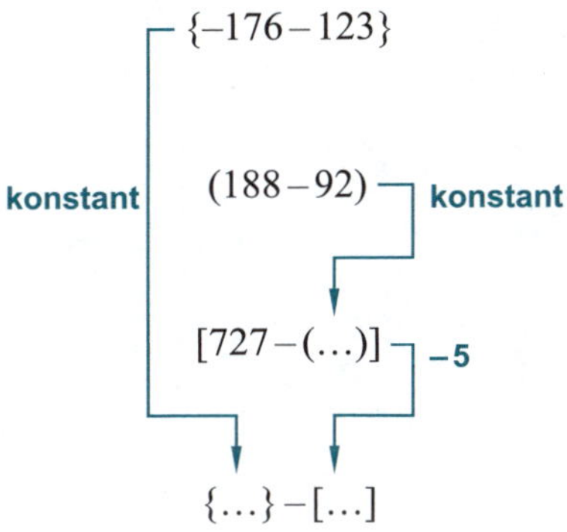

Der Wert in der geschweiften Klammer **ändert sich nicht**, weil Minuend und Subtrahend um jeweils 5 reduziert werden.

Der Wert in der runden Klammer **ändert sich nicht**, weil auch hier Minuend und Subtrahend um jeweils 5 reduziert werden.

Der Wert in der eckigen Klammer **reduziert sich um 5**, weil nur der Minuend um 5 verkleinert wird.

Nur der Subtrahend wird um 5 kleiner, wodurch sich der Wert der Differenz und damit das Gesamtergebnis des Terms **um 5 erhöht**.

93 a) Die Geschichte **passt nicht**, weil das Gehalt in Höhe von 3 267 Euro addiert und der Krankenkassenbeitrag in Höhe von 397 Euro subtrahiert werden müsste.

b) Die Geschichte **passt** zum Term, weil sowohl die Starttiefe als auch die beiden Veränderungen korrekt wiedergegeben werden.

c) Auch diese Geschichte **passt** zum Term, weil hier die Veränderungen in den drei aufeinanderfolgenden Jahren der Reihe nach mit korrektem Vor- bzw. Rechenzeichen enthalten sind.

94 a) Die fehlenden Werte lassen sich z. B. in der Reihenfolge (1), (2), (3), … ermitteln.

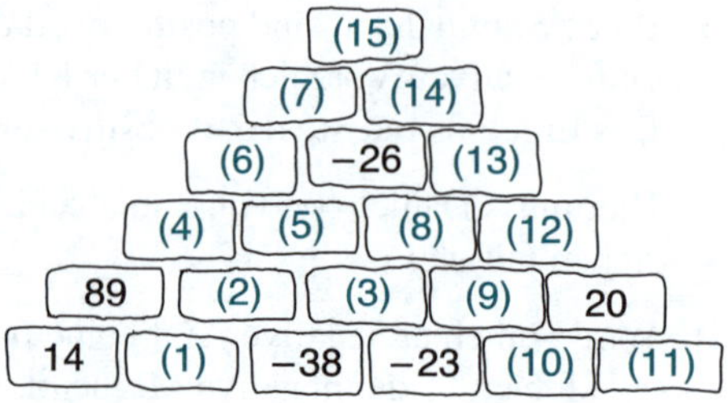

(1) $14 + \square = 89$
In der Lücke muss **75** stehen.

(2) $75 + (-38) = 75 - 38 = \mathbf{37}$

(3) $-38 + (-23) = -38 - 23 = -(38 + 23) = \mathbf{-61}$

(4) $89 + 37 = \mathbf{126}$

(5) $37 + (-61) = 37 - 61 = -(61 - 37) = \mathbf{-24}$

(6) $126 + (-24) = 126 - 24 = \mathbf{102}$

(7) $102 + (-26) = 102 - 26 = \mathbf{76}$

(8) $-24 + \square = -26$
In der Lücke muss **–2** stehen.

(9) $-61 + \square = -2$
In der Lücke muss **59** stehen.

(10) $-23 + \square = 59$
In der Lücke muss **82** stehen.

(11) $82 + \square = 20$
In der Lücke muss **–62** stehen.

(12) $59 + 20 = \mathbf{79}$

(13) $-2 + 79 = 79 - 2 = \mathbf{77}$

(14) $-26 + 77 = 77 - 26 = \mathbf{51}$

(15) $76 + 51 = \mathbf{127}$

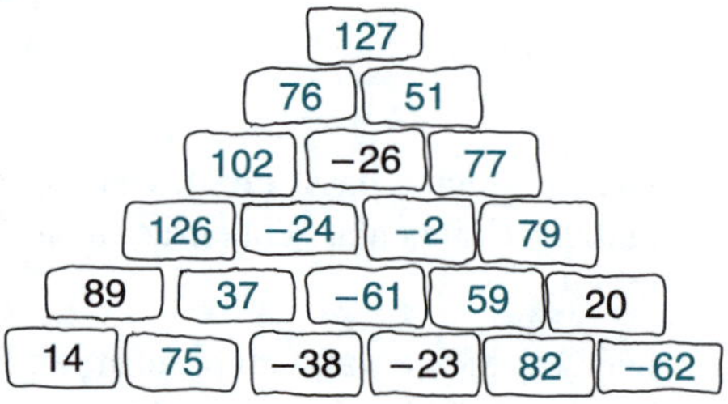

Kontrolle:
$QS(127) = 1 + 2 + 7 = 10$
$QS(37) = 3 + 7 = 10$
$QS(82) = 8 + 2 = 10$

b) Sobald der leere Stein in der unteren Reihe korrekt beschriftet ist, lässt sich die Mauer von unten nach oben bearbeiten:

$-26-(\square)=34$

Um auf der Zahlengeraden von –26 bis +34 zu kommen, muss man 26 + 34 = 60 Schritte nach rechts gehen. Es muss also entweder +60 addiert oder –60 subtrahiert werden. Da es sich um eine Subtraktionsmauer handelt, steht im dritten Stein der unteren Reihe **–60**.

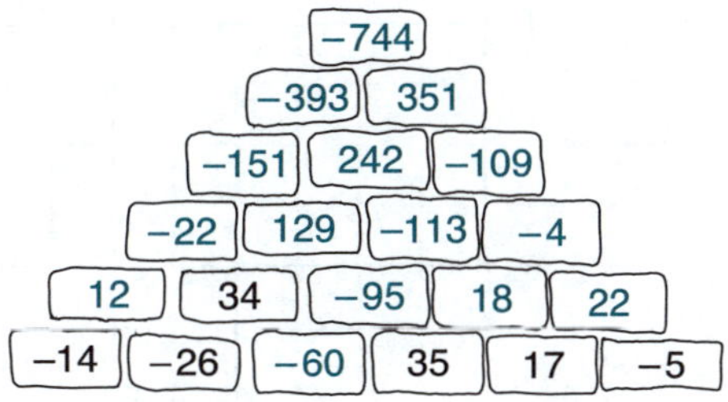

2. Reihe von unten: $-14-(-26)=-14+26=26-14=\mathbf{12}$
$-60-35=-(60+35)=\mathbf{-95}$
$35-17=\mathbf{18}$
$17-(-5)=17+5=\mathbf{22}$

3. Reihe von unten: $12-34=-(34-12)=\mathbf{-22}$
$34-(-95)=34+95=\mathbf{129}$
$-95-18=-(95+18)=\mathbf{-113}$
$18-22=-(22-18)=\mathbf{-4}$

4. Reihe von unten: $-22-129=-(22+129)=\mathbf{-151}$
$129-(-113)=129+113=\mathbf{242}$
$-113-(-4)=-113+4=-(113-4)=\mathbf{-109}$

2. Reihe von oben: $-151-242=-(151+242)=\mathbf{-393}$
$242-(-109)=242+109=\mathbf{351}$

oberster Stein: $-393-351=-(393+351)=\mathbf{-744}$

Kontrolle:
QS(18) = 1 + 8 = 9
QS(351) = 3 + 5 + 1 = 9

95 Überlegung zum Platzbedarf:
x-Achse von −4 bis +4, y-Achse von −4 bis 5.

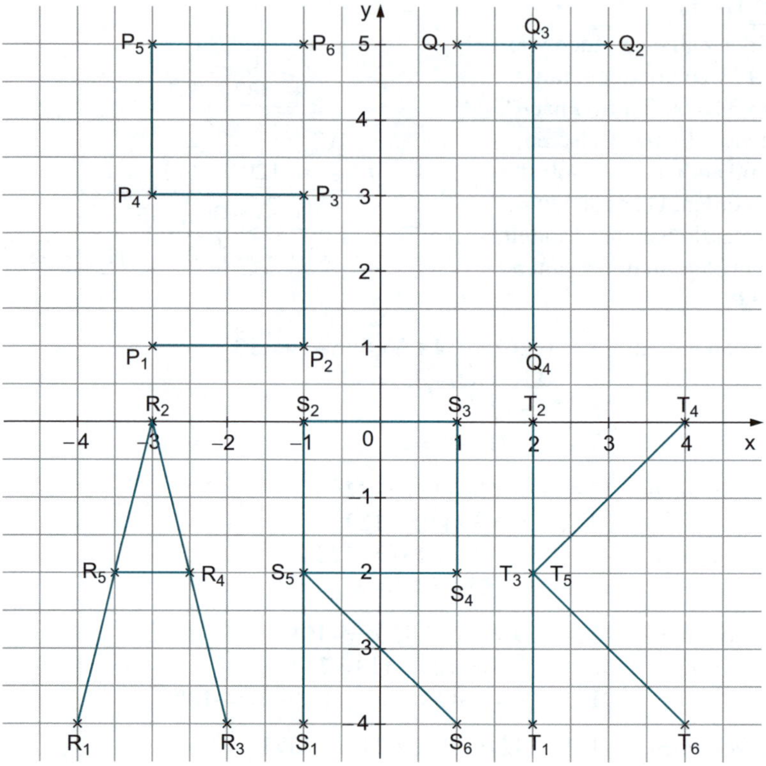

96 **A(−3 | 2), B(0 | 1), C(3 | 1), D(3 | 2), E(7 | 2), F(3 | −2), G(−1 | −2), H(−2 | 0), I(1,5 | 3), K(1 | −1,5)**

97 a) Der II. Quadrant ist der Bereich links oben im Koordinatensystem. Da sich die entsprechenden Punkte links vom Ursprung befinden, haben sie eine negative x-Koordinate. Da sie sich oberhalb des Ursprungs befinden, haben sie eine positive y-Koordinate.
Kurzschreibweise: **$a < 0$ und $b > 0$**

Beachte, dass die Bedingung $a \in \mathbb{Z}^-$ und $b \in \mathbb{N}$ zwar auch Punkte im geforderten Bereich liefert, dass hierbei aber nur ganzzahlige Koordinaten erfasst werden. Beispielsweise ist P(−2,5 | 2) bei dieser Schreibweise nicht enthalten.

b) Die Punkte liegen links unterhalb des Ursprungs. Beide Koordinaten müssen negativ sein.
Kurzschreibweise: **a < 0** und **b < 0**

c) Die Punkte liegen unterhalb des Ursprungs und haben daher eine negative y-Koordinate. Sie können links bzw. rechts vom Ursprung oder direkt unter ihm liegen. Für die x-Koordinate darf daher keine einschränkende Bedingung angegeben werden.
Kurzschreibweise: **a beliebig** und **b < 0**

d) Die Punkte liegen direkt unterhalb oder oberhalb des Ursprungs oder im Ursprung, weshalb ihre x-Koordinate null sein muss. Für die y-Koordinate darf keine einschränkende Bedingung angegeben werden.
Kurzschreibweise: **a = 0** und **b beliebig**

98

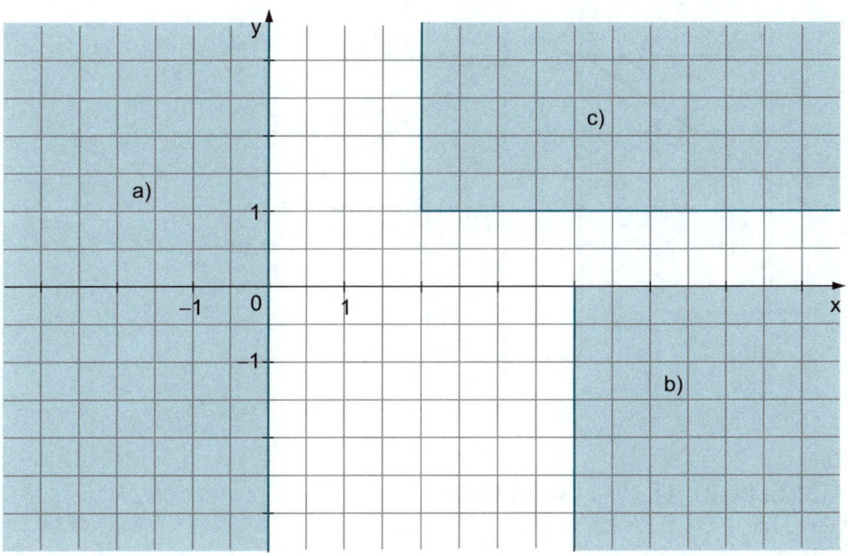

Die farbig eingezeichneten Ränder zählen jeweils zu den entsprechenden Bereichen.

99 Es ergeben sich folgende Punkte:
(–3 | 3), (–2 | –3), (–2 | 3), (–5 | –1), (–1 | 3), (0 | 3), (–2 | 1), (–1 | –3), (–1 | 1), (–2 | –1), (–1 | –1), (2 | –1), (1 | 1), (–4 | 1), (–1,5 | 5)

Überlegung zum Platzbedarf:
Die x-Achse muss von –5 bis 2 reichen. Für die y-Achse benötigt man den Bereich von –3 bis 5.

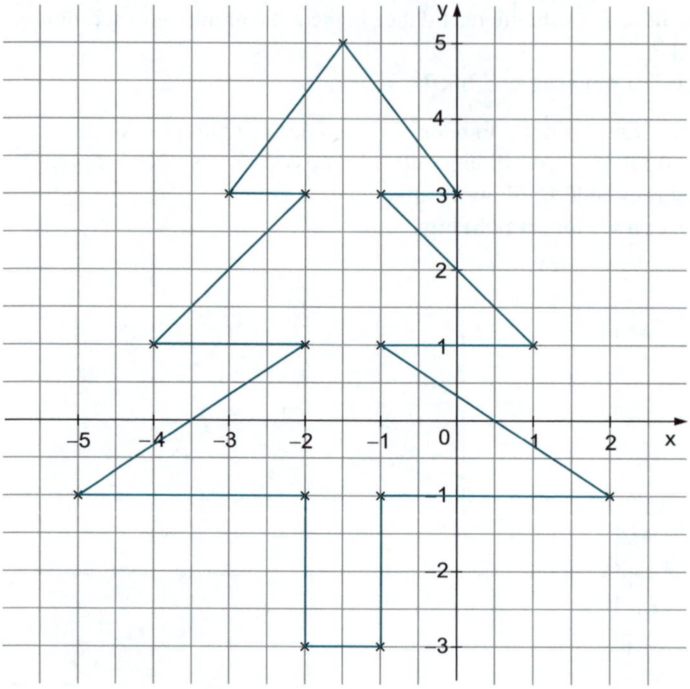

100 a) Punkte:
A(3 | 2), B(–2 | –1), C(–1 | 3), D(2 | –3)
Geraden:
AB
Halbgeraden:
[CD, [BC
Strecken:
$\overline{AC}$, $\overline{AD}$

b) $|\overline{AB}| = 5{,}8\,cm$, $|\overline{CD}| = 6{,}7\,cm$, $|\overline{AC}| = 4{,}1\,cm$

101 a)

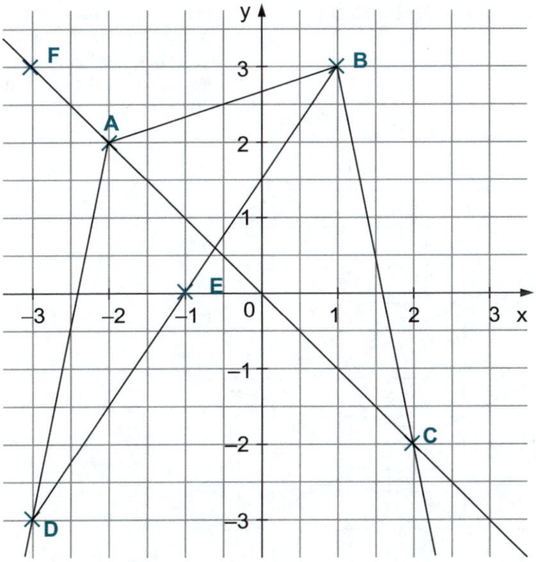

b) Aussage (1) ist **richtig**.

Aussage (2) ist **falsch**. F liegt zwar auf der Geraden durch A und C, aber nicht auf der Halbgeraden [AC mit Anfangspunkt A.

Aussage (3) ist **falsch**. Die Strecke $\overline{FB}$ ist zwar 4 cm lang, die Länge der Strecke wird aber mit $|\overline{FB}|$ bezeichnet.

Aussage (4) ist **richtig**.

102 a)

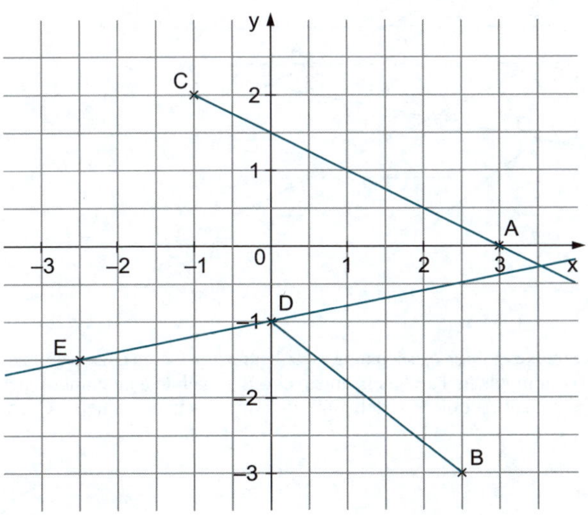

b) Der Abstand von [CA zum Ursprung beträgt ungefähr **13 mm**.

Lege das Geodreieck mit der mittleren Hilfslinie so an [CA an, dass die lange Seite des Geodreiecks durch den Ursprung verläuft.

c)

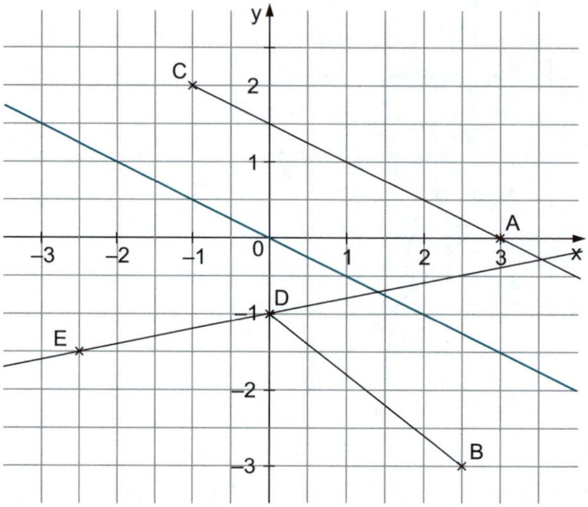

d)

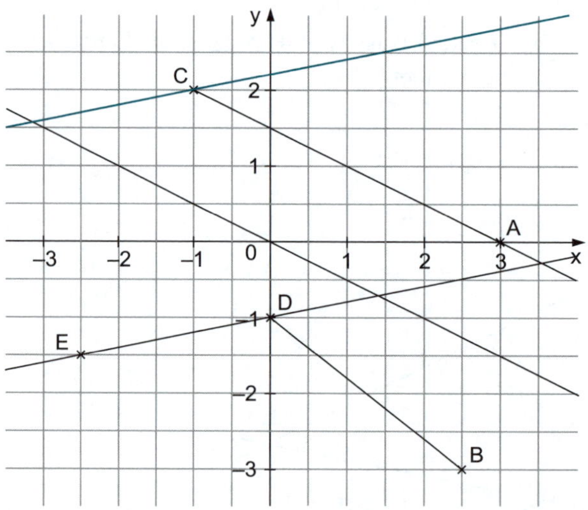

e) Achte darauf, dass $\overline{BD}$ als Strecke in ihrer Ausdehnung zwar begrenzt ist, eine dazu parallele Gerade aber nicht. Es gibt zwei mögliche Parallelen, eine rechts oberhalb und eine links unterhalb der Strecke $\overline{BD}$. Allerdings verläuft nur die Parallele links unterhalb nicht durch den I. Quadranten.

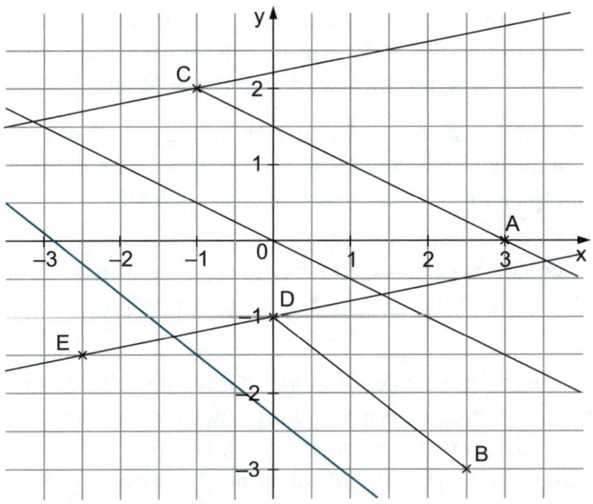

f) Anhand der Zeichnung erkennt man, dass die beiden Geraden **nicht parallel** zueinander verlaufen und sich daher schneiden müssen. Der Schnittpunkt liegt allerdings nicht mehr im Bereich des Koordinatensystems.

103 a)

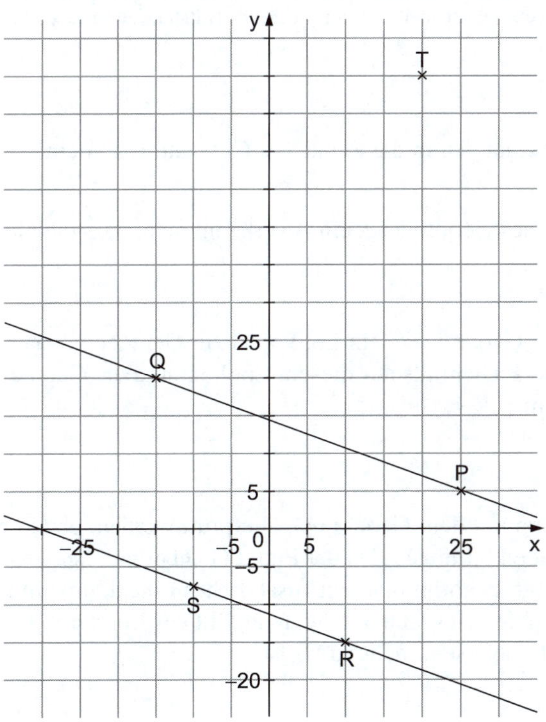

b) Mithilfe des Geodreiecks kann man als Abstand direkt 24 mm ablesen. Da hier die Längeneinheit 1 mm verwendet wurde, beträgt der Abstand auch 24 Längeneinheiten oder in Kurzschreibweise: d(PQ; RS) = **24 LE**

c) Um den Abstand von Punkt T zur Strecke RS zu ermitteln, ist das Lot von T auf RS zu fällen. T ist in diesem Fall von RS so weit entfernt, dass das benötigte Lot mit dem Geodreieck nicht direkt gezeichnet werden kann.

Möglichkeit 1:
Ein Lineal kann an der langen Seite des Geodreiecks angelegt werden. Vor dem Einzeichnen des Lotes muss das Geodreieck entfernt werden.

Möglichkeit 2:
Da zwischen RS und T die zu RS parallele Gerade PQ liegt, ist eine zweite Möglichkeit naheliegend, die ohne die Verwendung eines zusätzlichen Lineals auskommt. Der gesuchte Abstand ist die Summe der Abstände von PQ zu T und von PQ zu RS. Wird das Geodreieck mit seiner mittleren Hilfslinie so auf PQ gelegt, dass seine lange Seite durch T verläuft, so sind die beiden Abstände direkt am Geodreieck als 50 mm + 24 mm = 74 mm abzulesen. Unter Beachtung der verwendeten Längeneinheit von 1 mm ergibt sich:
d(T; RS) = **74 LE**

Wäre die verwendete parallele Gerade PQ bei dieser Aufgabe nicht zur Verfügung gestanden, so hätte man mithilfe des Geodreiecks sehr schnell eine entsprechende Hilfslinie einzeichnen können.

104 a) **Richtig**
In beiden Fällen ist die Gerade durch die Punkte A, C, D und E gemeint.

b) **Falsch**
Setzt man die Hilfslinien des Geodreiecks ein, so erkennt man, dass die Geraden nicht parallel sind.

c) **Richtig**
Zeichnet man mithilfe des Geodreiecks ein Lot von G zur Geraden g, so erkennt man, dass der Punkt F ebenfalls auf diesem Lot liegt und die Gerade GF somit senkrecht auf g steht.

d) **Falsch**

Möglichkeit 1:
Wie bei Teilaufgabe c kann mit dem Geodreieck überprüft werden, ob G und F auf einem Lot zur Geraden HI liegen. Da der Punkt G außerhalb der Reichweite des Geodreiecks liegt, benötigt man ein zusätzliches Lineal, um ein Lot durch G zur Geraden HI fällen zu können, bzw. man fällt das Lot durch F zu HI. Es zeigt sich, dass GF nicht senkrecht zu HI ist.

Möglichkeit 2:
Da in Teilaufgabe c erkannt wurde, dass GF senkrecht auf g steht, HI und g laut Teilaufgabe b aber nicht parallel sind, kann auch GF nicht senkrecht auf HI stehen. Nur parallele Geraden haben gemeinsame Lote.

e) **Richtig**
Wird das Geodreieck mit der mittleren Hilfslinie so an CA ausgerichtet, dass seine lange Seite an D anliegt, so verläuft diese Seite durch H. Der Punkt H liegt also auf dem Lot zu CA durch D und damit stimmt die Behauptung.

f) **Falsch**
Trägt man mithilfe des Geodreiecks die Gerade DB ein, so stellt man fest, dass der Punkt F nicht auf der Geraden liegt, sondern sich darunter befindet.

g) **Falsch**
Wie man mithilfe des Geodreiecks leicht feststellen kann, liegt der Punkt K zwar auf der Geraden DH, aber nicht zwischen D und H und somit nicht auf der Strecke $\overline{DH}$.

h) **Falsch**
Die Länge ist mit 5 LE (Längeneinheiten) zwar korrekt angegeben, die Schreibweise ist aber falsch.
Richtig wäre $|\overline{AB}| = 5$ LE.

105 a) Da R auf [PQ liegen soll und von P doppelt so weit wie Q entfernt sein muss, ist R natürlich $2 \cdot 3$ cm $= 6$ cm rechts von P einzutragen. Q liegt dann genau in der Mitte zwischen P und R.

b) Der Punkt S muss zwischen P und R liegen, da die Summe der Abstände $|\overline{PS}|$ und $|\overline{SR}|$ sonst nicht $|\overline{PR}|$ ergeben könnte.

$|\overline{RS}| < |\overline{PS}|$ bedeutet, dass der Abstand von R zu S kleiner ist als der Abstand von P zu S.

S befindet sich also näher an R als an P und muss daher irgendwo zwischen Q und R liegen. Hierbei wird verwendet, dass Q die Mitte zwischen P und R markiert. Die Lage von S ist allerdings nicht eindeutig festgelegt.

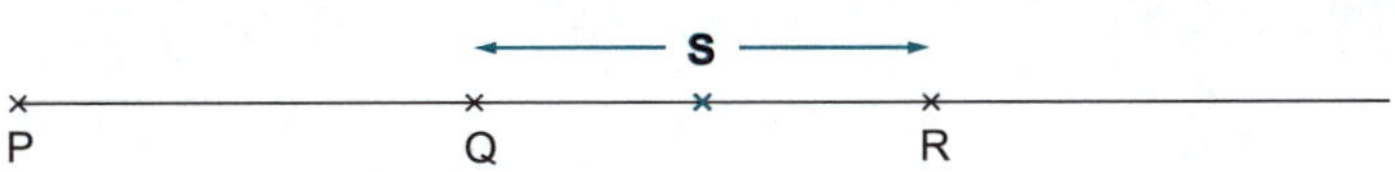

106

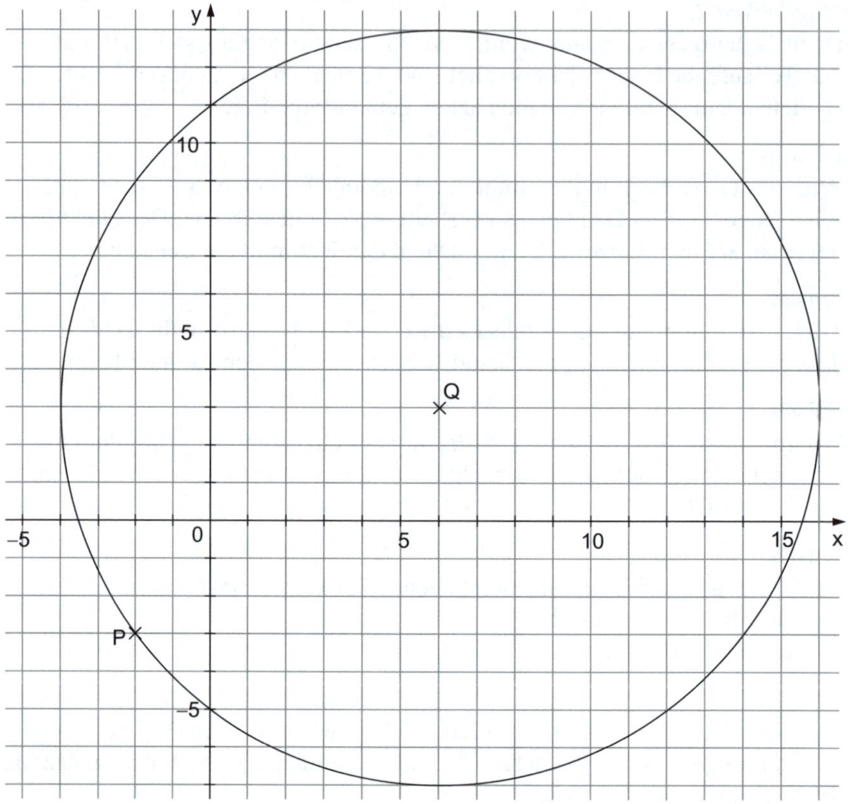

Lege das Geodreieck so auf den Kreis, dass die 0-Marke den Kreismittelpunkt berührt. Die Kreislinie schneidet das Geodreieck jeweils bei der 5. Der Durchmesser beträgt also $2 \cdot 5\ \text{cm} = 10\ \text{cm}$.
Da eine Längeneinheit von 5 mm gewählt wurde, entsprechen die $10\ \text{cm} = 100\ \text{mm}$ genau $100\ \text{mm} : 5\ \text{mm} =$ **20 Längeneinheiten**.

107 Der markierte Bereich wird durch die Kreise $K_1(A;\ 3\ \text{cm})$ und $K_2(B;\ 2\ \text{cm})$ begrenzt, wobei die Kreislinien jeweils nicht dazugehören.
Die markierten Punkte sind **von A weniger als 3 cm** und zugleich **von B mehr als 2 cm** entfernt.

108 Gesucht sind alle Punkte, die innerhalb des Kreises $k(M; |\overline{MP}|)$ im III. Quadranten liegen. Man findet fünf solche Punkte, deren Koordinaten direkt aus der Zeichnung abgelesen werden können:
$I_1(-3|-1)$, $I_2(-2|-1)$, $I_3(-1|-1)$, $I_4(-2|-2)$, $I_5(-1|-2)$

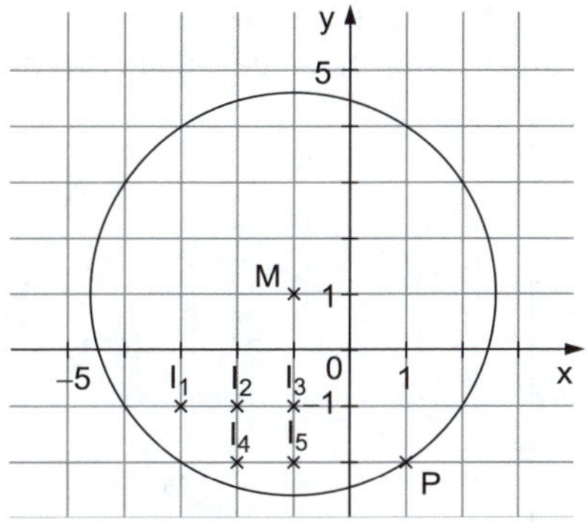

109 Das Handy H liegt gleichzeitig auf den Kreislinien um S_1, S_2 und S_3 mit den Radien $|\overline{S_1H}| = 200$ m, $|\overline{S_2H}| = 300$ m und $|\overline{S_3H}| = 325$ m. Daher müssen diese drei Kreislinien in ein geeignetes Koordinatensystem eingezeichnet werden.

Die Längeneinheit wird so gewählt, dass 1 cm auf den Koordinatenachsen in der Realität einer Strecke von 100 m entspricht.

Um die Kreise $k_1(S_1; 200$ m$)$, $k_2(S_2; 300$ m$)$ und $k_3(S_3; 325$ m$)$ in die Zeichnung eintragen zu können, müssen noch die Radien umgerechnet werden:
200 m entsprechen 2 cm,
300 m entsprechen 3 cm und
325 m entsprechen 3,25 cm.

Für die Position des Handys ergibt sich etwa:
H(200 m | 100 m)

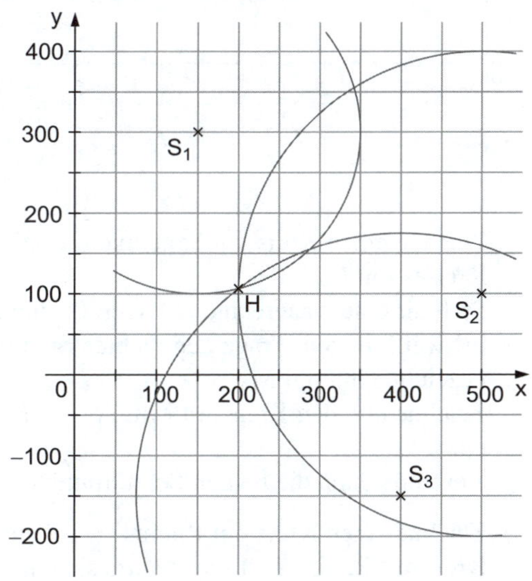

110 Die gesuchte Tangente ist das Lot auf die Strecke $\overline{MP}$ im Punkt P und kann mit dem Geodreieck eingezeichnet werden. Sie schneidet die x-Achse in **S(7 | 0)**.

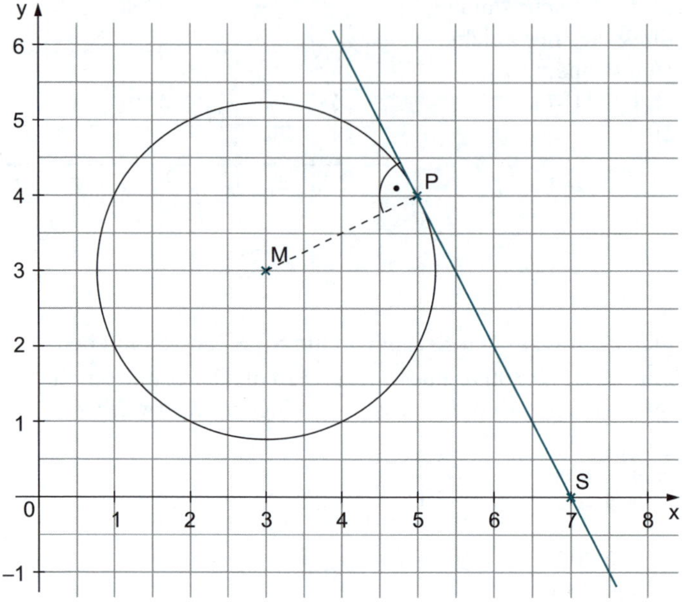

111 a) Zeichne einen Kreis mit beliebigem Radius. Bezeichne den Mittelpunkt des Kreises mit M_1.
Stell dir eine waagrechte Hilfsgerade durch M_1 vor. Diese schneidet den Kreis in zwei Punkten. Trage den rechten Schnittpunkt in deine Zeichnung ein und bezeichne ihn mit M_2.
Zeichne nun den Kreis mit Mittelpunkt M_2, der durch den Punkt M_1 verläuft, ein.
Verbinde dann die beiden Schnittpunkte der Kreise durch eine Gerade.

b) Zeichne einen Kreis mit Radius r = 1,5 cm und rechts daneben einen zweiten Kreis mit Radius r = 1 cm, sodass sich die Kreise in einem Punkt berühren und ihre Mittelpunkte dieselbe y-Koordinate besitzen.
Zeichne die Verbindungsstrecke zwischen den beiden Kreismittelpunkten ein und errichte im Mittelpunkt des rechten Kreises ein Lot zu dieser Verbindungsstrecke. Das Lot soll vom Kreismittelpunkt bis zum obersten Punkt des rechten Kreises reichen.
Zeichne in diesem Punkt die Tangente an den rechten Kreis. Diese Tangente schneidet den linken Kreis in zwei Punkten.
Trage an den linken dieser beiden Schnittpunkte die Tangente an den linken Kreis ein.

112 Da die vorgegebene Gerade AB eine Tangente an den gesuchten Kreis darstellt, steht sie senkrecht auf der Verbindungsstrecke zwischen dem Berührpunkt B und dem zu bestimmenden Mittelpunkt M des Kreises. M liegt deshalb auf dem Lot durch B zur vorgegebenen Geraden und hat zum Punkt B den Abstand 2 LE.
Mit dem Geodreieck lässt sich zunächst das Lot errichten und anschließend der Abstand von 2 LE abtragen.

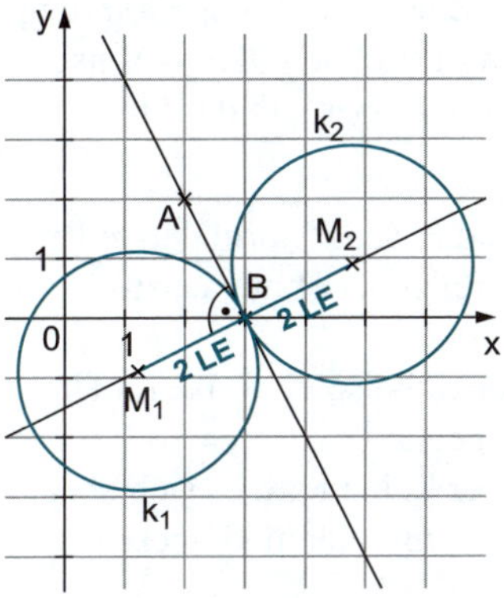

Es gibt zwei mögliche Mittelpunkte und somit auch zwei mögliche Kreise! Gesucht ist aber nur einer von beiden.

113 In der Seitenansicht bilden Boden und Rampe zwei Tangenten an den als Kreis dargestellten Ball. Der Abstand vom Mittelpunkt M zu beiden Tangenten entspricht dem Radius des Kreises bzw. des Balles. Zeichnet man zu Boden und Rampe je eine parallel verlaufende Gerade im Abstand von 1 LE ein, so schneiden sich diese **Hilfsgeraden** im gesuchten Punkt.

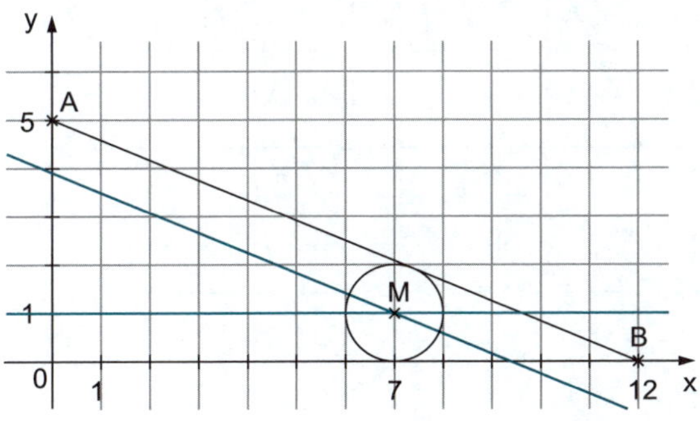

Man kann ablesen: M(7 | 1)

114 a) **Nein, das Schaf kommt nicht bis zum Ursprung.** Um vom Pflock P aus zum Ursprung zu gelangen, muss das Schaf 4 LE nach unten und 4 LE nach links gehen.
Die Leine wäre nach den 4 LE nach unten bereits gespannt und würde verhindern, dass das Schaf anschließend noch die erforderlichen 4 LE nach links laufen kann.
Das Schaf könnte versuchen, sich mit gespannter Leine in Richtung Ursprung zu bewegen. Es würde dann auf einem Kreisbogen in Richtung der y-Achse laufen. Dabei würde es die y-Achse allerdings deutlich oberhalb des Ursprungs berühren.

b) Die Hütte liegt in dem kreisförmigen Bereich, den das Schaf normalerweise abgrasen könnte. Es genügt aber nicht, nur den Bereich der Hütte auszusparen.
Läuft das Schaf mit gespannter Leine den Kreisbogen beispielsweise im Uhrzeigersinn entlang, so stößt die Leine irgendwann gegen H_4.
Das Schaf kann natürlich weiterlaufen, aufgrund der Leine wird es sich aber auf einem Kreisbogen um den neuen Mittelpunkt H_4 mit einem kleineren Radius r_2 weiterbewegen.

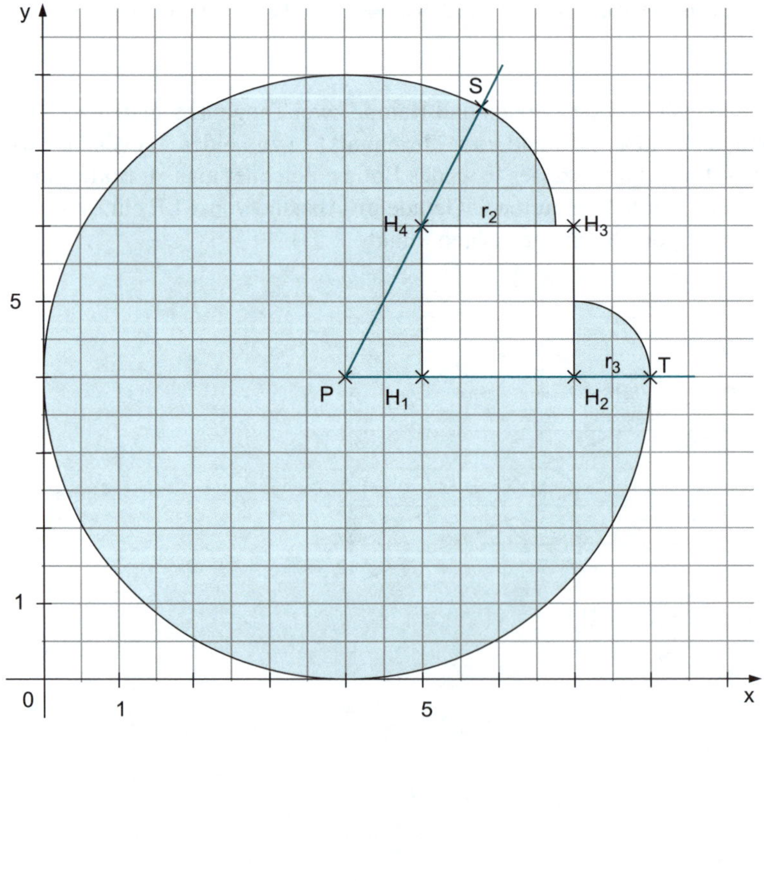

Konstruktionsbeschreibung:

Schritt 1:

Um den erreichbaren Bereich oberhalb der Hütte zu ermitteln, wird zunächst die Halbgerade $[PH_4$ eingezeichnet und anschließend der ursprüngliche Kreis um P mit Radius 4 LE im Uhrzeigersinn bis zu dieser Halbgeraden gezogen.

Schritt 2:

Der Schnittpunkt von k(P; 4 LE) mit $[PH_4$ ist der Hilfspunkt S. Der weitere Verlauf entspricht dem Kreis $k_2(H_4; |\overline{H_4S}|)$. Um diesen Kreis zu zeichnen, muss man lediglich bei H_4 einstechen und den Zirkel so einstellen, dass die Mine durch S verläuft. Mit dieser Einstellung wird der Kreisbogen im Uhrzeigersinn eingezeichnet, bis er an der Oberseite der Hütte anstößt. Hier endet der für das Schaf erreichbare Bereich.

Schritt 3:

Entgegen dem Uhrzeigersinn stößt die Leine an der Hüttenecke H_1 an. Beachte, dass die Leine in diesem Fall gleichzeitig beide unteren Hüttenecken berührt, weshalb H_2 zum neuen Mittelpunkt wird. Die Halbgerade $[PH_2$ schneidet k(P; 4 LE) im Punkt T und der weitere Verlauf wird durch $k_3(H_2; |\overline{H_2T}|)$ festgelegt.

115 a) Nur wenn der Ursprung innerhalb des Kreises liegt, kann man keine Tangente vom Ursprung aus an den Kreis legen. Mit dem Geodreieck misst man aus, dass der Abstand zwischen Ursprung und Mittelpunkt genau 5 LE (d. h. 2,5 cm in der Zeichnung unten) beträgt. Deshalb muss der Radius **größer als 5 LE** gewählt werden, damit keine Tangente möglich ist.

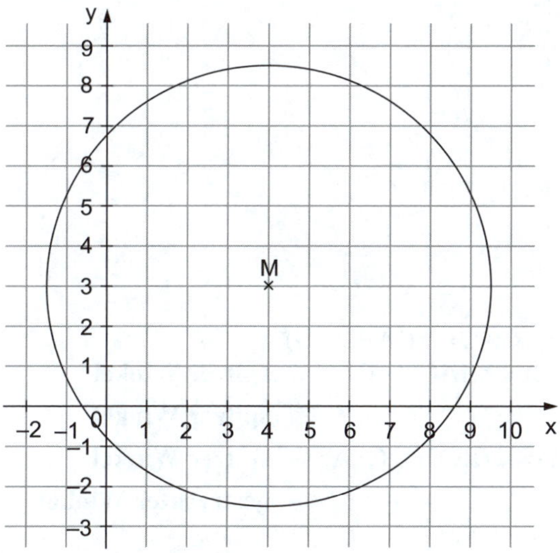

b) Genau eine Tangente ist möglich, wenn der Kreis durch den Ursprung verläuft. Das ist der Fall, wenn sein Radius **genau 5 LE** beträgt.

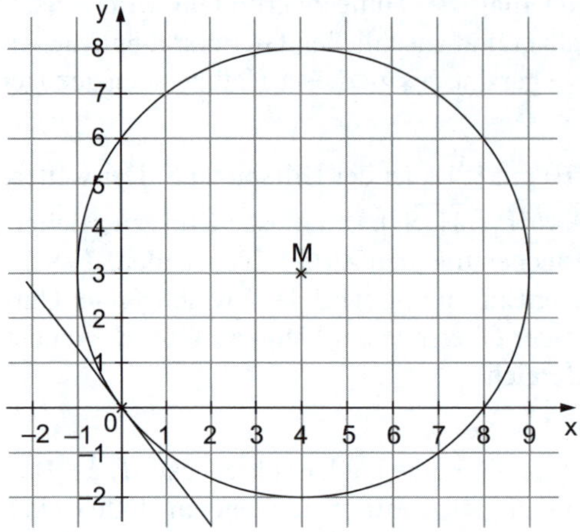

c) Liegt der Ursprung außerhalb des Kreises, so lassen sich vom Ursprung aus zwei Tangenten an den Kreis legen. Der Radius muss dafür **kleiner als 5 LE** sein.

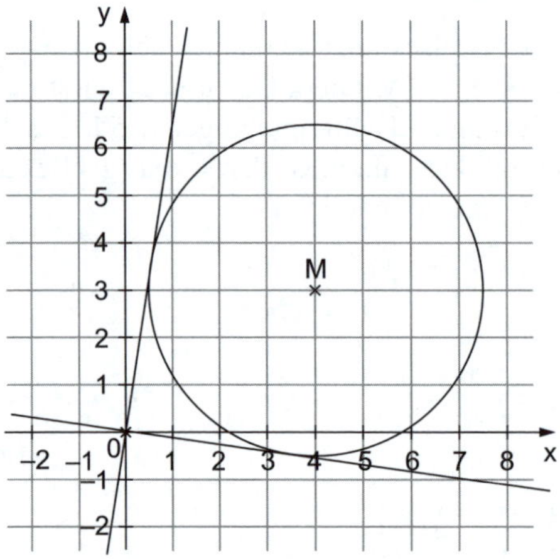

116 $\alpha = \sphericalangle EAB = \sphericalangle GAB = \sphericalangle EAC = \sphericalangle GAC = \sphericalangle([AE, [AB)$
$= \sphericalangle([AG, [AB) = \sphericalangle([AE, [AC) = \sphericalangle([AG, [AC)$ **spitzer Winkel**

$\beta = \sphericalangle FEG = \sphericalangle([EF, [EG)$ **spitzer Winkel**

$\gamma = \sphericalangle([ED, [EA) = \sphericalangle([EC, [EA) = \sphericalangle DEA = \sphericalangle CEA$ **spitzer Winkel**

$\delta = \sphericalangle BDH = \sphericalangle([DB, [DH)$ **gestreckter Winkel**

$\varepsilon = \sphericalangle FCB = \sphericalangle ECB = \sphericalangle DCB = \sphericalangle FCA$
$= \sphericalangle ECA = \sphericalangle DCA = \sphericalangle([CF, [CB) = \sphericalangle([CE, [CB)$
$= \sphericalangle([CD, [CB) = \sphericalangle([CF, [CA) = \sphericalangle([CE, [CA)$
$= \sphericalangle([CD, [CA)$ **überstumpfer Winkel**

$\varphi = \sphericalangle([BA, [BH) = \sphericalangle([BA, [BD) = \sphericalangle ABH = \sphericalangle ABD$ **stumpfer Winkel**

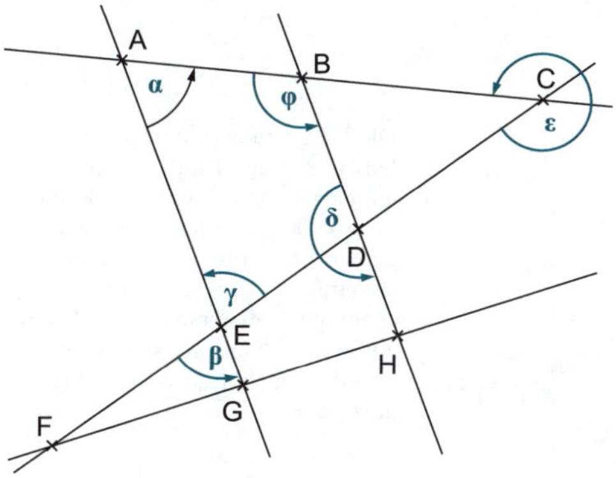

117

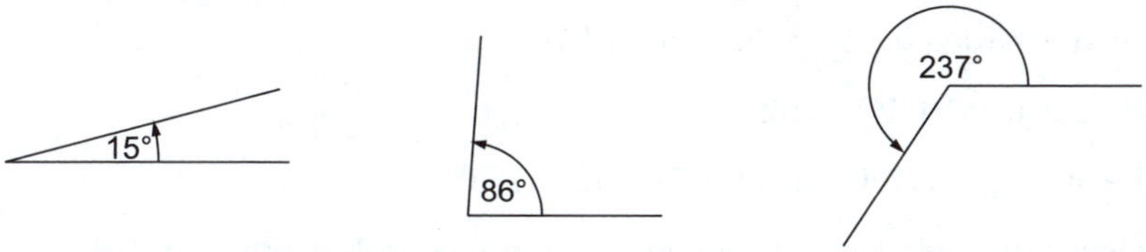

118 a) α ist ein stumpfer Winkel. Da der zweite Schenkel etwa in der Mitte zwischen 90° und 180° liegt, dürfte es sich ungefähr um einen **135°-Winkel** handeln.

Als spitzer Winkel muss β kleiner als 90° sein. Der zweite Schenkel liegt etwa in der Mitte zwischen 0° und 90°, weshalb es sich ungefähr um einen **45°-Winkel** handelt.

γ ist ein überstumpfer Winkel, dem etwa 90° zum Vollwinkel fehlen. Seine Größe beträgt daher ungefähr **270°**.

Dem überstumpfen Winkel δ fehlen etwas mehr als 90° zum Vollwinkel. Es dürfte sich daher ungefähr um einen **260°-Winkel** handeln.

ε ist etwas kleiner als ein rechter Winkel mit 90°. Er könnte daher ungefähr **80°** groß sein.

Dem Winkel φ fehlen ungefähr 45° zum Vollwinkel. Es handelt sich daher ungefähr um einen **315°-Winkel**.

b) Eine exakte Messung ergibt:
$\alpha = \mathbf{127°}$, $\beta = \mathbf{46°}$, $\gamma = \mathbf{270°}$, $\delta = \mathbf{242°}$, $\varepsilon = \mathbf{80°}$, $\varphi = \mathbf{315°}$

119 Es gilt:
$\alpha = \gamma$, $\beta = \delta$ und $\alpha + \beta = 180°$,
$\beta + \gamma = 180°$, $\gamma + \delta = 180°$, $\alpha + \delta = 180°$
An einer Geradenkreuzung sind die jeweils **gegenüberliegenden Winkel immer gleich groß** und **benachbarte Winkel ergänzen sich immer zu 180°**.

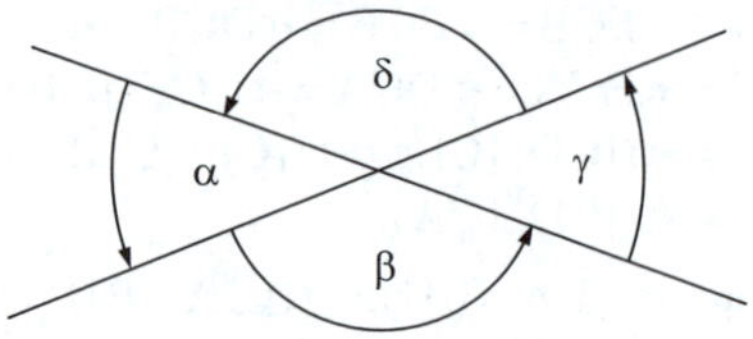

120 a)
b)

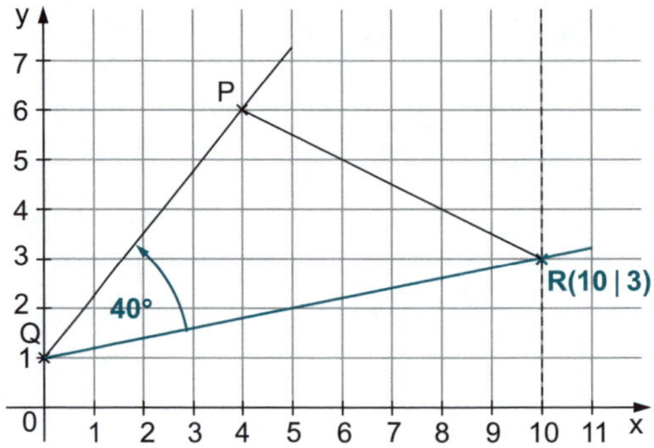

Die Halbgerade [QP ist der zweite Schenkel von ∢RQP. Um den fehlenden ersten Schenkel zu erhalten, müssen die geforderten 40° entgegen der sonst üblichen Richtung angetragen werden. Folgt man anschließend dem ersten Schenkel bis zur x-Koordinate 10, so kann man dort die zugehörige y-Koordinate 3 ablesen.

Der Punkt R besitzt die Koordinaten (10|**3**).

c) ∢PRQ = **38°** und ∢QPR = **102°**

d) ∢RQP + ∢PRQ + ∢QPR = 40° + 38° + 102° = **180°**

e) Bei jedem beliebigen Dreieck beträgt die **Summe der drei Innenwinkel 180°**.

121 Da der Minutenzeiger den Stundenzeiger in 12 Stunden elfmal überrundet, kommt es häufig vor, dass zwischen den Zeigern ein Winkel von 90° besteht. Meistens treten die entsprechenden 90°-Winkel aber nicht zu vollen Minuten auf.

Einfach erkennbar sind die gesuchten Uhrzeiten, wenn der Minutenzeiger zur 12-Uhr-Position zeigt. Dann muss der Stundenzeiger entweder zur 3 oder zur 9 zeigen. Die beiden Zeiger bilden also auf jeden Fall um **3:00 Uhr**, **9:00 Uhr**, **15:00 Uhr** und **21:00 Uhr** einen 90°-Winkel.

122 a) Nord-Ost:
Da 0° für die Nordrichtung und 90° für die Ostrichtung stehen, entsprechen **45°** der dazwischenliegenden Nord-Ost-Richtung.

Nord-Nord-Ost:
Nord-Nord-Ost liegt zwischen 0° und 45°. Die zugehörige Gradangabe ist daher **22,5°**.

b) Süd-West:
180° stehen für die Südrichtung und 270° für die Westrichtung. Es gilt: $180° + 45° = 225°$ bzw. $270° - 45° = 225°$. Die Süd-West-Richtung entspricht daher **225°**.

Nord-West:
Nord-West liegt zwischen Nord und West. Für die Nordrichtung wurden zwar 0° festgelegt, da man nach einer Drehung um 360° aber wieder nach Norden blickt, entsprechen auch 360° der Nordrichtung.
Da $270° + 45° = 315°$ bzw. $360° - 45° = 315°$ gilt, entspricht die Nord-West-Richtung **315°**.

c) In Teilaufgabe a wurde ermittelt, dass Nord-Ost einer Gradangabe von 45° entspricht. Das Schiff soll in Richtung Süd fahren, wofür 180° stehen. Dazu muss es sich um $180° - 45° =$ **135°** nach steuerbord (rechts) drehen.

123 a) Die vorgegebene Figur lässt sich nur auf eine Weise zu einem Parallelogramm ergänzen, weil die beiden fehlenden Seiten zur jeweils gegenüberliegenden Seite parallel sein müssen.

Die gegenüberliegenden Seiten sind dann automatisch gleich lang.

b) In diesem Fall gibt es unendlich viele Lösungen.
Beim Trapez muss nur **ein Paar** gegenüberliegender Seiten parallel zueinander verlaufen. Außerdem ist die Länge sämtlicher Seiten unerheblich.
Mögliche Lösungen können deshalb z. B. so aussehen:

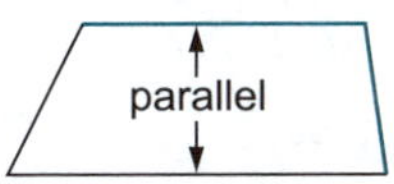

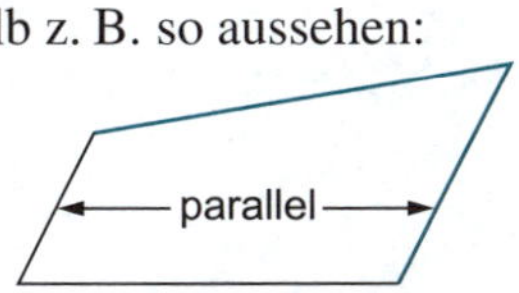

124 a)

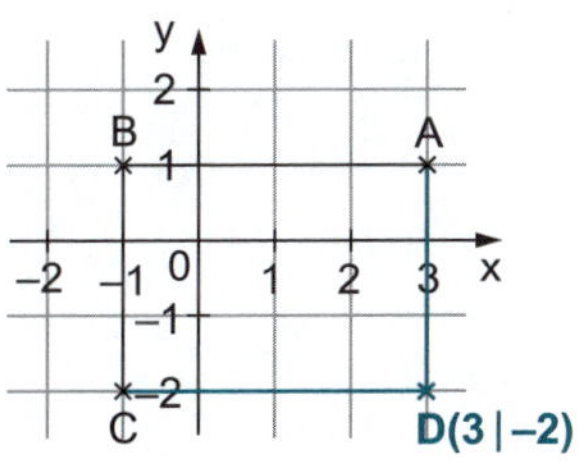

b)

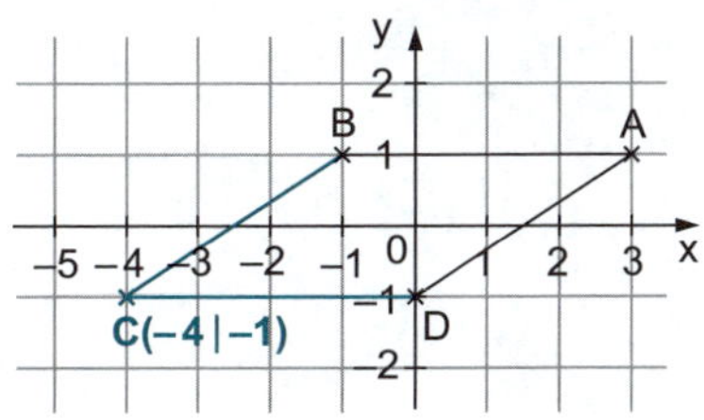

c)

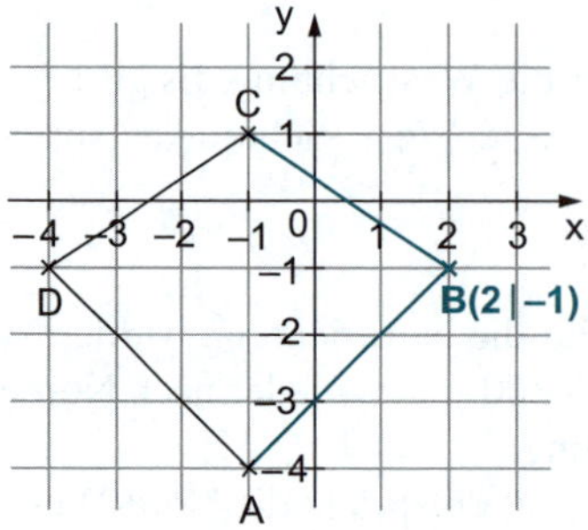

d) Die Quadratnamen ABCD und ADCB geben jeweils die Reihenfolge der Eckpunkte entgegen dem Uhrzeigersinn an.

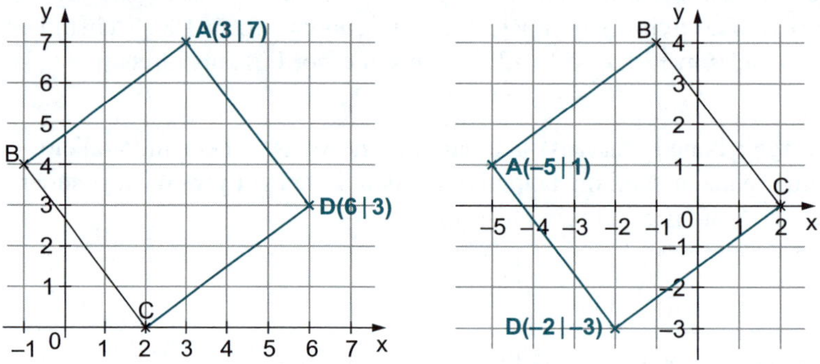

125 Beim schwarzen Viereck verlaufen die beiden zum Teil sichtbaren gegenüberliegenden Seiten parallel. Es muss sich deshalb auf jeden Fall um ein **Trapez** handeln.

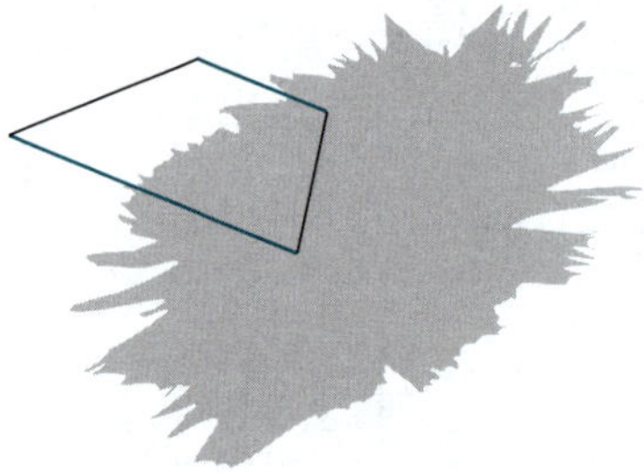

Sind die beiden parallelen Seiten gleich lang, so ist das Trapez sogar ein **Parallelogramm**.

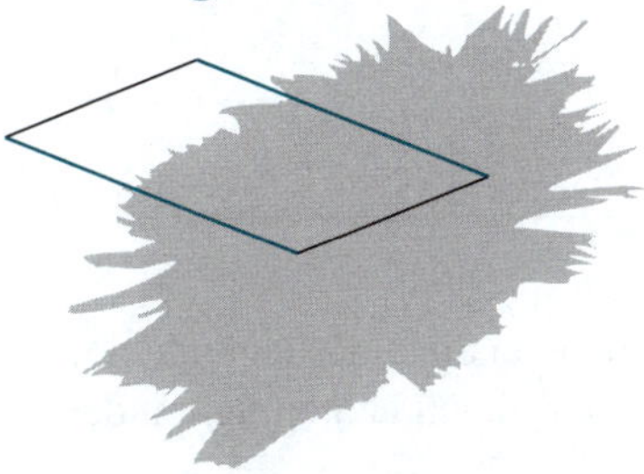

Hat zusätzlich noch eine dritte Seite die gleiche Länge, so sind automatisch alle Seiten gleich lang und das Parallelogramm ist außerdem eine **Raute**.

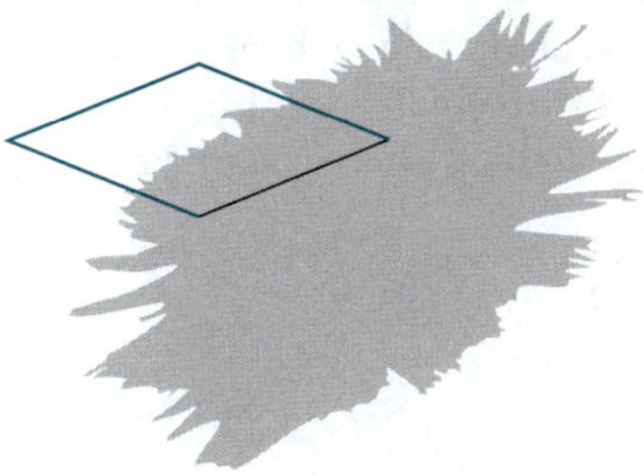

126 Es müssen Quadrate mit der Kantenlänge **3 cm** gewählt werden. Diese passen in der Länge dreimal in das Rechteck und in der Breite zweimal. Man erhält also zwei Reihen mit jeweils drei Quadraten und somit $2 \cdot 3 = \mathbf{6}$ Quadrate.

127 a) **Falsch**

Wenn die Seiten eines Vierecks aufeinander senkrecht stehen, aber nicht gleich lang sind, so handelt es sich zwar um ein Rechteck, aber nicht um ein Quadrat.

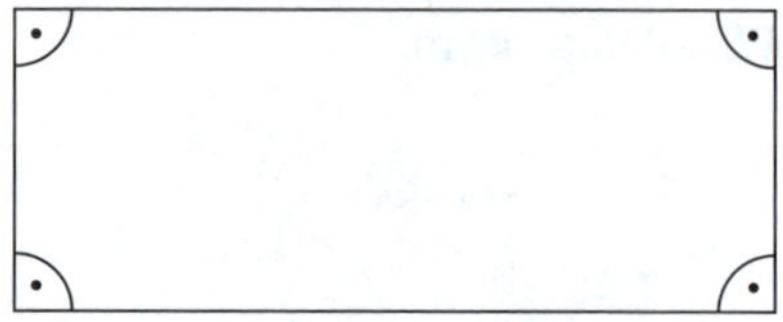

b) **Richtig**

Bei einem Drachenviereck müssen jeweils zwei nebeneinanderliegende Seiten gleich lang sein, was bei einer Raute mit ihren vier gleich langen Seiten der Fall ist.

c) **Falsch**

Liegen die zwei rechten Winkel nebeneinander, so entsteht ein Viereck mit zwei parallel gegenüberliegenden Seiten. Nur wenn diese gleich lang sind, entsteht ein Rechteck. Ansonsten spricht man von einem Trapez. Liegen die zwei rechten Winkel gegenüber, so entsteht ein Viereck ohne weitere besondere Eigenschaften.

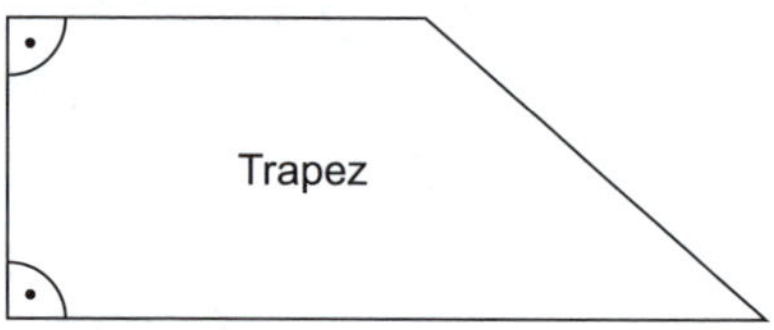

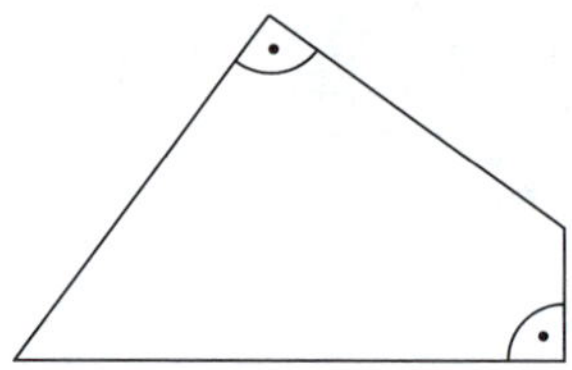

d) **Falsch**

Wenn nur zwei gegenüberliegende Seiten parallel sind, so handelt es sich um ein Trapez.

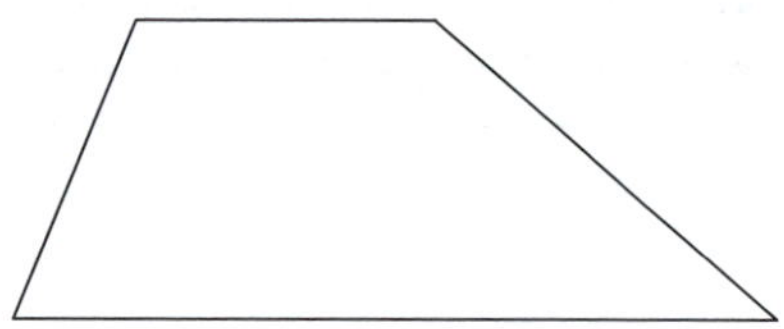

e) **Falsch**

Wenn die jeweils gegenüberliegenden Seiten parallel sind, so sind diese auch jeweils gleich lang. Die Seiten müssen aber nicht aufeinander senkrecht stehen. Das entstehende Viereck ist ein Parallelogramm.

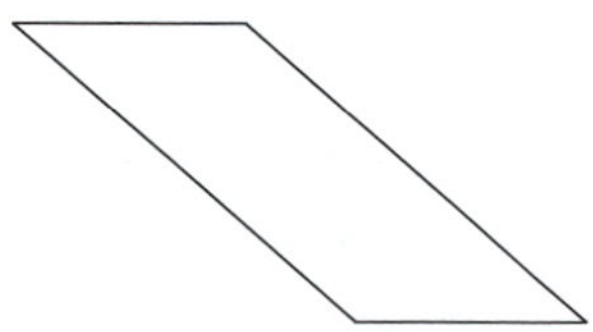

f) **Falsch**

Unterscheiden sich Länge und Breite eines Rechtecks deutlich voneinander, so erkennt man sofort, dass die Diagonalen nicht senkrecht aufeinander stehen.

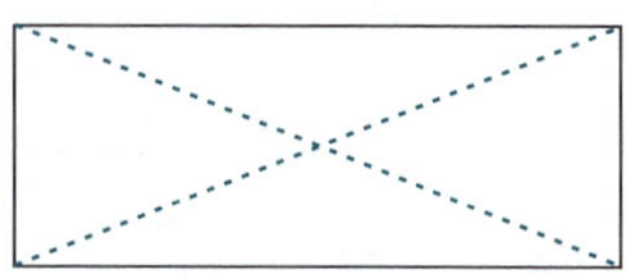

g) **Falsch**
In einem Quadrat stehen die Diagonalen senkrecht aufeinander. Sie können aber auch in einem allgemeinen Viereck ohne weitere Besonderheiten senkrecht aufeinander stehen.

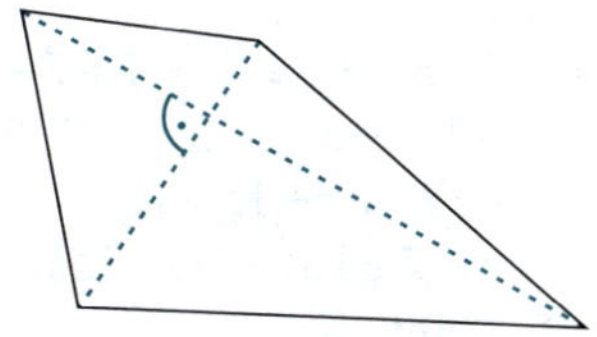

h) **Falsch**
Nur wenn in einem Parallelogramm zusätzlich zwei aneinander angrenzende Seiten gleich lang sind, hat das Parallelogramm Symmetrieachsen. Es wären dann alle Seiten gleich lang und es würde sich bei der Figur um eine Raute handeln.

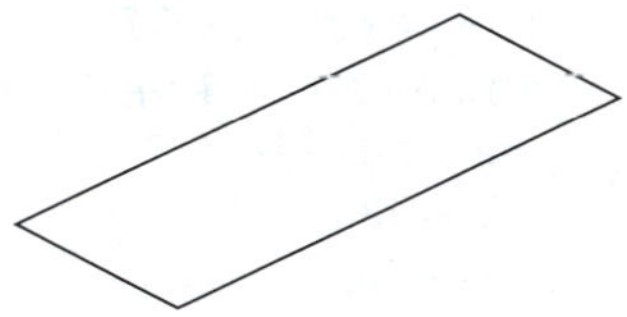

i) **Richtig**
Bei geeigneter Lage der beiden parallelen gegenüberliegenden Seiten gibt es eine Symmetrieachse, die auf diesen Seiten senkrecht steht.

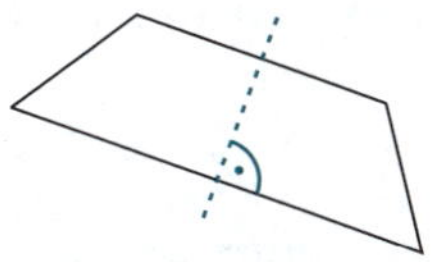

128 Das Quadrat besitzt vier Symmetrieachsen, aber nur zwei davon können gleichzeitig Symmetrieachse zu einem Dreieck mit der vorgegebenen Seite sein.

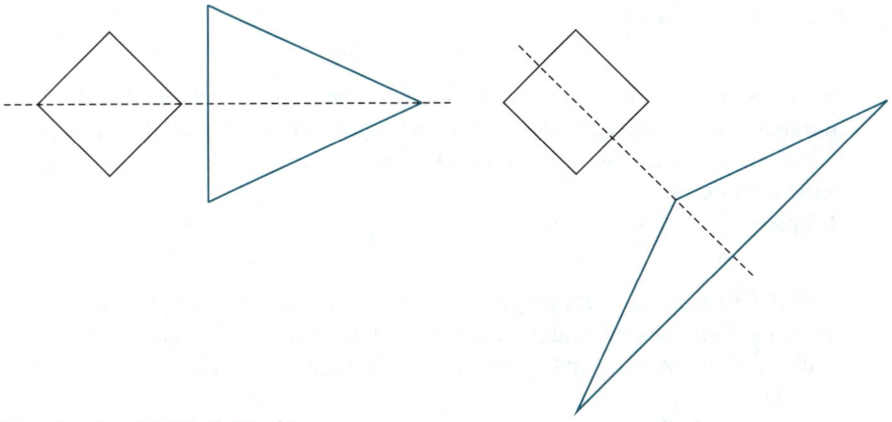

Es gibt also **2 Möglichkeiten**.

129 a) $17+17+17+17+17+17+17+17+17+17=10\cdot 17=\mathbf{170}$

b) $3+3+3+3+7+7+7+7+7+5+5+5+9+9$
$=4\cdot 3+5\cdot 7+3\cdot 5+2\cdot 9$
$=12+35+15+18$ Anwendung des Kommutativ- und Assoziativgesetzes
$=(12+18)+(35+15)$
$=30+50$
$=\mathbf{80}$

c) $12+77+5+77+77+5+5+5+12+77+12+12$
$=5+5+5+5+12+12+12+12+77+77+77+77$
$=4\cdot 5+4\cdot 12+4\cdot 77$
$=20+48+308$
$=68+308$
$=\mathbf{376}$

d) $x+x+x+x+x+x=\mathbf{6\cdot x}$ Eine Summe aus gleichen Platzhaltern kann auch als Produkt geschrieben werden. Weiter ausrechnen lässt sich dieses Produkt nicht, solange der Wert des Platzhalters unbekannt ist.

130 a) $3\cdot 7=\mathbf{7+7+7}$

b) $11\cdot 12=\mathbf{12+12+12+12+12+12+12+12+12+12+12}$

c) $4\cdot 5+5\cdot 9=\mathbf{5+5+5+5+9+9+9+9+9}$

d) $5\cdot a=\mathbf{a+a+a+a+a}$

131 a) Wird das Produkt als Summe geschrieben, so verdoppelt sich die Anzahl der Summanden. Die Summanden selbst verändern sich nicht, weil der zweite Faktor gleich bleibt. Somit **verdoppelt** sich der Summenwert und damit auch der Produktwert.
Beispiel: $3\cdot 2=2+2+2=6$
$6\cdot 2=2+2+2+2+2+2=12$

b) Wird das Produkt als Summe geschrieben, verdoppelt sich der Wert jedes einzelnen Summanden, während die Anzahl der Summanden gleich bleibt. Auch auf diese Weise **verdoppelt** sich der Summenwert und somit auch der Produktwert.
Beispiel: $3\cdot 2=2+2+2=6$
$3\cdot 4=4+4+4=12$

c) Wird zunächst nur der erste Faktor verdoppelt und der zweite Faktor beibehalten, so verdoppelt sich der Produktwert ein erstes Mal. Jetzt muss noch der zweite Faktor verdoppelt werden, wodurch sich der Produktwert ein zweites Mal verdoppelt. Insgesamt **vervierfacht** sich der Produktwert.
Beispiel: $3 \cdot 2 = 2 + 2 + 2 = 6$
$6 \cdot 4 = 4 + 4 + 4 + 4 + 4 + 4 = 24$

d) Wird zunächst nur der erste Faktor verdreifacht, so werden dreimal so viele gleiche Summanden addiert. Der Summenwert verdreifacht sich dadurch. Im zweiten Schritt wird der verdreifachte Summenwert noch einmal verdoppelt, weil jeder einzelne Summand verdoppelt wird. Insgesamt wird der Produktwert dadurch **versechsfacht**.
Beispiel: $3 \cdot 2 = 2 + 2 + 2 = 6$
$9 \cdot 4 = 4 + 4 + 4 + 4 + 4 + 4 + 4 + 4 + 4 = 36$

e) Wird der erste Faktor verdoppelt, so verdoppelt sich auch der Summenwert. Da aber der zweite Faktor halbiert wird, sind die einzelnen Summanden nur halb so groß. Der Produktwert **verändert sich** auf diese Weise **nicht**.
Beispiel: $3 \cdot 2 = 2 + 2 + 2 = 6$
$6 \cdot 1 = 1 + 1 + 1 + 1 + 1 + 1 = 6$

132 a) $5 \cdot 7 \cdot 20 = 5 \cdot 20 \cdot 7 = 100 \cdot 7 = \mathbf{700}$ — Anwendung des Kommutativgesetzes

b) $17 \cdot 4 \cdot 25 = 17 \cdot (4 \cdot 25)$ — Anwendung des Assoziativgesetzes
$= 17 \cdot 100$
$= \mathbf{1\,700}$

c) $5 \cdot 27 \cdot 4 \cdot 5 \cdot 3 = (4 \cdot 5 \cdot 5) \cdot (3 \cdot 27)$ — Anwendung des Kommutativ- und Assoziativgesetzes
$= (20 \cdot 5) \cdot [3 \cdot (20 + 7)]$ — Zerlegung eines Faktors in eine Summe
$= 100 \cdot [(3 \cdot 20) + (3 \cdot 7)]$ — Anwendung des Distributivgesetzes
$= 100 \cdot [60 + 21]$
$= 100 \cdot 81$
$= \mathbf{8\,100}$

d) $5 \cdot (25 \cdot 2 \cdot 8) = (5 \cdot 2) \cdot (25 \cdot 8)$ — Anwendung des Kommutativ- und Assoziativgesetzes
$= 10 \cdot 200$
$= \mathbf{2\,000}$

133 a) $28 \cdot 25 = (7 \cdot 4) \cdot 25 = 7 \cdot (4 \cdot 25) = 7 \cdot 100 = \mathbf{700}$

b) $50 \cdot 14 = 50 \cdot (2 \cdot 7) = (50 \cdot 2) \cdot 7 = 100 \cdot 7 = \mathbf{700}$

c) $25 \cdot 16 \cdot 125 = 25 \cdot (2 \cdot 8) \cdot 125 = (25 \cdot 2) \cdot (8 \cdot 125) = 50 \cdot 1\,000 = \mathbf{50\,000}$

d) $444 \cdot 25 = (111 \cdot 4) \cdot 25 = 111 \cdot (4 \cdot 25) = 111 \cdot 100 = \mathbf{11\,100}$

134 a) $7 \cdot 17 = 7 \cdot (10+7) = 7 \cdot 10 + 7 \cdot 7 = 70 + 49 = \mathbf{119}$

b) $125 \cdot 18 = 125 \cdot (10+8) = 125 \cdot 10 + 125 \cdot 8 = 1\,250 + 1\,000 = \mathbf{2\,250}$

c) $9 \cdot 76 = (10-1) \cdot 76 = 10 \cdot 76 - 1 \cdot 76 = 760 - 76 = \mathbf{684}$

d) $199 \cdot 34 = (200-1) \cdot 34 = 200 \cdot 34 - 1 \cdot 34 = 6\,800 - 34 = \mathbf{6\,766}$

135 a) $9 \cdot 37 + 37 = 9 \cdot 37 + 1 \cdot 37$
$= (9+1) \cdot 37$
$= 10 \cdot 37$
$= \mathbf{370}$

Um 37 ausklammern zu können, müssen alle Summanden Produkte sein. Der zweite Summand kann als 1 · 37 geschrieben werden.

b) $107 \cdot 6 - 107 = 107 \cdot 6 - 107 \cdot 1$
$= 107 \cdot (6-1)$
$= 107 \cdot 5$
$= (100+7) \cdot 5$
$= 100 \cdot 5 + 7 \cdot 5$
$= 500 + 35$
$= \mathbf{535}$

c) $13 \cdot 19 - 19 \cdot 4 + 19 = 19 \cdot 13 - 19 \cdot 4 + 19 \cdot 1$
$= 19 \cdot (13 - 4 + 1)$
$= 19 \cdot (9+1) = 19 \cdot 10$
$= \mathbf{190}$

d) $365 \cdot 5 = (300+60+5) \cdot 5 = 300 \cdot 5 + 60 \cdot 5 + 5 \cdot 5 = 1\,500 + 300 + 25 = \mathbf{1\,825}$

136 Annika hat das Kommutativgesetz angewendet und die ersten beiden Faktoren vertauscht. Anschließend hat sie mithilfe des Assoziativgesetzes den zweiten und dritten Faktor zuerst miteinander multipliziert:
$4 \cdot 27 \cdot 25 = 27 \cdot 4 \cdot 25 = 27 \cdot (4 \cdot 25) = 27 \cdot 100 = \mathbf{2\,700}$

Beate hat das Distributivgesetz angewendet und den gemeinsamen Faktor 3 ausgeklammert:
$24 \cdot 3 + 76 \cdot 3 = (24+75) \cdot 3 = 100 \cdot 3 = \mathbf{300}$

Christina hat das Kommutativgesetz angewendet und den zweiten und dritten Summanden vertauscht. Anschließend hat sie mithilfe des Assoziativgesetzes den dritten und vierten Summanden addiert und diesen Summenwert zur Summe des ersten und zweiten Summanden addiert:
$15 + 67 + 185 + 33 = (15+185) + (67+33) = 200 + 100 = \mathbf{300}$

Dora hat zweimal das Distributivgesetz angewendet:
$15 \cdot 87 = (10+5) \cdot 87 = 10 \cdot 87 + 5 \cdot 87 = 10 \cdot 87 + 5 \cdot (80+7) = 10 \cdot 87 + 5 \cdot 80 + 5 \cdot 7$
$= 870 + 400 + 35 = \mathbf{1\,305}$

137 a) $4 \cdot (25+250) = 4 \cdot 25 + 4 \cdot 250$ — Anwendung des Distributivgesetzes

$= 100 + 1\,000$

$= \mathbf{1\,100}$

b) $47 \cdot 17 - 12 \cdot 47 = 47 \cdot 17 - 47 \cdot 12$ — Anwendung des Kommutativgesetzes und anschließend des Distributivgesetzes

$= 47 \cdot (17-12)$

$= 47 \cdot 5$

$= (50-3) \cdot 5$ — Zerlegung des Faktors 47 in eine Differenz

$= 50 \cdot 5 - 3 \cdot 5$ — Anwendung des Distributivgesetzes

$= 250 - 15$

$= \mathbf{235}$

c) $15 \cdot 16 - 16 \cdot 22 + 8 \cdot 16 - 16$

$= 16 \cdot 15 - 16 \cdot 22 + 16 \cdot 8 - 16 \cdot 1$ — Anwendung des Distributivgesetzes

$= 16 \cdot (15 - 22 + 8 - 1)$ — Anwendung des Kommutativgesetzes

$= 16 \cdot (15 + 8 - 22 - 1)$

$= 16 \cdot (23 - 22 - 1)$

$= 16 \cdot 0$

$= \mathbf{0}$

d) $125 \cdot 7 - 7 \cdot 25 + 100$ — Zerlegung der Faktoren 125 und 100 in ein Produkt

$= 25 \cdot 5 \cdot 7 - 7 \cdot 25 + 25 \cdot 4$ — Anwendung des Distributivgesetzes

$= 25 \cdot (5 \cdot 7 - 7 + 4)$

$= 25 \cdot (35 - 7 + 4)$

$= 25 \cdot (28 + 4)$

$= 25 \cdot 32$ — Zerlegung des Faktors 32 in ein Produkt

$= 25 \cdot 4 \cdot 8$

$= 100 \cdot 8$

$= \mathbf{800}$

138 a) $15 + (32 \cdot 15 - 15 \cdot 16)$ — Die Klammern darfst du weglassen, weil davor ein Pluszeichen steht.

$= 15 \cdot 1 + 32 \cdot 15 - 15 \cdot 16$

$= 15 \cdot (1 + 32 - 16)$

$= 15 \cdot 17$

$= (10+5) \cdot 17$

$= 10 \cdot 17 + 5 \cdot 17$

$= 170 + 85$

$= \mathbf{255}$

b) $37 \cdot 102 = 37 \cdot (100+2) = 37 \cdot 100 + 37 \cdot 2 = 3\,700 + 74 = \mathbf{3\,774}$

c) $(2+8)\cdot(2+12)\cdot(2+3)$
$=10\cdot 14\cdot 5$
$=140\cdot 5$
$=\mathbf{700}$

Ausklammern kannst du nur bei einer Summe bzw. Differenz aus mehreren Produkten mit einem gemeinsamen Faktor. Bei einem Produkt aus mehreren Summen mit einem gemeinsamen Summanden ist dies nicht möglich.

d) $39\cdot 100\cdot 15=39\cdot 15\cdot 100$
$=(40-1)\cdot 15\cdot 100$
$=(40\cdot 15-1\cdot 15)\cdot 100$
$=(600-15)\cdot 100$
$=585\cdot 100$
$=\mathbf{58\,500}$

Die Klammer ist hier notwendig, weil du wegen Punkt vor Strich sonst nur $1\cdot 15$ mit 100 multiplizieren würdest.

139 $(\_\_\_\_ - \_\_\_\_)\cdot \_\_\_\_ - \_\_\_\_ \cdot \_\_\_\_$

Hier geht es um eine Differenz, bei der Minuend und Subtrahend jeweils ein Produkt sind.

$(312-152)\cdot 17-17\cdot 62$
$=(312-152-62)\cdot 17$
$=(312-62-152)\cdot 17$
$=(250-152)\cdot 17$
$=98\cdot 17$
$=(100-2)\cdot 17$
$=100\cdot 17-2\cdot 17$
$=1\,700-34$
$=\mathbf{1\,666}$

Anwendung des Distributivgesetzes für den gemeinsamen Faktor 17.

Zerlegung des Faktors 98 in eine Differenz

Anwendung des Distributivgesetzes

140 a)

```
  374 · 10101
  -----------
    374
      374
+       374
  -----------
    3777774
```

Weil 10 101 nur die Ziffern 0 und 1 enthält, ist es sinnvoll, diese Zahl als zweiten Faktor zu verwenden.

Überschlagsrechnung: $374\cdot 10\,101\approx 400\cdot 10\,000=\mathbf{4\,000\,000}$ ✓

b)

```
  87 · 6666
  ---------
   522
    522
     522
+     522
  ---------
   579942
```

Da 6 666 nur aus gleichen Ziffern besteht, ist es sinnvoll, diese Zahl als zweiten Faktor zu verwenden.

Überschlagsrechnung: $87\cdot 6\,666\approx 80\cdot 7\,000=8\cdot 7\cdot 10\,000=\mathbf{560\,000}$ ✓

c) $$\begin{array}{r} \underline{9876 \cdot 123123} \\ 9876 \\ 19752 \\ 29628 \\ 9876 \\ 19752 \\ +\quad 29628 \\ \hline \mathbf{1215962748} \end{array}$$

Da 123 123 nur drei verschiedene Ziffern enthält und diese Ziffern auch noch sehr klein sind, ist es sinnvoll, diese Zahl als zweiten Faktor zu verwenden.

Überschlagsrechnung: $9\,876 \cdot 123\,123 \approx 10\,000 \cdot 120\,000 = \mathbf{1\,200\,000\,000}$ ✓

d) $$\begin{array}{r} \underline{9293 \cdot 2200} \\ 18586 \\ +\quad 18586 \\ \hline \mathbf{20444600} \end{array}$$

Da 2 200 zweimal die Ziffer 0 enthält, ist es sinnvoll, diese Zahl als zweiten Faktor zu wählen.

Überschlagsrechnung: $9\,293 \cdot 2\,200 \approx 10\,000 \cdot 2\,000 = \mathbf{20\,000\,000}$ ✓

141 Um das Baumdiagramm anlegen zu können, muss man zunächst überlegen, welche Entscheidungen nacheinander zu treffen sind. Sie entsprechen den Entscheidungsstufen im Baumdiagramm.

1. Entscheidung:
Es gibt 2 Möglichkeiten, die Hütte zu umfahren. Das entspricht **2 Ästen**.

2. Entscheidung:
Es gibt 3 mögliche Talabfahrten. Das entspricht **3 Ästen**.

Die 2 Umfahrungen gefolgt von den 3 verschiedenen Talabfahrten führen also zu **2 · 3 = 6** Varianten für die Abfahrt.

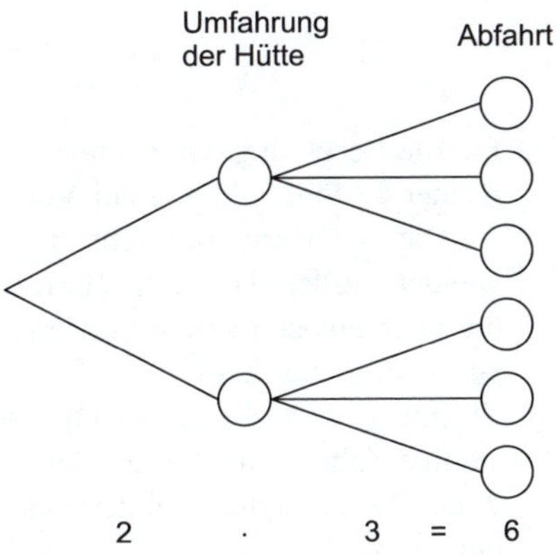

142 a) Bei einer zweistelligen Zahl kann zunächst die Ziffer für die Zehner- und dann die Ziffer für die Einerstelle festgelegt werden. Weil die 4 zur Verfügung stehenden Ziffern auch mehrfach verwendet werden können, stehen jeweils 4 Möglichkeiten zur Auswahl. Das Baumdiagramm verzweigt sich deshalb zweimal hintereinander in jeweils 4 Äste.
Es gibt somit $4 \cdot 4 = \mathbf{16}$ verschiedene zweistellige Zahlen, die nur aus den Ziffern von 2 bis 5 bestehen.

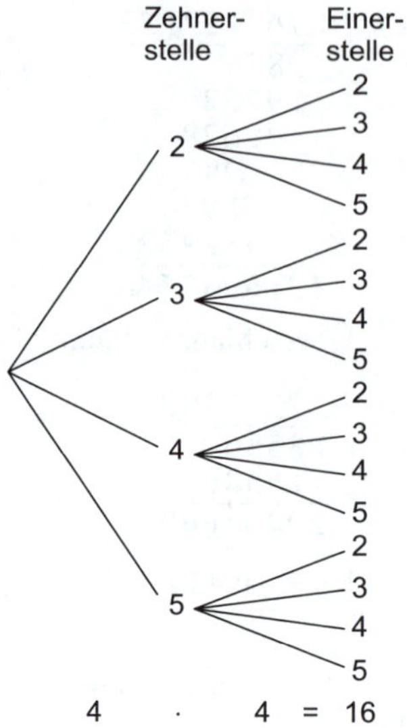

b) Für die Besetzung der Zehnerstelle stehen wieder 4 Möglichkeiten zur Verfügung. Weil jede der 4 Ziffern nur höchstens einmal verwendet werden darf, kann für die Einerstelle nur noch aus den verbleibenden 3 Ziffern ausgewählt werden.
Es gibt somit $4 \cdot 3 = \mathbf{12}$ verschiedene zweistellige Zahlen, die nur aus den Ziffern von 2 bis 5 bestehen und bei denen keine Ziffer doppelt vorkommt.

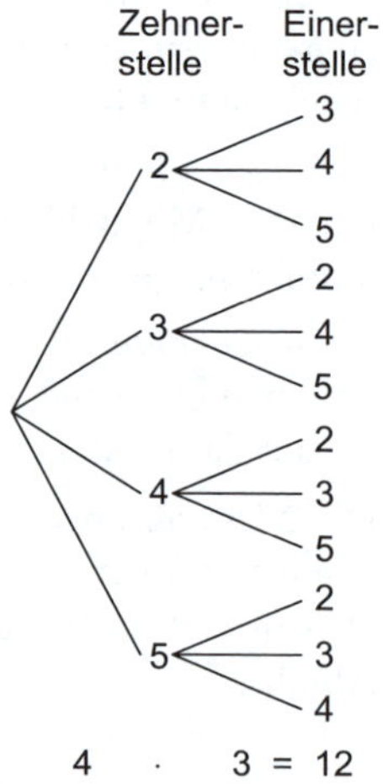

143 a) Das Baumdiagramm zu dieser Aufgabe wäre sehr umfangreich, weshalb man es besser nicht aufzeichnen sollte. Die drei Entscheidungsstufen sind Vorspeise, Hauptgericht und Nachspeise. Die Auswahlmöglichkeiten auf den drei Stufen hängen **nicht** von den zuvor getroffenen Entscheidungen ab, weshalb sich das Zählprinzip anwenden lässt.

Mit der Wahl der Vorspeise teilt sich der Baum in **2** Äste auf, für die Hauptspeise erfolgt eine weitere Aufteilung in jeweils **4** Äste und für die Nachspeise ergibt sich eine abschließende Aufspaltung in je **3** Äste. Somit kann man sich zwischen $\mathbf{2 \cdot 4 \cdot 3 = 24}$ unterschiedlichen Speisenfolgen entscheiden.

b) Die Anzahl der Speisenfolgen entspricht dem Produkt der Wahlmöglichkeiten für die drei einzelnen Entscheidungsstufen. Um den Produktwert zu verdoppeln, muss einer der drei Faktoren verdoppelt werden.

Der Restaurantbetreiber könnte die Anzahl der Vorspeisen oder die der Hauptgerichte oder die der Nachspeisen verdoppeln.

Möglichkeit 1:
vier Vorspeisen, vier Hauptgerichte, drei Nachspeisen: $\mathbf{4 \cdot 4 \cdot 3 = 48}$

Möglichkeit 2:
zwei Vorspeisen, acht Hauptgerichte, drei Nachspeisen: $\mathbf{2 \cdot 8 \cdot 3 = 48}$

Möglichkeit 3:
zwei Vorspeisen, vier Hauptgerichte, sechs Nachspeisen: $\mathbf{2 \cdot 4 \cdot 6 = 48}$

Eine weitere Möglichkeit ergäbe sich durch das Erweitern des Menüs auf vier Gänge, z. B. durch das abschließende Angebot zweier verschiedener Käsesorten – was für ein chinesisches Restaurant aber ungewöhnlich wäre:
$\mathbf{2 \cdot 4 \cdot 3 \cdot 2 = 48}$

144 Ein Baumdiagramm würde bei dieser Aufgabe zu viel Platz benötigen. Du kannst dir das Diagramm aber im Kopf vorstellen und die einzelnen Faktoren auf diese Weise ermitteln.

Für den ersten Stern kann sich Laura zwischen allen 9 Farben entscheiden. Der erste Faktor ist deshalb die 9.
Für den zweiten Stern stehen nur noch 8 Farben zur Verfügung, weil Laura keine Farbe mehrfach verwenden will. Dies liefert als zweiten Faktor die 8.
Für den dritten Stern kann Laura nur noch zwischen den verbleibenden 7 Farben wählen. Der dritte Faktor ist daher die 7.
Insgesamt sind somit $9 \cdot 8 \cdot 7 = \mathbf{504}$ verschiedene Farbkombinationen möglich.

145 a) Um das Baumdiagramm zu erstellen, überlegt man, wie viele Möglichkeiten es gibt, der Reihe nach die erste, zweite und dritte Position im Konvoi zu besetzen.

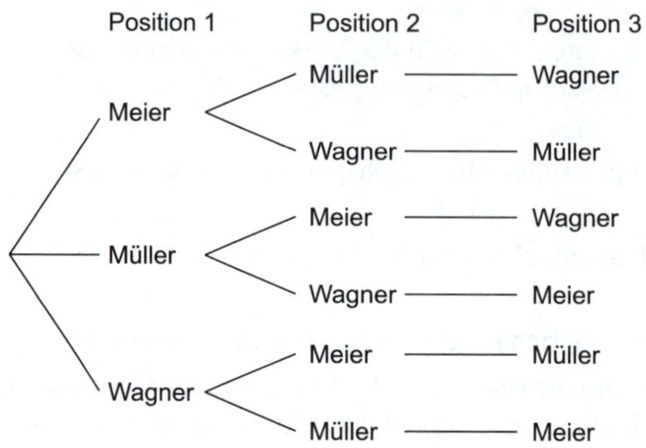

Es gibt also **6** unterschiedliche Anordnungen der Fahrzeuge.

b) Wieder überlegt man für jede Stufe des Baumdiagramms, wie viele Möglichkeiten es gibt, die entsprechende Position zu besetzen. Allerdings wird dieses Mal nicht nach Familien, sondern nach Wohnwagen bzw. Wohnmobil unterschieden.

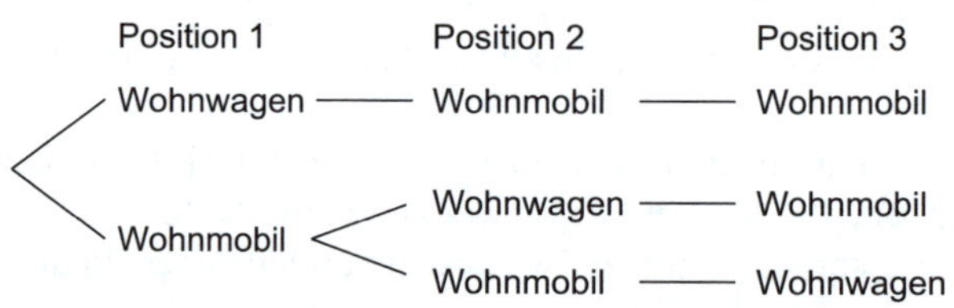

Werden die beiden Wohnmobile nicht unterschieden, sind nur **3** verschiedene Anordnungen für die Konvoifahrt möglich.

c) Das Zählprinzip kann man nur bei regelmäßigen Baumdiagrammen anwenden. Bei Teilaufgabe a ist dies der Fall, bei Teilaufgabe b nicht. Also lässt sich **nur Teilaufgabe a** mithilfe des Zählprinzips lösen.

146 a) $3^2 = 3 \cdot 3 = \mathbf{9}$

b) $5^3 = 5 \cdot 5 \cdot 5 = 25 \cdot 5 = \mathbf{125}$

c) $4^2 - 2^4 = 16 - 16 = \mathbf{0}$

d) $6^3 + 3^3 = 6 \cdot 6 \cdot 6 + 3 \cdot 3 \cdot 3 = 36 \cdot 6 + 9 \cdot 3 = 216 + 27 = \mathbf{243}$

e) $14^2 \cdot 2^2 = 196 \cdot 4 = \mathbf{784}$

f) $(3 \cdot 4)^2 = 12^2 = \mathbf{144}$

g) $(3+4)^2 = 7^2 = \mathbf{49}$

h) $3^2 + 4^2 = 9 + 16 = \mathbf{25}$

i) $3^3 - 2^4 \cdot 7^2 = 3 \cdot 3 \cdot 3 - 16 \cdot 49 = 27 - 784 = \mathbf{-757}$

j) $(5^2 - 3 \cdot 5)^3 = (25 - 15)^3 = 10^3 = 10 \cdot 10 \cdot 10 = \mathbf{1\,000}$

147 a) $2^8 = 256$ und $16^2 = 256 \quad \Rightarrow \quad 2^8 \mathbf{=} 16^2$

b) $5^2 = 25$ und $2^5 = 32 \quad \Rightarrow \quad 5^2 \mathbf{<} 2^5$

c) $2^5 = 32$ und $4^2 = 16 \quad \Rightarrow \quad 2^5 \mathbf{>} 4^2$

d) $5^3 = 5 \cdot 5 \cdot 5 = 125$ und $4^4 = 4 \cdot 4 \cdot 4 \cdot 4 = 16 \cdot 16 = 256 \quad \Rightarrow \quad 5^3 \mathbf{<} 4^4$

148 a) $900\,000 = 9 \cdot 10 \cdot 10 \cdot 10 \cdot 10 \cdot 10 = \mathbf{9 \cdot 10^5}$

b) $17\,000 = 17 \cdot 10 \cdot 10 \cdot 10 = \mathbf{17 \cdot 10^3}$

c) $805\,000\,000 = 805 \cdot 10 \cdot 10 \cdot 10 \cdot 10 \cdot 10 \cdot 10 = \mathbf{805 \cdot 10^6}$

d) drei Millionen $\Rightarrow$ $3\,000\,000 = 3 \cdot 10 \cdot 10 \cdot 10 \cdot 10 \cdot 10 \cdot 10 = \mathbf{3 \cdot 10^6}$

e) zwanzig Milliarden
$\Rightarrow$ $20\,000\,000\,000 = 2 \cdot 10 \cdot 10 \cdot 10 \cdot 10 \cdot 10 \cdot 10 \cdot 10 \cdot 10 \cdot 10 \cdot 10 = \mathbf{2 \cdot 10^{10}}$

f) zwei Milliarden fünfhundert Millionen
$\Rightarrow$ $2\,500\,000\,000 = 25 \cdot 10 \cdot 10 \cdot 10 \cdot 10 \cdot 10 \cdot 10 \cdot 10 \cdot 10 = \mathbf{25 \cdot 10^8}$

149 a) $5 \cdot 10^5 = 5 \cdot 10 \cdot 10 \cdot 10 \cdot 10 \cdot 10 = 5 \cdot 100\,000 = \mathbf{500\,000}$
fünfhunderttausend

b) $502 \cdot 10^6 = 502 \cdot 1\,000\,000 = \mathbf{502\,000\,000}$
fünfhundertzwei Millionen

c) $33 \cdot 10^2 = 33 \cdot 100 = \mathbf{3\,300}$
dreitausenddreihundert

d) $2 \cdot 10^7 = 2 \cdot 10\,000\,000 = \mathbf{20\,000\,000}$
zwanzig Millionen

150 a) Bei Variante I wird Michaels Taschengeld bis zur 10. Klasse 9 Mal um 5 € erhöht. Der monatliche Betrag wächst dadurch auf 1 € + 9 · 5 € = **46 €** an.

Bei Variante II wird das Taschengeld 9 Mal verdoppelt und der monatliche Betrag steigt dadurch auf 1 € · 2^9 = 1 € · 512 = **512 €**.

b) Während der 1. Klasse unterscheiden sich die Varianten nicht. Für die Klassen 2 bis 6 müssen die Zahlungen beider Varianten betrachtet und addiert werden. Durch Anwendung des Distributivgesetzes lassen sich die Beträge ohne schriftliche Nebenrechnung ermitteln.

Variante I:
$12 \cdot 6 € + 12 \cdot 11 € + 12 \cdot 16 € + 12 \cdot 21 € + 12 \cdot 26 €$
$= 12 \cdot (6 € + 11 € + 16 € + 21 € + 26 €)$
$= 12 \cdot 80 € = (10 + 2) \cdot 80 € = 800 € + 160 € =$ **960 €**

Variante II:
$12 \cdot 2 € + 12 \cdot 4 € + 12 \cdot 8 € + 12 \cdot 16 € + 12 \cdot 32 €$
$= 12 \cdot (2 € + 4 € + 8 € + 16 € + 32 €) = 12 \cdot 62 € = (10 + 2) \cdot 62 €$
$= 620 € + 124 € =$ **744 €**

Somit bekommt Michael mit Variante I bis zum Ende der 6. Klasse insgesamt $960 € - 744 € = 216 €$ mehr ausbezahlt.

151 a) Bei 6 überlebenden Kindern würde sich die Bevölkerung **von einer Generation zur nächsten verdreifachen**.

Zwar würden 6 Kinder pro Elternpaar eine Vervierfachung innerhalb einer Generation bedeuten, die beiden Eltern sterben aber nach einigen Jahren und es bleiben nur die 6 Kinder zurück.

Wird mit 25 Jahren pro Generation gerechnet, so vergehen in den betrachteten 150 Jahren **6 Generationen** und die Bevölkerung verdreifacht sich daher 6 Mal hintereinander.

Aus den im Jahr 1400 n. Chr. auf der Insel sesshaft gewordenen 10 Paaren bzw. 20 Menschen würde sich bis zum Jahr 1550 n. Chr. somit ungefähr eine Bevölkerungszahl von $20 \cdot \mathbf{3^6} = 20 \cdot 3 \cdot 3 \cdot 3 \cdot 3 \cdot 3 \cdot 3 = 20 \cdot 729 =$ **14 580** entwickeln.

b) Kriege, Seuchen und Hungersnöte führten im Laufe der Jahrhunderte immer wieder zu starken Bevölkerungsrückgängen. Es kann daher auf einen längeren Zeitraum gesehen nicht damit gerechnet werden, dass es im Schnitt immer 6 Nachkommen pro Elternpaar gab.

152 a) $69 : 3 =$ **23**

b) $100 - 80 : 4 = 100 - (80 : 4) = 100 - 20 =$ **80**

c) Die Aufgabe ist nicht lösbar, weil man nicht durch null teilen darf.

d) $46 : 4 =$ **11 Rest 2**

e) $121 : 11 + 110 = (121 : 11) + 110 = 11 + 110 =$ **121**

f) $1\,250 : (32 - 7) = 1\,250 : 25 =$ **50**

153 a) $144 : 12 = \mathbf{12}$

b) $\mathbf{105} : 15 = 7$

Hier hilft die Umkehraufgabe: $7 \cdot 15 = 105$

c) $250 : \mathbf{5} = 50$

d) $28 : \mathbf{5} = 5$ Rest 3

Da Rest 3 bleibt, kannst du vom Dividenden 3 abziehen. Damit muss $25 : \square = 5$ gelöst werden.

e) $\mathbf{135} : 13 = 10$ Rest 5

Würde kein Rest bleiben, könnte der Dividend mit der Umkehraufgabe $10 \cdot 13 = 130$ ermittelt werden. Da bei der Division aber ein Rest 5 bleibt, ist der Dividend um 5 größer als 130.

f) $45 : \square = 18 : 2$
$45 : \square = 9$
$45 : \mathbf{5} = 9$

154 a) Wird der Dividend vervierfacht und der Divisor beibehalten, dann **vervierfacht** sich auch der Quotientenwert.
Beispiel: $10 : 5 = 2$ und $40 : 5 = 8$

b) Wird der Dividend beibehalten und der Divisor halbiert, so **verdoppelt** sich der Quotientenwert.
Beispiel: $20 : 4 = 5$ und $20 : 2 = 10$

c) Wird der Dividend verdreifacht, so verdreifacht sich der Quotientenwert. Wird anschließend der Divisor halbiert, so verdoppelt sich der zuvor verdreifachte Quotientenwert. Insgesamt **versechsfacht** sich der Quotientenwert deshalb.
Beispiel: $40 : 8 = 5$ und $120 : 4 = 30$

155 a) Da die Einerziffer von 2 076 gerade ist, ist 2 076 **ohne Rest** durch 2 teilbar.

b) Die Quersumme von 4 915 ist $4 + 9 + 1 + 5 = 19$ und somit nicht durch 3 teilbar. Deshalb bleibt bei der Division ein **Rest**.

c) Die aus der Zehner- und Einerziffer von 1 532 bestehende zweistellige Zahl 32 ist ein Vielfaches von 4. Deshalb lässt sich 1 532 **ohne Rest** durch 4 teilen.

d) Die Quersumme von 82 639 ist $8 + 2 + 6 + 3 + 9 = 28$. Weil 28 kein Vielfaches von 9 ist, lässt sich 82 639 **nicht ohne Rest** durch 9 teilen.

156 Eine Zahl ist ohne Rest durch 4 teilbar, wenn die aus ihren letzten beiden Ziffern bestehende zweistellige Zahl durch 4 teilbar ist. Die beiden letzten Ziffern von 1 429 liefern die 29, die kein Vielfaches von 4 und damit nicht ohne Rest durch 4 teilbar ist. Die nächstgrößere Zahl, die durch 4 teilbar ist, ist die 32. Daher muss 3 addiert werden:

$(1\,429 + 3) : 4 = 1\,432 : 4 = 358$

Rolf muss also zunächst **3 €** einzahlen, anschließend bekommt jeder **358 €** ausbezahlt.

157 a) $143 : 13 = (130 + 13) : 13$ — Anwendung des Distributivgesetzes

$= 130 : 13 + 13 : 13$

$= 10 + 1$

$= \mathbf{11}$

b) $126 : 8 + 34 : 8 = (126 + 34) : 8$ — Anwendung des Distributivgesetzes

$= 160 : 8$

$= \mathbf{20}$

c) $46 : 23 + 230 : 23 + 69 : 23$ — Die Anwendung des Distributivgesetzes würde diese Aufgabe erschweren.

$= 2 + 10 + 3$

$= \mathbf{15}$

d) $35 : 5 - 35 : 7 = 7 - 5 = \mathbf{2}$ — Das Ausklammern des Divisors ist nicht erlaubt.

e) $(28 + 42 - 14) : 14 = 28 : 14 + 42 : 14 - 14 : 14 = 2 + 3 - 1 = 5 - 1 = \mathbf{4}$

f) $161 : 7 - 133 : 7 + 42 : 7$ — Anwendung des Distributivgesetzes

$= (161 - 133 + 42) : 7$

$= (28 + 42) : 7$

$= 70 : 7 = \mathbf{10}$

g) $32 : 3 - 23 : 3 = (32 - 23) : 3 = 9 : 3 = \mathbf{3}$ — Erst die Anwendung des Distributivgesetzes macht die Aufgabe lösbar.

h) $115 : 5 + 85 : 5 - 48 : 4 = (115 + 85) : 5 - 48 : 4 = 200 : 5 - 48 : 4 = 40 - 12 = \mathbf{28}$

158 a) $205 : 19 = (190 + 15) : 19$

Weil 190 das Zehnfache von 19 ist und 15 kein Vielfaches von 19 ist, kann 205 kein Vielfaches von 19 sein und bei der Division bleibt ein **Rest**.

b) $483 : 23 = (460 + 23) : 23$

Weil 460 das Zwanzigfache von 23 ist und auch 23 ohne Rest durch 23 teilbar ist, ist 483 ein Vielfaches von 23 und bei der Division bleibt **kein Rest**.

c) $189:45=(180+9):45$
Die Division kann **nicht ohne Rest** durchgeführt werden.

Vielfache von 45 sind die Zahlen 45, 90, 135, 180, …

d) $247:13=(260-13):13$
Die Division ist also **ohne Rest** möglich.

Wegen $13\cdot 20=260$ liegt es nahe, 247 in eine Differenz umzuformen.

159 a) $901:17=\mathbf{53}$

```
 901:17 = 53
-85
  51
 -51
   0
```

Überschlagsrechnung: $901:17\approx 1\,000:20=100:2=50$ ✓

b) $21924:108=\mathbf{203}$

```
 21924:108 = 203
-216
   324
  -324
     0
```

Hier musst du zwei Ziffern auf einmal anfügen. Vergiss nicht, deshalb eine Null beim Ergebnis einzufügen.

Überschlagsrechnung: $21\,924:108\approx 20\,000:100=200:1=200$ ✓

c) $39483:123=\mathbf{321}$

```
 39483:123 = 321
-369
  258
 -246
   123
  -123
     0
```

Überschlagsrechnung: $321\cdot 123\approx 300\cdot 130=3\cdot 13\cdot 1\,000=39\,000$ ✓

d) $47678:193=\mathbf{247\ Rest\ 7}$

```
 47678:193 = 247 Rest 7
-386
  907
 -772
  1358
 -1351
     7
```

Überschlagsrechnung: $247\cdot 193\approx 250\cdot 200=50\,000$ ✓

160 Der gesamte Wasserverbrauch muss durch die Einwohnerzahl geteilt werden:
10 428 000 000 : 82 175 684
Runden der Einwohnerzahl auf Hunderttausender ergibt:
82 175 684 ≈ 82 200 000 (HT)
Es muss also die folgende Division durchgeführt werden:
10 428 000 000 : 82 200 000

Das Ergebnis ändert sich nicht, wenn du bei Dividend und Divisor jeweils fünf Nullen weglässt.

$$\begin{array}{l} 104280 : 822 = 126 \text{ Rest } 708 \\ \underline{-822} \\ 2208 \\ \underline{-1644} \\ 5640 \\ \underline{-4932} \\ 708 \end{array}$$

Rundet man auf ganze Liter, verbraucht jeder Bundesbürger täglich durchschnittlich **127 Liter Wasser**.

161 a) $189 = 9 \cdot 21 = 3 \cdot 3 \cdot 3 \cdot 7 = \mathbf{3^3 \cdot 7}$

Die Quersumme von 189 ist 27, also ist 189 durch 9 teilbar.

b) $150 = 15 \cdot 10 = 3 \cdot 5 \cdot 2 \cdot 5 = \mathbf{2 \cdot 3 \cdot 5^2}$

c) $$\begin{aligned} 2\,448 &= 2 \cdot 1\,224 \\ &= 2 \cdot 2 \cdot 612 \\ &= 2 \cdot 2 \cdot 2 \cdot 306 \\ &= 2 \cdot 2 \cdot 2 \cdot 2 \cdot 153 \\ &= 2 \cdot 2 \cdot 2 \cdot 2 \cdot 9 \cdot 17 \\ &= 2 \cdot 2 \cdot 2 \cdot 2 \cdot 3 \cdot 3 \cdot 17 \\ &= \mathbf{2^4 \cdot 3^2 \cdot 17} \end{aligned}$$

153 hat die Quersumme 9, ist also durch 9 teilbar.

d) $221 = \mathbf{13 \cdot 17}$

162 Natürlich könnte der Platzwart 130 Helfer anwerben und jedem einen Ball schenken, oder er wirbt einen Spieler an, der dann alle Bälle erhält. Alle weiteren Lösungen findet man sehr einfach mithilfe der Primfaktorzerlegung, weil die Anzahl der Bälle das Produkt aus Anzahl der Helfer und Anzahl der Bälle pro Helfer ist.

Primfaktorzerlegung: $130 = 10 \cdot 13 = 2 \cdot 5 \cdot 13$

Jede Zahl, die aus den drei Faktoren der Primfaktorzerlegung gebildet werden kann, ist eine mögliche Lösung.

Einzelne Faktoren:	**2, 5, 13**
Produkt aus jeweils zwei Faktoren:	$2 \cdot 5 = \mathbf{10}$, $2 \cdot 13 = \mathbf{26}$, $5 \cdot 13 = \mathbf{65}$
Produkt aus allen drei Faktoren	$2 \cdot 5 \cdot 13 = \mathbf{130}$

Der Platzwart kann also 1, 2, 5, 10, 13, 26, 65 oder 130 Helfer anwerben.

163 a) $(-12) \cdot 15 = -(12 \cdot 15) = \mathbf{-180}$
Überschlagsrechnung: $12 \cdot 15 \approx 10 \cdot 20 = \mathbf{200}$ ✓

b) $(-98) \cdot (-27) = +(98 \cdot 27) = \mathbf{2\,646}$
Überschlagsrechnung: $98 \cdot 27 \approx 100 \cdot 25 = \mathbf{2\,500}$ ✓

c) $87 \cdot (-12) = -(87 \cdot 12) = \mathbf{-1\,044}$
Überschlagsrechnung: $87 \cdot 12 \approx 90 \cdot 10 = \mathbf{900}$ ✓

d) $189 \cdot (-66) = -(189 \cdot 66) = \mathbf{-12\,474}$
Überschlagsrechnung: $189 \cdot 66 \approx 200 \cdot 60 = \mathbf{12\,000}$ ✓

164 a) $(924 - 1\,892) \cdot 5 \cdot (-20)$
$= (-968) \cdot 5 \cdot (-20)$
$= +(968 \cdot 5 \cdot 20)$
$= [968 \cdot (5 \cdot 20)]$
$= 968 \cdot 100$
$= \mathbf{96\,800}$

Die zwei negativen Faktoren führen zu einem positiven Ergebnis.
Anwendung des Assoziativgesetzes

b) $189 \cdot (-33) \cdot (-3) = +(189 \cdot 33 \cdot 3) = +[189 \cdot (33 \cdot 3)] = 189 \cdot 99 = \mathbf{18\,711}$

c) $(-2)^5 = -(2^5) = \mathbf{-32}$

Der Exponent 5 ist eine ungerade Zahl und der Wert der Potenz daher negativ.

d) $(92 - 301) \cdot (301 - 92) \cdot 0 = 0$

Da der dritte Faktor null ist, ergibt sich sofort der Produktwert null.

e) $(-11) \cdot (-15)^2 = -(11 \cdot 15^2)$
$= -(11 \cdot 225)$
$= \mathbf{-2\,475}$

Die Potenz steht für zwei negative Faktoren. Insgesamt besteht der Term somit aus drei negativen Faktoren und das Ergebnis ist deshalb negativ.

f) $(-125) \cdot 12 \cdot (-8) \cdot (-12)$
$= -(125 \cdot 12 \cdot 8 \cdot 12)$
$= -[(125 \cdot 8) \cdot (12 \cdot 12)]$
$= -[1\,000 \cdot 144]$
$= \mathbf{-144\,000}$

Da der Term drei negative Faktoren enthält, ist das Ergebnis negativ.
Anwendung des Kommutativ- und Assoziativgesetzes

165 a) Vorzeichen: negativ
Umkehraufgabe: $1\,643 : 53 = 31$
vollständige Aufgabe:
$(-53) \cdot \mathbf{(-31)} = 1\,643$

Wegen $(-) \cdot (-) = (+)$ muss der zweite Faktor negativ sein. Um seinen Betrag zu ermitteln, musst du die Umkehraufgabe lösen.

b) Vorzeichen: negativ
Es gilt: $2^7 = 128$
vollständige Aufgabe:
$(\mathbf{-2})^7 = -128$

Da der Exponent eine ungerade Zahl ist, liefert eine negative Basis das geforderte negative Ergebnis.

c) Es muss (12+ □) = 0 gelten. Daher ist die gesuchte Zahl –12.
vollständige Aufgabe:
$(12+(-12))\cdot(-18)=0$

Da der Produktwert null ist, muss mindestens einer der Faktoren null sein. Das kann nur der erste Faktor sein.

d) Vorzeichen des ersten Faktors: negativ
Umkehraufgabe: $63:7=9$
Da für die Summe (20 + □) = –9 gelten soll, ist die gesuchte Zahl –29.
vollständige Aufgabe:
$(20+(-29))\cdot(-7)=63$

Hier ist der erste Faktor eine Summe, deren zweiter Summand unbekannt ist. Bestimme zuerst das Vorzeichen und den Betrag der Summe und dann den fehlenden Summanden.

e) Vorzeichen des zweiten Faktors: positiv
Umkehraufgabe: $104:8=13$
Da für die Differenz (□ – 2) = 13 gelten soll, ist die gesuchte Zahl 15.
vollständige Aufgabe:
$(-8)\cdot(15-2)=-104$

Hier ist der zweite Faktor eine Differenz, deren Minuend unbekannt ist. Ermittle zunächst das Vorzeichen und den Betrag der Differenz und anschließend den fehlenden Minuenden.

f) $21+3\cdot(-7)=21+(-21)=21-21=0$
vereinfachte Aufgabe: □ · (–172) = 0
In die Lücke muss 0 eingesetzt werden.
vollständige Aufgabe:
$0\cdot(-172)=21+3\cdot(-7)$

Zunächst musst du den Term rechts vom Gleichheitszeichen berechnen. Beachte Punkt vor Strich.
Ein Produkt ist nur dann null, wenn einer der Faktoren null ist.

g) $156\cdot(-3)=-(156\cdot 3)=-468$
vereinfachte Aufgabe: –468 = □ · 26
Vorzeichen: negativ
Umkehraufgabe: $468:26=18$
vollständige Aufgabe:
$156\cdot(-3)=(-18)\cdot 26$

Berechne zuerst den Term links vom Gleichheitszeichen.

h) (–1) · 2 · (–3) · (–4) · □ = 96
–(1 · 2 · 3 · 4) · □ = 96
–24 · □ = 96
Vorzeichen: negativ
Umkehraufgabe: $96:24=4$
vollständige Aufgabe:
$(-1)\cdot 2\cdot(-3)\cdot(-4)\cdot(-4)=96$

Vereinfache die Aufgabe zunächst, indem du die bekannten Faktoren multiplizierst.

166 a) $(+15) \cdot (+5) = 75$ oder
$(-15) \cdot (-5) = 75$

b) $(-3) \cdot (+5) \cdot (+7) = -105$ oder
$(+3) \cdot (-5) \cdot (+7) = -105$ oder
$(+3) \cdot (+5) \cdot (-7) = -105$ oder
$(-3) \cdot (-5) \cdot (-7) = -105$

167 a) $(-144) : 6 = -(144 : 6) = \mathbf{-24}$
Überschlagsrechnung: $24 \cdot 6 \approx 25 \cdot 6 = \mathbf{150}$ ✓

b) $(-2\,619) : (-97) = +(2\,619 : 97) = \mathbf{27}$
Überschlagsrechnung: $2\,619 : 97 \approx 2\,700 : 100 = \mathbf{27}$ ✓

c) $996 : (-12) = -(996 : 12) = \mathbf{-83}$
Überschlagsrechnung: $996 : 12 \approx 1\,000 : 10 = \mathbf{100}$ ✓

d) $759 : 11 = \mathbf{69}$
Überschlagsrechnung: $759 : 11 \approx 750 : 10 = \mathbf{75}$ ✓

e) $(-38\,964) : (-204) = +(38\,964 : 204) = \mathbf{191}$
Überschlagsrechnung: $38\,964 : 204 \approx 40\,000 : 200 = 400 : 2 = \mathbf{200}$ ✓

f) $12\,342 : (-66) = -(12\,342 : 66) = \mathbf{-187}$
Überschlagsrechnung: $187 \cdot 66 \approx 200 \cdot 60 = \mathbf{12\,000}$ ✓

168 a) Vorzeichen: positiv
Umkehrrechnung: $6 \cdot 4 = 24$
vollständige Aufgabe:
$\mathbf{24} : (-4) = -6$

Wegen $(+) : (-) = (-)$ muss der Dividend positiv sein. Den Betrag des Dividenden kannst du über die Umkehrrechnung ermitteln.

b) Vorzeichen: negativ
Hilfsrechnung: $72 : 8 = 9$
vollständige Aufgabe:
$(-72) : \mathbf{(-9)} = 8$

c) $24 : (-2) + 12 = (-12) + 12 = 0$
vereinfachte Aufgabe: $\square : 12 = 0$
Umkehraufgabe: $0 \cdot 12 = 0$
vollständige Aufgabe:
$\mathbf{0} : 12 = 24 : (-2) + 12$

Zunächst musst du den Term rechts vom Gleichheitszeichen berechnen. Beachte Punkt vor Strich.

d) Vorzeichen des Divisors: negativ
Hilfsrechnung: $1\,008 : 42 = 24$
Da für die Summe $(20 + \square) = -24$ gelten soll, ist die gesuchte Zahl -44.
vollständige Aufgabe:
$(-1\,008) : (20 + \mathbf{(-44)}) = 42$

Hier ist der Divisor eine Summe, deren zweiter Summand unbekannt ist. Bestimme zuerst das Vorzeichen und den Betrag der Summe und dann den fehlenden Summanden.

e) Vorzeichen des Dividenden: positiv
Umkehraufgabe: $31 \cdot 18 = 558$
Da für die Differenz $(560 - \square) = 558$ gelten soll, ist die gesuchte Zahl 2.
vollständige Aufgabe:
$(560 - \mathbf{2}) : (-18) = -31$

Hier ist der Dividend eine Differenz, deren Subtrahend unbekannt ist. Ermittle zunächst das Vorzeichen und den Betrag der Differenz und anschließend den fehlenden Subtrahenden.

f) Diese Aufgabe ist nicht eindeutig lösbar. Es können sämtliche positiven und negativen Zahlen als Divisor eingesetzt werden. Der Quotientenwert ist immer 0, wenn schon der Dividend 0 ist. Gut zu erkennen ist das mit der Umkehraufgabe: $0 \cdot \square = 0$
Egal, welche Zahl mit 0 multipliziert wird, das Ergebnis ist immer 0.
Bei der Umkehraufgabe dürftest du auch 0 in die Lücke einsetzen, bei der Aufgabe $0 : \square = 0$ selbst ist das nicht erlaubt, weil die Division durch 0 mathematisch keinen Sinn ergibt.

169 a) $(+15) : (-5) = -3$ oder
$(-15) : (+5) = -3$

b) $(+70) : (+5) : (+7) = 2$ oder
$(-70) : (-5) : (+7) = 2$ oder
$(+70) : (-5) : (-7) = 2$ oder
$(-70) : (+5) : (-7) = 2$

170 a) Der letzte durchzuführende Rechenschritt ist die Subtraktion, darum handelt es sich bei dem Term um eine **Differenz**.
$100 - (3 + 5)^2 : 4 = 100 - 8^2 : 4 = 100 - 64 : 4 = 100 - 16 = \mathbf{84}$

b) Die Klammer sorgt dafür, dass der letzte Rechenschritt eine Division ist. Der Term ist deshalb ein **Quotient**.
$(17 \cdot 35 - 19) : 32$
$= (595 - 19) : 32$
$= 576 : 32$
$= \mathbf{18}$

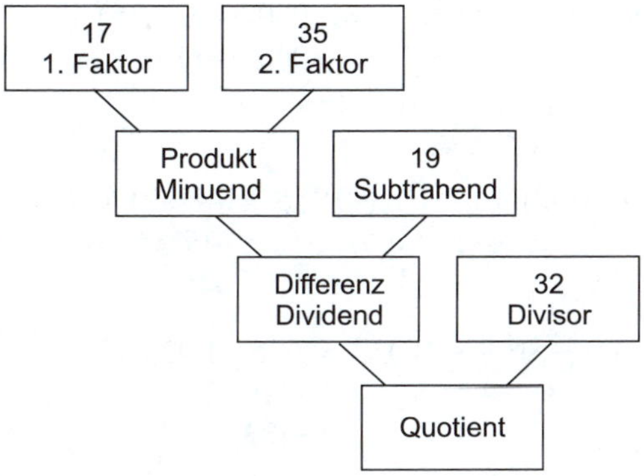

c) Punkt vor Strich sorgt dafür, dass der letzte Rechenschritt die Subtraktion ist, weshalb es sich bei dem Term um eine **Differenz** handelt.
$378 - 270 : 2 : 3^3 = 378 - 270 : 2 : 27$
$= 378 - 135 : 27$
$= 378 - 5$
$= \mathbf{373}$

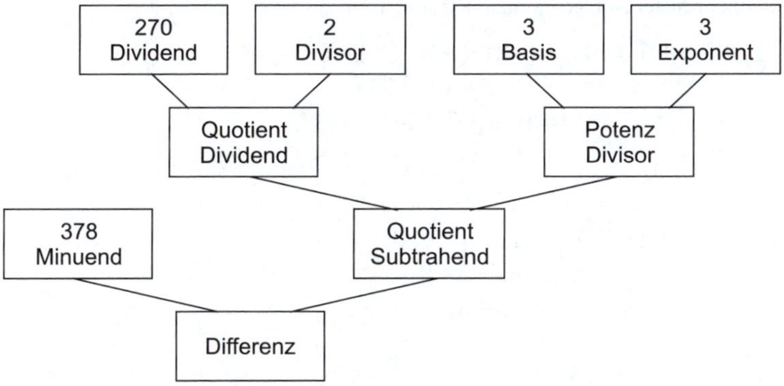

d) Der Quotient mit dem Divisor 0 ist nicht erlaubt. Der Term ist aus diesem Grund **nicht berechenbar**.

e) Hier sorgt Punkt vor Strich dafür, dass der Term eine **Summe** ist.
$-9 \cdot (-2) + (-77) : 7 = 9 \cdot 2 + (-(77 : 7)) = 18 + (-(11)) = 18 - 11 = 7$

f) Die Klammern machen den Term zu einem **Produkt**.
$(-96 : (43 - 55)) \cdot (15 - 37) = (-96 : (-12)) \cdot (-22) = 8 \cdot (-22) = -176$

171 a) $10^3 : (-90 - 5 \cdot 7) = 1\,000 : (-90 - 35)$
$= 1\,000 : (-125)$
$= \mathbf{-8}$

Weil durch eine Differenz dividiert wird, muss die Differenz in Klammern stehen. Das Produkt muss nicht eingeklammert werden, weil es wegen Punkt vor Strich sowieso vor der Subtraktion berechnet wird.

b) $((-2)^3 - (-3)^2) \cdot (-78 : 6) = (-8 - 9) \cdot (-13)$
$= -17 \cdot (-13)$
$= \mathbf{221}$

Damit tatsächlich die ganze Summe multipliziert wird, muss sie eingeklammert werden. Außerdem ist eine Klammer um den Quotienten notwendig.

c) $((-5)^4 + (-4)^5) : 3 = (625 - 1\,024) : 3$
$= -399 : 3$
$= \mathbf{-133}$

Weil das Ergebnis durch 3 dividiert werden soll, muss die Summe der beiden Potenzen in Klammern stehen. Die negativen Basen müssen ebenfalls in Klammern stehen, weil sonst das negative Vorzeichen nicht potenziert wird. Bei $(-4)^5$ würde eine fehlende Klammer den Wert zwar nicht verändern, der Term würde aber nicht mehr zum Aufgabentext passen.

172 Bei geschachtelten Klammern muss man im Auge behalten, welche öffnenden und schließenden Klammern zusammengehören. Wenn – wie hier – nur runde Klammern verwendet werden, kann man gleich beim Abschreiben der Aufgabe weitere Klammerformen verwenden.

a) $(-8) \cdot (-2) + (-3 + 6 \cdot (-4)) = (-8) \cdot (-2) + [-3 + 6 \cdot (-4)]$
$= 16 + [-3 + (-24)]$
$= 16 + [-3 - 24]$
$= 16 - 27$
$= \mathbf{-11}$

b) $(-7 - (-2) \cdot 2) \cdot 5 + 8 = [-7 - (-2) \cdot 2] \cdot 5 + 8$
$= [-7 - (-4)] \cdot 5 + 8$
$= [-7 + 4] \cdot 5 + 8$
$= -3 \cdot 5 + 8$
$= -15 + 8$
$= \mathbf{-7}$

c) $-63 : (-7) + (-4 - 10 : (-2)) = -63 : (-7) + [-4 - 10 : (-2)]$
$= 9 + [-4 - (-5)]$
$= 9 + [-4 + 5]$
$= 9 + 1$
$= \mathbf{10}$

d) $(-4 - (-8) \cdot 2) - (-3) \cdot 6 : (-2) = [-4 - (-8) \cdot 2] - (-3) \cdot 6 : (-2)$
$= [-4 - (-16)] - (-18) : (-2)$
$= [-4 + 16] - 9$
$= 12 - 9$
$= \mathbf{3}$

e) $8-(-10):(-1)-(-10)\cdot(-5-(-5))=8-(-10):(-1)-(-10)\cdot[-5-(-5)]$
$=8-10-(-10)\cdot[-5+5]$
$=8-10-(-10)\cdot 0$
$=8-10-0$
$=\mathbf{-2}$

f) $(-3)-(-28):(-4)-2\cdot(3-(-1))=(-3)-(-28):(-4)-2\cdot[3-(-1)]$
$=-3-7-2\cdot[3+1]$
$=-10-2\cdot 4$
$=-10-8$
$=\mathbf{-18}$

173 a) $(4\,527:(-9)+211):4-303=(-503+211):4-303$
$=-292:4-303=-73-303=\mathbf{-376}$

b) $328+(406-392:(-14))\cdot 5=328+(406+28)\cdot 5$
$=328+434\cdot 5$
$=328+2\,170$
$=\mathbf{2\,498}$

c) $-345:23-18\cdot 21=-15-378=\mathbf{-393}$

d) $(357+115):(745-863)\cdot 13=472:(-118)\cdot 13=-4\cdot 13=\mathbf{-52}$

e) $(7\,380:18-8)-102:3=(410-8)-34=402-34=\mathbf{368}$

f) $(-5^3-15\cdot 2^3)+(-5^2\cdot(-3)^2)=(-125-15\cdot 8)+(-25\cdot 9)$
$=(-125-120)-225$
$=-245-225$
$=\mathbf{-470}$

174 a) $7\cdot 462:3-7\cdot 1\,162:3+1\,531:3$ — Distributivgesetz der Division
$=[7\cdot 462-7\cdot 1\,162+1\,531]:3$ — Distributivgesetz der Multiplikation
$=[7\cdot(462-1\,162)+1\,531]:3$
$=[7\cdot(-700)+1\,531]:3$
$=[-4\,900+1\,531]:3$
$=-3\,369:3$
$=\mathbf{1\,123}$

b) $(592-810)\cdot 423:423=592-810$
$=\mathbf{-218}$

Die Klammer wird zunächst mit 423 multipliziert und das Ergebnis wird dann durch 423 dividiert. Diese zwei Rechenschritte kann man weglassen, weil Division und Multiplikation Umkehraufgaben sind.

175 Achte darauf, dass Punkt vor Strich gilt und das Distributivgesetz der Division nur anwendbar ist, wenn der Dividend eine Summe oder Differenz und der Divisor eine Zahl ist. Wenn mehrere Divisionen aufeinanderfolgen, musst du von links nach rechts rechnen, außer eine Klammer gibt eine andere Reihenfolge vor.

a) Hier kann man zunächst die Klammer berechnen oder das Distributivgesetz der Division anwenden.

Möglichkeit 1:
$(49-140):(-7)=(-91):(-7)=91:7=\mathbf{13}$

Möglichkeit 2:
$(49-140):(-7)=49:(-7)-140:(-7)=-7-(-20)=-7+20=\mathbf{13}$

b) Hier kann man keine Rechengesetze anwenden. Es muss von links nach rechts gerechnet werden. Die beiden negativen Vorzeichen heben sich auf.
$588:(-14):(-2)=(-42):(-2)=\mathbf{21}$

c) Entweder berechnet man zunächst die Klammer oder man wendet das Distributivgesetz der Multiplikation an.

Möglichkeit 1:
$5\cdot[(-10)-13]=5\cdot(-23)=\mathbf{-115}$

Möglichkeit 2:
$5\cdot[(-10)-13]=5\cdot(-10)-5\cdot 13=-50-65=\mathbf{-115}$

d) Das Distributivgesetz kann man hier nicht anwenden.
$162:(3-9)=162:(-6)=\mathbf{-27}$

e) Hier kann man keine Rechengesetze anwenden. Die drei negativen Vorzeichen können aber zu einem zusammengefasst werden.
$(-128):(-8)\cdot(-4)=-(128:8\cdot 4)=-(16\cdot 4)=\mathbf{-64}$

f) Bei der Division kann man entweder zunächst die Summe in der Klammer berechnen oder das Distributivgesetz der Division anwenden. Entscheidet man sich für das Distributivgesetz, kann man bei der anschließenden Multiplikation wieder zwischen zwei Alternativen wählen. Entweder berechnet man zunächst die Summe in der Klammer oder man wendet das Distributivgesetz der Multiplikation an.

Möglichkeit 1:
$(77+66):(-11)\cdot(-13)=143:(-11)\cdot(-13)=143:11\cdot 13=13\cdot 13=\mathbf{169}$

Möglichkeit 2:
$(77+66):(-11)\cdot(-13)$
$=[77:(-11)+66:(-11)]\cdot(-13)$
$=[-7+(-6)]\cdot(-13)$
$=-13\cdot(-13)$
$=\mathbf{169}$

Es wird nur das Distributivgesetz der Division angewendet. Allerdings muss man eine zusätzliche Klammer setzen, weil der ganze vordere Teil des Terms mit (–13) multipliziert wird.

Möglichkeit 3:

$(77+66):(-11)\cdot(-13)$
$=[77:(-11)+66:(-11)]\cdot(-13)$
$=[-7+(-6)]\cdot(-13)$
$=-7\cdot(-13)+(-6)\cdot(-13)$
$=91+78$
$=\mathbf{169}$

Zunächst wird das Distributivgesetz der Division und anschließend das Distributivgesetz der Multiplikation angewendet.

176 a) $4\cdot(-13)=-52$
vereinfachte Aufgabe: $\square:5=-52$
Vorzeichen: negativ
Umkehraufgabe: $52\cdot5=260$
vollständige Aufgabe:
$\mathbf{-260}:5=4\cdot(-13)$

Berechne zuerst die rechte Seite der Gleichung.

b) $126+42:(-7)=126+(-6)=126-6=120$
vereinfachte Aufgabe: $15\cdot\square=120$
Vorzeichen: positiv
Umkehraufgabe: $120:15=8$
vollständige Aufgabe:
$15\cdot\mathbf{8}=126+42:(-7)$

Berechne zuerst die rechte Seite der Gleichung. Achte auf Punkt vor Strich.

c) Vorzeichen (eckige Klammer): negativ
Umkehraufgabe: $63\cdot7=441$
Da für die eckige Klammer
$[(-450)+\square]=-441$
gelten soll, ist die gesuchte Zahl 9.
vollständige Aufgabe:
$[(-450)+\mathbf{9}]:(-7)=63$

Die eckige Klammer muss einen negativen Wert liefern, weil nur auf diese Weise bei Division durch (–7) das vorgegebene positive Gesamtergebnis möglich ist.

d) $(-16)\cdot(-4):(-32)=-(16\cdot4:32)$
$=-(64:32)$
$=-2$
vereinfachte Aufgabe: $-2:\square=2$
Vorzeichen: negativ
Hilfsrechnung: $2:2=1$
vollständige Aufgabe:
$(-16)\cdot(-4):(-32):\mathbf{(-1)}=2$

Zunächst werden die Multiplikation und die Division auf der linken Seite der Gleichung durchgeführt. Weil hier insgesamt drei negative Zahlen beteiligt sind, ist das Ergebnis negativ.

177 $\{[(13+7)\cdot 8-56]:4+2\}:2 = \{[20\cdot 8-56]:4+2\}:2$
$= \{[160-56]:4+2\}:2$
$= \{104:4+2\}:2$
$= \{26+2\}:2$
$= 28:2$
$= \mathbf{14}$

$\{[(1+7)\cdot 8-56]:4+2\}:2 = \{[8\cdot 8-56]:4+2\}:2$
$= \{[64-56]:4+2\}:2$
$= \{8:4+2\}:2$
$= \{2+2\}:2$
$= 4:2$
$= \mathbf{2}$

$\{[(0+7)\cdot 8-56]:4+2\}:2 = \{[7\cdot 8-56]:4+2\}:2$
$= \{[56-56]:4+2\}:2$
$= \{0:4+2\}:2$
$= \{0+2\}:2$
$= 2:2$
$= \mathbf{1}$

Sarah erhält immer einen Wert, der um 1 größer als ihre gedachte Zahl ist. Daher muss Paul von ihrem Ergebnis 1 abziehen, um ihre gedachte Zahl zu erhalten.

178 Zunächst muss man sich von links oben aus durch den Baum arbeiten, um die fehlenden Zahlen und Rechenzeichen zu ermitteln.
Für das zweite Kästchen in der oberen Reihe muss folgende Aufgabe gelöst werden: $-23-\square=66$

Anstelle des Platzhalters muss eine negative Zahl stehen, deren Betrag so groß ist, dass die negative 23 zur positiven 66 wird. Das leistet die $-(23+66)=\mathbf{-89}$.

Das mittlere Rechenzeichen muss ein **Geteiltzeichen** sein.

Für das untere Rechenzeichen gibt es unterschiedliche Lösungen, weil hier die Aufgabe $-6\square\square=36$ gelöst werden muss, wobei der erste Platzhalter für ein Rechenzeichen und der zweite für eine Zahl steht.

Mögliche Lösungen:
$-6\mathbf{+42}=36$
$-6\mathbf{-(-42)}=36$
$-6\mathbf{\cdot(-6)}=36$

Weil möglichst wenig Klammern gefordert sind, muss die erste Lösung gewählt werden, was zu folgendem Gesamtterm führt: $(-23-(\mathbf{-89}))\mathbf{:}(-11)\mathbf{+42}$

Wichtig ist die Klammer um die Differenz, weil wegen Punkt vor Strich sonst $(-89):(-11)$ gerechnet werden müsste.

179 a) $(39-72):3+[7\cdot(-12)]-(22-33)$

Das erste runde Klammerpaar darf nicht weggelassen werden, weil wegen Punkt vor Strich sonst nur die 72 durch 3 geteilt wird statt der Differenz aus 39 und 72.
Das **eckige Klammerpaar** kann dagegen **weggelassen** werden, weil das Produkt auch ohne diese Klammern zuerst bearbeitet werden muss.

Das mittlere runde Klammerpaar darf nicht weggelassen werden, weil sonst das Malzeichen und das negative Vorzeichen unmittelbar nebeneinanderstehen, was nicht zulässig ist.

Auch das dritte runde Klammerpaar muss erhalten bleiben, weil andernfalls zunächst 22 und dann 33 subtrahiert werden – also insgesamt $22+33=55$ abgezogen werden. Die Klammern verlangen aber, dass die Differenz aus 22 und 33 subtrahiert wird, was einer Addition von 11 entspricht.

b) $(22-66:3)\cdot[5\cdot(9-12)+49]$

Das erste runde Klammerpaar darf nicht weggelassen werden, da sonst das Ergebnis von $66:3$ mit der eckigen Klammer multipliziert wird und erst ganz am Schluss die Differenz mit dem Minuenden 22 gebildet wird.

Auch das eckige Klammerpaar darf man nicht weglassen, weil es dafür sorgt, dass zunächst die Summe gebildet wird, bevor mit dem Ergebnis des ersten runden Klammerpaares multipliziert wird. Ohne diese Klammern wäre der Term eine Summe statt ein Produkt.

Auf den ersten Blick sieht es so aus, als ob das **zweite runde Klammerpaar** nicht weggelassen werden darf, weil sonst statt des Produktes $5\cdot(9-12)=5\cdot(-3)$ die Differenz $5\cdot 9-12=45-12$ entsteht.
Da in der Aufgabenstellung aber nur gefordert wird, dass der Wert des Gesamtterms sich nicht ändert, kann dieses Klammerpaar tatsächlich **weggelassen** werden, weil der Gesamtterm dank des ersten runden Klammerpaares und des eckigen Klammerpaares ein Produkt darstellt, dessen erster Faktor $22-66:3=22-22=0$ ergibt. Damit liefert der Term immer den Wert 0, egal was innerhalb des eckigen Klammerpaares verändert wird.

180 Es sind alle Informationen vorhanden, um der Reihe nach die entstehenden Kosten zu ermitteln, das bereits vorhandene Geld zu berücksichtigen und abschließend den pro Kind zu bezahlenden Restbetrag zu ermitteln. Man wendet daher die Strategie des **Vorwärtsarbeitens** an.

1. Schritt: Gesamtkosten
$170+28\cdot 3+25=279$

2. Schritt: Betrag, der nach dem Zuschuss des Lehrers noch fehlt
$279-(161+6)=279-167=112$

3. Schritt: Betrag pro Schüler
$112 : 28 = 4$
Gesamtansatz: **$[170 + 28 \cdot 3 + 25 - (161 + 6)] : 28$**
Jeder Schüler muss **4 €** bezahlen.

181 Diese Aufgabe muss vom Ende Schritt für Schritt zurück zum Anfang bearbeitet werden, also von der Information über den verbleibenden Betrag in der Urlaubskasse nach Abschluss der Fahrradtour bis zur Information über die Höhe des monatlich gesparten Betrages. Es wird somit die Strategie des **Rückwärtsarbeitens** angewendet.

1. Schritt: Inhalt der Kasse zu Beginn der Pfingstferien
$31 \cdot 2 = 62$

2. Schritt: Phillipps selbst angesparter Betrag
$62 - 20 = 42$

3. Schritt: Anzahl der Sparmonate
$42 : 6 = 7$
Gesamtansatz: **$(31 \cdot 2 - 20) : 6$**
Phillipp hat **7 Monate** gespart.

182 1. Schritt: Gesamtkosten
$1\,350 + 75 + 6 \cdot 35 + 416 = 1\,425 + 210 + 416 = 1\,635 + 416 = 2\,051$

2. Schritt: Kosten pro Person
$2\,051 : 7 = 293$

3. Schritt: Rückerstattung für Harald
$416 - 293 = 123$
Gesamtansatz: **$416 - (1\,350 + 75 + 6 \cdot 35 + 416) : 7$**
Harald erhält bei der Endabrechnung noch **123 €**.

Bei dieser Aufgabe kam die Strategie des **Vorwärtsarbeitens** zum Einsatz.

183 Hier kommt eine **Mischung aus Vorwärts- und Rückwärtsarbeiten** zum Einsatz: Mit den im Text enthaltenen Informationen kann man den Beitrag der Hochleistungskühe im Verlauf des Jahres mithilfe von Vorwärtsarbeiten ermitteln und anschließend aus der gesamten Jahresproduktion auf die Anzahl der Standardrinder mithilfe von Rückwärtsarbeiten schließen.

1. Schritt: Milchproduktion der Hochleistungskühe im ersten Halbjahr
$6 \cdot 32 \cdot 750 = 144\,000$

2. Schritt: Milchproduktion der Hochleistungskühe im zweiten Halbjahr
$6 \cdot (32 - 14) \cdot 750 = 6 \cdot 18 \cdot 750 = 81\,000$

3. Schritt: Milchproduktion der Hochleistungskühe gesamt
$144\,000 + 81\,000 = 225\,000$

4. Schritt: Milchproduktion der Standardrinder gesamt
$342\,000 - 225\,000 = 117\,000$

5. Schritt: Milchproduktion der Standardrinder pro Woche
$117\,000 : 52 = 2\,250$

6. Schritt: Anzahl der Standardrinder
$2\,250 : 90 = 25$
Gesamtansatz: **$[342\,000 - (32 \cdot 6 \cdot 750 + (32 - 14) \cdot 6 \cdot 750)] : (52 \cdot 90)$**
Landwirt Huber besitzt **25 Standardrinder**.

184 1. Schritt: Gesamtkosten des Händlers
$15 \cdot 240 + 45 = 3\,645$

2. Schritt: gesamter Verkaufspreis
$3\,645 + 630 = 4\,275$

3. Schritt: Anzahl der verkauften Kaninchen, abzüglich des Geschenks an das Kinderheim
$15 \cdot 20 - 15 = 285$

4. Schritt: Verkaufspreis pro Kaninchen
$4\,275 : 285 = 15$
Gesamtansatz: **$(15 \cdot 240 + 45 + 630) : (15 \cdot 20 - 15)$**
Der Händler muss **15 €** für jedes Kaninchen verlangen.

185 Gegeben ist die Temperatur bei Ankunft der Luftmassen bei Schloss Neuschwanstein. Da sich die Frage auf den Beginn der Luftmassenbewegung bezieht, ist die Strategie des **Rückwärtsarbeitens** anzuwenden.

1. Schritt: Temperatur am Alpenhauptkamm
$24 - 1 \cdot (3\,000 - 900) : 100 = 24 - 2\,100 : 100 = 24 - 21 = 3$

2. Schritt: Höhenunterschied auf der Alpensüdseite
$[(23 - 3) : 4] \cdot 500 = [20 : 4] \cdot 500 = 5 \cdot 500 = 2\,500$

3. Schritt: Höhe in Italien bei 23 °C
$3\,000 - 2\,500 = 500$

Gesamtansatz: **$3\,000 - [(23 - \{24 - 1 \cdot (3\,000 - 900) : 100\}) : 4] \cdot 500$**
Die Luftmassen hatten auf einer Höhe von **500 m** eine Temperatur von 23 °C.

186 a) Wenn alle Lkws gleich oft fahren sollen, wird die Nutzlast aller Lkws des Bauunternehmers zusammen ermittelt und die insgesamt zu transportierende Menge durch diese Gesamtnutzlast geteilt:

$2\,720:(4\cdot 5+2\cdot 13+22)=2\,720:(20+26+22)=2\,720:68=40$

Jeder Lkw muss also **40 Fahrten** machen.

b) Wird die insgesamt zu transportierende Menge durch die Anzahl der benötigten Fahrten pro Lkw geteilt, erhält man die Menge, die alle eingesetzten Lkws zusammen bei einer Fahrt abtransportieren können.
Man kann sich jeweils 3 Lkws mit unterschiedlichen Nutzlasten als ein Team vorstellen. Wird die Gesamtnutzlast eines solchen Teams berechnet und die zuvor ermittelte Menge pro Fahrt durch diese Zahl geteilt, so kennt man die Anzahl der Dreierteams.
Nun muss die Anzahl der Dreierteams noch mit 3 multipliziert werden, um die Gesamtzahl der verwendeten Lkws zu bestimmen. Von dieser Zahl wird noch die Anzahl der eigenen Fahrzeuge des Unternehmers abgezogen.

$$\underbrace{\underbrace{\underbrace{\overbrace{2\,720:17}^{\text{Transportierte Menge pro Fahrt aller Lkws}} : \overbrace{(5+13+22)}^{\text{Nutzlast eines Lkw-Dreierteams}}}_{\text{Anzahl der Lkw-Dreierteams}} \cdot 3}_{\text{Gesamtzahl der Lkws}} - \overbrace{(4+2+1)}^{\text{Anzahl der eigenen Lkws}}}_{\text{Anzahl der zusätzlich gemieteten Lkws}}
\begin{aligned}&=160:40\cdot 3-7\\&=4\cdot 3-7\\&=12-7\\&=5\end{aligned}$$

Der Bauunternehmer muss also **5 Lkws** mieten.

187 Eine **Königskobra** ist ungefähr **5 m** lang und wird etwa **25 Jahre** alt.
Eine **Badewanne** fasst ungefähr **250 ℓ** Wasser.
Ein **Pick-up** wiegt ca. **2 t**, kostet ungefähr **35 000 €** und hat eine Maximalgeschwindigkeit von **180** $\frac{\textbf{km}}{\textbf{h}}$.
Ein **Blauwal** wiegt ungefähr **180 t**, ist ca. **30 m** lang und kann ungefähr **20 min** tauchen.
Ein **Gepard** wiegt ca. **60 kg** und kann eine Geschwindigkeit von **90** $\frac{\textbf{km}}{\textbf{h}}$ erreichen.
Eine **Tulpe** ist ungefähr **45 cm** hoch.
Ein **Geodreieck** hat zwei **45°**-Winkel und einen **90°**-Winkel.
Eine **Milchtüte** enthält **1 ℓ** Milch.
Ein **Fünftklässler** wiegt ungefähr **40 kg** und ist ungefähr **150 cm** groß.

188 a) 5 m 7 cm 2 mm = **5,072 m**

Denke daran, die Dezimeterspalte mit einer 0 aufzufüllen.

b) 340 m 50 cm = 340,50 m = **340,5 m**

Beide Maßzahlen müssen über mehrere Spalten verteilt werden.

c) 2 km 750 m = **2 750 m**

d) 5 000 cm = **50 m**

e) 5,3 km = **5 300 m**

f) 1 234 567 mm = **1 234,567 m**

189 a) 5 dm 22 cm = 7 dm 2 cm = **7,2 dm**

22 cm = 2 dm 2 cm

b) 15 m 15 dm = 16 m 5 dm = **16,5 m**

c) 15 km 1 500 mm = 15 km 1 m 5 dm = **15,0015 km**

1 500 mm = 1 m 5 dm

d) 5 km 55 m 55 dm = 5 km 60 m 5 dm = **5,0605 km**

e) 23 dm 23 cm 23 mm = 25 dm 5 cm 3 mm = **25,53 dm**

Sowohl die 23 mm als auch die 23 cm liefern jeweils eine 2 für die nächstgrößere Spalte.

f) 222 cm 111 mm = 233 cm 1 mm = **233,1 cm**

111 mm = 11 cm 1 mm

190 a) 1 928 037 cm = **19,28037 km**

b) 50 km 23 mm = **50 000,023 m**

Hier musst du die korrekte Anzahl an Nullen einfügen.

c) 0,504203 km = **5 042,03 dm**

Durchlaufe im Kopf die Einheitentafel nach rechts, bis du bei den Dezimetern ankommst.

d) 33,705423 km = **33 705,423 m**

Stelle wie bei Teilaufgabe c fest, welche Ziffer zur Meterstelle gehört, und verschiebe das Komma entsprechend.

e) 2 030,603 m = **2 km 30 m 6 dm 3 mm**

f) 4 km 250 m 15 dm = 4 km 251 m 5 dm = **4 251,5 m**

15 dm = 1 m 5 dm

191 a) **Falsch**
Zum Vergleich: Eine erwachsene Person ist selten größer als 2 m und trotzdem größer als ein Pkw.

b) **Möglich**
Zum Beispiel wird schon für Grundschüler ein Schulweg bis zu 2 km Länge als zumutbar eingestuft. Hin und zurück legen Grundschüler daher oft schon für den Schulweg 3 km zurück. Wege zu Hause oder beim Sport summieren sich schnell zu weiteren 2 bis 3 km. Schon mit täglich 5 km läuft man im Monat ungefähr 150 km und daher im Jahr $12 \cdot 150\text{ km} = 1\,800\text{ km}$.

c) **Falsch**
Das Ulmer Münster hat mit knapp über 160 m den höchsten Turm aller Kirchen in Deutschland. Dorfkirchen haben wesentlich kleinere Türme – meist deutlich unter 50 m.

d) **Möglich**
Beim Marathon läuft man etwas mehr als 41 km und Hobbyläufer benötigen dafür zwischen 3 und 4 Stunden.

e) **Falsch**
Der Erdumfang beträgt 40 000 km. Deshalb können zwei Orte auf der Erde maximal 20 000 km voneinander entfernt sein.

192 a) Mit dem Geodreieck kann man ausmessen, dass die Skulptur mit Sockel gut 5 Mal so hoch wie der am Sockel lehnende Lukas ist. Da ein Elfjähriger ungefähr 150 cm groß ist, dürfte die Skulptur ca. $5 \cdot 150\text{ cm} = 750\text{ cm} \approx$ **8 m** hoch sein.

b) Die Pulloverärmel müssten doppelt so lang sein wie die Körpergröße von Lukas. Sie müssten also ungefähr eine Länge von **3 m** haben.

193 Die **Wühlmaus** passt ungefähr 2 Mal in den 16 cm langen Schnabel und hat daher eine Größe von ca. **8 cm**.
In der abgebildeten Haltung beträgt der **Abstand des Storchkopfes zum Boden** knapp 4 Schnabellängen, also ungefähr **60 cm**.
Würde das Tier seinen Hals nach vorne strecken, würde der Schnabel von **Schwanz- bis Schnabelspitze** ungefähr 6 Mal in den Körper passen, was einer Länge von ca. $6 \cdot 16\text{ cm} =$ **96 cm** entspricht.

194 a) 128 037 g = **0,128037 t**

b) 35 kg 23 mg = **35,000023 kg**
Hierbei könnte es sich um das Gewicht des Schimpansen handeln.

Zwischen Milligramm und Kilogramm liegt noch die Einheit Gramm.

c) 0,304503 t = **304 kg 503 g**

d) 33,7054235 t = **33 705 423,5 g**

e) 2 030,603 kg = **2 t 30 kg 603 g**

f) 3 t 2 250 kg 150 g = 5 t 250 kg 150 g
= **5 250,150 kg**

2 250 kg = 2 t 250 kg

195 Ein Fünftklässler wiegt ungefähr 40 kg. Die beiden Klassenlehrerinnen wiegen zusammen etwa so viel wie drei Schüler und man kann daher überschlagen:
$30 \cdot 40$ kg = 1 200 kg

Schon ohne den Bergwerksführer wäre der Lift **überladen**. Die Klasse muss auf jeden Fall für den Transport in zwei Gruppen aufgeteilt werden.

196 a) 12 537 ct = **125,37 €**

b) 50 € 23 ct = **50,23 €**

c) 3 045,03 € = **3 045 € 3 ct**

d) 33,70 € = **3 370 ct**

e) 123 € 123 ct = 124 € 23 ct = **124,23 €**

123 ct = 1 € 23 ct

f) 1 250 € 150 ct = 1 251 € 50 ct = **125 150 ct**

150 ct = 1 € 50 ct

197 Das Lösegeld besteht aus 100 000 Geldscheinen, die ungefähr 13 cm lang und 7 cm breit sind.
Ordnet man das Geld in 4 Reihen mit jeweils 3 Scheinen an, so entsteht ein Rechteck mit 39 cm Breite und 28 cm Höhe, das den Boden des Koffers gut ausfüllt.
Eine solche Lage enthält 12 Scheine.

Teilt man die gewünschte Anzahl an Scheinen durch 12, erhält man:
100 000 : 12 = 8 333 R 4
Es wären also mindestens **8 000 Geldscheinlagen** notwendig.

Normales Druckerpapier wird in 500-Stück-Packungen verkauft, die ca. 5 cm dick sind. In dem 15 cm hohen Aktenkoffer würden daher ungefähr 3 solche Packungen übereinander Platz finden, was 1 500 Papierlagen entspricht. Weil Geldscheine sicher nicht dünner als Druckerpapier sind, passen 8 000 Geldscheinlagen **auf keinen Fall in den Aktenkoffer**.

198 a) *Möglichkeit 1:*

$$\begin{aligned} 2\text{ h }35\text{ min }35\text{ s} &= (2\cdot 60)\text{ min} + 35\text{ min} + 35\text{ s} \\ &= 120\text{ min} + 35\text{ min} + 35\text{ s} \\ &= 155\text{ min} + 35\text{ s} \\ &= (155\cdot 60)\text{ s} + 35\text{ s} \\ &= 9\,300\text{ s} + 35\text{ s} \\ &= \mathbf{9\,335\text{ s}} \end{aligned}$$

Umrechnung der Stunden in Minuten

Umrechnung der Minuten in Sekunden

Möglichkeit 2:

$$\begin{aligned} 2\text{ h }35\text{ min }35\text{ s} &= (2\cdot 3\,600)\text{ s} + (35\cdot 60)\text{ s} + 35\text{ s} \\ &= 7\,200\text{ s} + 2\,100\text{ s} + 35\text{ s} \\ &= \mathbf{9\,335\text{ s}} \end{aligned}$$

$1\text{ h} = 3\,600\text{ s}$

b) *Möglichkeit 1:*

Anzahl der enthaltenen Minuten:

$7\,609 : 60 = 126\text{ R }49 \;\Rightarrow\; 7\,609\text{ s} = 126\text{ min }49\text{ s}$

Anzahl der in 126 min enthaltenen Stunden:

$126 : 60 = 2\text{ R }6 \;\Rightarrow\; 126\text{ min} = 2\text{ h }6\text{ min}$

Insgesamt:

$7\,609\text{ s} = 126\text{ min }49\text{ s} = \mathbf{2\text{ h }6\text{ min }49\text{ s}}$

Möglichkeit 2:

$7\,609\text{ s} = 7\,200\text{ s} + 409\text{ s} = 2\text{ h }409\text{ s}$ — $1\text{ h} = 3\,600\text{ s} \Rightarrow 2\text{ h} = 7\,200\text{ s}$

$409\text{ s} = 360\text{ s} + 49\text{ s} = 6\text{ min }49\text{ s}$ — $1\text{ min} = 60\text{ s} \Rightarrow 6\text{ min} = 360\text{ s}$

Insgesamt:

$7\,609\text{ s} = 2\text{ h }409\text{ s} = \mathbf{2\text{ h }6\text{ min }49\text{ s}}$

c) *Möglichkeit 1:*

$$\begin{aligned} 2\text{ d }12\text{ h }17\text{ min} &= (2\cdot 24)\text{ h} + 12\text{ h} + 17\text{ min} \\ &= 60\text{ h }17\text{ min} \\ &= (60\cdot 60)\text{ min} + 17\text{ min} \\ &= 3\,600\text{ min} + 17\text{ min} \\ &= \mathbf{3\,617\text{ min}} \end{aligned}$$

Umrechnung der Tage in Stunden

Umrechnung der Stunden in Minuten

Möglichkeit 2:

$$\begin{aligned} 2\text{ d }12\text{ h }17\text{ min} &= (2\cdot 24\cdot 60)\text{ min} + (12\cdot 60)\text{ min} + 17\text{ min} \\ &= 2\,880\text{ min} + 720\text{ min} + 17\text{ min} \\ &= \mathbf{3\,617\text{ min}} \end{aligned}$$

d) *Möglichkeit 1:*
42 500 s = 708 min 20 s = **11 h 48 min 20 s**

42 500 : 60 = 708 R 20
708 : 60 = 11 R 48

Möglichkeit 2:
42 500 s = 11 h 2 900 s = **11 h 48 min 20 s**

42 500 : 3 600 = 11 R 2 900
2 900 : 60 = 48 R 20

199 Die Zeitspannen mit Maßzahl 1 kann man problemlos in die korrekte Reihenfolge bringen:
„1 Schulstunde" < „1 Stunde" < „1 Tag" < „1 Woche" < „1 Jahr"

1 Stunde hat 60 Minuten und 1 000 Stunden sind daher 60 000 Minuten.
1 Minute hat 60 Sekunden und 1 000 Minuten sind daher 60 000 Sekunden.
Damit lassen sich auch die verbleibenden Zeitspannen einfach sortieren:
„1 000 Sekunden" < „1 000 Minuten" < „10 000 Minuten" < „1 000 Stunden"
< „10 000 Stunden"

Um die beiden Anordnungen korrekt zu einer gemeinsamen Folge zu verbinden, müssen die Zeitspannen der ersten Folge in kleinere Einheiten umgerechnet werden.

1 Stunde = 1 h = 60 min = 3 600 s
⇒ 1 000 Sekunden sind etwas mehr als eine Viertelstunde (3 600 s : 4 = 900 s) und damit die kürzeste Zeitspanne. Außerdem sind 1 000 Minuten mehr als 1 Stunde.

1 Tag = 1 d = 24 h = 1 440 min
⇒ 1 000 Minuten sind etwas weniger als 1 Tag.

1 Woche = 168 h = 10 080 min
⇒ 10 000 Minuten sind etwas weniger als 1 Woche und 1 000 Stunden sind mehr als 1 Woche.

1 Jahr = 1 a = 8760 h (außer bei Schaltjahren)
⇒ 10 000 Stunden sind mehr als 1 Jahr.

Die korrekte Anordnung sieht also folgendermaßen aus:
„1 000 Sekunden" < „1 Schulstunde" < „1 Stunde" < „1 000 Minuten"
< „1 Tag" < „10 000 Minuten" < „1 Woche"
< „1 000 Stunden" < „1 Jahr" < „10 000 Stunden"

200 Berechne zunächst, wie viel Stoff insgesamt verbraucht wird, und subtrahiere diesen Wert von den 20 m der vollen Rolle. Um die notwendigen Summen und Differenzen zu berechnen, solltest du alle Längenangaben entweder in cm oder in m umrechnen.

Möglichkeit 1:

$$\begin{aligned}137\text{ cm}+1{,}9\text{ m}+92\text{ cm}+3\text{ m }22\text{ cm} &= 137\text{ cm}+190\text{ cm}+92\text{ cm}+322\text{ cm}\\ &= 741\text{ cm}\end{aligned}$$

Bis zum Mittwochabend wurden 741 cm des Stoffes verarbeitet. Von der Rolle sind somit noch 20 m − 741 cm = 2 000 cm − 741 cm = 1 259 cm = **12 m 59 cm** vorhanden.

Möglichkeit 2:

$$\begin{array}{r} 1{,}37\text{ m}\\ 1{,}90\text{ m}\\ 0{,}92\text{ m}\\ +\,3{,}22\text{ m}\\ \hline 7{,}41\text{ m}\end{array} \qquad \begin{array}{r} 20{,}00\text{ m}\\ -\,7{,}41\text{ m}\\ \hline 12{,}59\text{ m}\end{array}$$

201 Von 10:11 Uhr bis 11:00 Uhr vergehen 49 min. Eine volle Stunde und 17 min nach 11:00 Uhr trifft der Läufer im Ziel ein. Für die gesamte Laufzeit gilt:
49 min + 1 h + 17 min = 1 h + 66 min = 2 h 6 min
Der Läufer war insgesamt **2 h 6 min** unterwegs.

202 Von 21:17 Uhr und 43 s bis 22:00 Uhr vergehen 42 min 17 s. Nach 22:00 Uhr vergehen weitere 3 min 13 s.
Damit gilt:
42 min + 17 s + 3 min + 13 s = 45 min 30 s
Insgesamt dauert das Experiment **45 min 30 s**.

203 Berechnung, wie viele Tage und Stunden die Batterie durchhält:
85 h = 3 d 13 h
Von 21:15 Uhr am Montag bis zur gleichen Uhrzeit am Donnerstag vergehen 3 Tage. 13 Stunden später ist es 10:15 Uhr am Freitag. Der Kühlschrank arbeitet also bis **10:15 Uhr am Freitagvormittag**.

204 Um den Gesamtverdienst zu ermitteln, wird Leanders Stundenlohn mit der Anzahl der Arbeitsstunden multipliziert:
7,80 € · (37 · 3) = 7,80 € · 111 = 780 ct · 111 = (780 · 111) ct = 86 580 ct = 865,80 €
Leander verdient insgesamt **865,80 €**.

205 Um Aarons Stundenlohn zu ermitteln, wird sein Gesamtverdienst durch die Anzahl der Arbeitsstunden dividiert.

$$\begin{aligned} 833\text{ €} : (2 \cdot 35) &= 833\text{ €} : 70 \\ &= 83\,300\text{ ct} : 70 \\ &= (83\,300 : 70)\text{ ct} \\ &= 1\,190\text{ ct} \\ &= 11{,}90\text{ €} \end{aligned}$$

Wenn die Division nicht aufgeht, hilft oft die Umrechnung in eine kleinere Einheit.

Aaron verdiente pro Stunde **11,90 €**.

206 $4\,600\text{ km} : 230\text{ km} = 4\,600 : 230 = 20$

Familie Otto war **20 Tage** unterwegs.

207 Mit dem Dreisatz wird zunächst die Reichweite für 1 Liter Diesel ermittelt und anschließend die Reststrecke berechnet, die mit den verbleibenden 3 Litern zurückgelegt werden kann:

$$\begin{array}{rcl} :5 \;(& 5\,\ell \mathrel{\hat=} 100\text{ km} &) :5 \\ \cdot 3 \;(& 1\,\ell \mathrel{\hat=} 20\text{ km} &) \cdot 3 \\ & 3\,\ell \mathrel{\hat=} 60\text{ km} & \end{array}$$

Antwort: Herr Vogel kann nach dem Aufleuchten der Warnlampe noch ca. **60 km** fahren.

208 Sämtliche Zutatenmengen sollten mit dem Dreisatz zunächst für 2 Personen berechnet werden, um damit dann die benötigte Menge für 10 Personen zu ermitteln.

$$\begin{array}{rcl} :4 \;(& 8\text{ Personen} \mathrel{\hat=} 8\text{ Eier} &) :4 \\ \cdot 5 \;(& 2\text{ Personen} \mathrel{\hat=} 2\text{ Eier} &) \cdot 5 \\ & 10\text{ Personen} \mathrel{\hat=} 10\text{ Eier} & \end{array}$$

$$\begin{array}{rcl} :4 \;(& 8\text{ Personen} \mathrel{\hat=} 4\text{ EL Zucker} &) :4 \\ \cdot 5 \;(& 2\text{ Personen} \mathrel{\hat=} 1\text{ EL Zucker} &) \cdot 5 \\ & 10\text{ Personen} \mathrel{\hat=} 5\text{ EL Zucker} & \end{array}$$

$$\begin{array}{rcl} :4 \;(& 8\text{ Personen} \mathrel{\hat=} 800\text{ } m\ell\text{ Milch} &) :4 \\ \cdot 5 \;(& 2\text{ Personen} \mathrel{\hat=} 200\text{ } m\ell\text{ Milch} &) \cdot 5 \\ & 10\text{ Personen} \mathrel{\hat=} 1\,000\text{ } m\ell\text{ Milch} & \end{array}$$

$$\begin{array}{rcl} :4 \;(& 8\text{ Personen} \mathrel{\hat=} 400\text{ g Mehl} &) :4 \\ \cdot 5 \;(& 2\text{ Personen} \mathrel{\hat=} 100\text{ g Mehl} &) \cdot 5 \\ & 10\text{ Personen} \mathrel{\hat=} 500\text{ g Mehl} & \end{array}$$

Es werden also **10 Eier**, **5 EL Zucker**, $1\,000\ m\ell =$ **1 ℓ Milch** und **500 g Mehl** benötigt.

Etwas schwieriger wird es beim Salz und beim Backpulver.

$$\begin{array}{rcl} & 8 \text{ Personen} \mathrel{\hat{=}} 2 \text{ Prisen} & \\ :4 & & :4 \\ & 2 \text{ Personen} \mathrel{\hat{=}} \frac{1}{2} \text{ Prise} & \\ \cdot 5 & & \cdot 5 \\ & 10 \text{ Personen} \mathrel{\hat{=}} 2\frac{1}{2} \text{ Prisen} & \end{array} \qquad \begin{array}{rcl} & 8 \text{ Personen} \mathrel{\hat{=}} 2 \text{ Msp.} & \\ :4 & & :4 \\ & 2 \text{ Personen} \mathrel{\hat{=}} \frac{1}{2} \text{ Msp.} & \\ \cdot 5 & & \cdot 5 \\ & 10 \text{ Personen} \mathrel{\hat{=}} 2\frac{1}{2} \text{ Msp.} & \end{array}$$

Lena benötigt also **$2\frac{1}{2}$ Prisen Salz** und **$2\frac{1}{2}$ Messerspitzen Backpulver**.

Außerdem sollte genügend Öl im Haus sein.

209 Beim ersten Angebot kann die Ersparnis direkt ermittelt werden:
72,50 € – 32,40 € = **40,10 €**

Für die beiden anderen Angebote muss zunächst mit einem **verkürzten Dreisatz** berechnet werden, wie viel die 5 Liter Öl jeweils kosten:

20-Liter-Kanister:

$$\begin{array}{rcl} & 20 \text{ Liter} \mathrel{\hat{=}} 110{,}40 \text{ €} & \\ :4 & & :4 \\ & 5 \text{ Liter} \mathrel{\hat{=}} 27{,}60 \text{ €} & \end{array}$$

Ersparnis: 72,50 € – 27,60 € = **44,90 €**

60-Liter-Fass:

$$\begin{array}{rcl} & 60 \text{ Liter} \mathrel{\hat{=}} 369{,}00 \text{ €} & \\ :12 & & :12 \\ & 5 \text{ Liter} \mathrel{\hat{=}} 30{,}75 \text{ €} & \end{array}$$

Ersparnis: 72,50 € – 30,75 € = **41,75 €**

Mit dem günstigsten Angebot kann Herr Meier **44,90 €** sparen.

210 Die für einen Kilometer benötigte Zeit lässt sich nicht in Minuten angeben, weil 1 h 40 min = 100 min gilt und 100 **nicht ohne Rest** durch 125 **teilbar** ist. Es bietet sich aber an, mit dem Dreisatz zunächst die für 5 km benötigte Zeit zu bestimmen und damit die für 350 km benötigte Zeit zu ermitteln.

$$\begin{array}{rcl} & 125 \text{ km} \mathrel{\hat{=}} 100 \text{ min} & \\ :25 & & :25 \\ & 5 \text{ km} \mathrel{\hat{=}} 4 \text{ min} & \\ \cdot 70 & & \cdot 70 \\ & 350 \text{ km} \mathrel{\hat{=}} 280 \text{ min} & \end{array}$$

Zur reinen Fahrzeit von 280 min = 4 h 40 min müssen noch die beiden halbstündigen Pausen addiert werden.

Antwort: Die Anreise dauert ungefähr **5 h 40 min**.

211 a) Zunächst muss die Gesamtmenge der eingekauften Schokolade berechnet und anschließend mit dem Dreisatz der Wert von Hannahs bzw. Lukas' Ware ermittelt werden

Gesamtmenge: $225\text{ g}+135\text{ g}+170\text{ g}=530\text{ g}$

530 g Schokoladenbruch kosten also 13,78 € = 1 378 ct. Weil 1 378 ct **nicht ohne Rest** durch 530 **teilbar** sind, kann man die Kosten pro Gramm nicht ermitteln.

Es wird zunächst ermittelt, wie oft 5 g in 530 g enthalten sind:
$530\text{ g} : 5\text{ g} = 106$

Die einzelnen Einkäufe der Geschwister sind jeweils durch 5 teilbar, weshalb überprüft werden sollte, ob der Schokoladenpreis pro 5 g ausgerechnet werden kann.

Als Nächstes muss untersucht werden, ob der Gesamtpreis durch 106 teilbar ist:
$1\,378\text{ ct} : 106 = 13\text{ ct}$

Nebenrechnung:

$$\begin{array}{r} 1378:106=13 \\ \underline{-106} \\ 318 \\ \underline{-318} \\ 0 \end{array}$$

Die Chocolaterie berechnet also **13 ct pro 5 g** Schokobruch. Mit dieser Information sind die Anteile von Hannah und Lukas' am Gesamtbetrag einfach zu berechnen.

Hannahs Anteil:

$$\begin{array}{rl} & 530\text{ g} \mathrel{\hat{=}} 1\,378\text{ ct} \\ :106 & \\ & 5\text{ g} \mathrel{\hat{=}} 13\text{ ct} \\ \cdot 45 & \\ & 225\text{ g} \mathrel{\hat{=}} 585\text{ ct} \end{array}$$

Lukas' Anteil:

$$\begin{array}{rl} & 530\text{ g} \mathrel{\hat{=}} 1\,378\text{ ct} \\ :106 & \\ & 5\text{ g} \mathrel{\hat{=}} 13\text{ ct} \\ \cdot 34 & \\ & 170\text{ g} \mathrel{\hat{=}} 442\text{ ct} \end{array}$$

Hannah und Lukas müssen ihrer Schwester **5,85 €** bzw. **4,42 €** bezahlen.

b) Da in Teilaufgabe a schon ermittelt wurde, dass 5 g Schokobruch für 13 ct verkauft werden, kann die gesuchte Schokoladenmenge mit einem verkürzten Dreisatz bestimmt werden.

Dafür muss nur ausgerechnet werden, wie oft 13 ct in 19,50 € = 1 950 ct enthalten sind:
$1\,950\text{ ct} : 13\text{ ct} = 150$

Nebenrechnung:

$$\begin{array}{r} 1950:13=150 \\ \underline{-13} \\ 65 \\ \underline{-65} \\ 00 \\ \underline{-00} \\ 0 \end{array}$$

Mit dem Dreisatz folgt:

$$\begin{array}{rl} & 13\text{ ct} \mathrel{\hat{=}} 5\text{ g} \\ \cdot 150 & \\ & 1\,950\text{ ct} \mathrel{\hat{=}} 750\text{ g} \end{array}$$

Antwort: Für die 19,50 € hätten die Geschwister **750 g** Schokoladenbruch kaufen können.

212 Es lässt sich nicht die Buttermenge in Gramm berechnen, die man für einen Cent bekommt, weil man 250 **nicht ohne Rest** durch 180 **teilen** kann. Rechnet man aber zunächst die Buttermenge aus, die man für 18 ct erhält, kann man im nächsten Schritt auf die geforderten 4,50 € schließen, weil $25 \cdot 18\ \text{ct} = 450\ \text{ct}$.

$$\begin{array}{rcl} & 1{,}80\ € \mathrel{\hat{=}} 250\ \text{g} & \\ :10 \downarrow & & \downarrow :10 \\ & 0{,}18\ € \mathrel{\hat{=}} 25\ \text{g} & \\ \cdot 25 \downarrow & & \downarrow \cdot 25 \\ & 4{,}50\ € \mathrel{\hat{=}} 625\ \text{g} & \end{array}$$

Antwort: Für 4,50 € bekommt man **625 g** Butter.

213 Der Maßstab 1:50 besagt, dass 1 cm im Modell in der Realität 50 cm sind. Um die tatsächliche Länge der Allianz Arena zu ermitteln, wird die Länge des Modells mit 50 multipliziert:
$516\ \text{cm} \cdot 50 = 25\,800\ \text{cm} = 258\ \text{m}$
Die Arena ist in Wirklichkeit **258 m** lang.

214 Der Maßstab 1:30 gibt an, dass 1 cm im Plan in der Realität 30 cm sind. Die tatsächliche Länge und Breite des Bürohauses werden durch 30 geteilt, um auf die gesuchten Abmessungen im Plan zu kommen:
Länge im Plan:
$48\ \text{m} : 30 = 480\ \text{dm} : 30 = (480 : 30)\ \text{dm} = 16\ \text{dm} = 1{,}6\ \text{m}$
Breite im Plan:
$21\ \text{m} : 30 = 210\ \text{dm} : 30 = (210 : 30)\ \text{dm} = 7\ \text{dm} = 0{,}7\ \text{m}$
Im Plan des Architekten wird das Bürohaus **1,6 m lang** und **0,7 m breit** dargestellt.

215 a) Mit Lineal oder Geodreieck misst man aus, dass der Abstand von Memmingen zum Stadtzentrum München in der Karte ungefähr 7 cm beträgt. Um den verwendeten Maßstab zu ermitteln, müssen die angegebenen 105 km durch die gemessenen 7 cm geteilt werden:
$105\ \text{km} : 7\ \text{cm} = 105\,000\ \text{m} : 7\ \text{cm} = 10\,500\,000\ \text{cm} : 7\ \text{cm} = 1\,500\,000$
Die Karte verwendet den Maßstab **1 : 1 500 000**.

b) In der Karte beträgt der Abstand zwischen Landsberg und Augsburg ungefähr 2,5 cm. Um die Distanz in der Realität zu erhalten, müssen diese $2{,}5\ \text{cm} = 25\ \text{mm}$ mit dem Maßstabsfaktor 1 500 000 multipliziert werden:
$25\ \text{mm} \cdot 1\,500\,000 = 37\,500\,000\ \text{mm} = 37\,500\ \text{m} = 37{,}5\ \text{km}$
Landsberg und Augsburg sind ungefähr **37,5 km** voneinander entfernt.

216 a) $11\ \text{cm} \cdot 300\,000 = 3\,300\,000\ \text{cm} = $ **33 km**

b) $35\ \text{km} : 500\,000 = 3\,500\,000\ \text{cm} : 500\,000 = 35\ \text{cm} : 5 = $ **7 cm**

c) $28\ \text{m} : 7\ \text{cm} = 2\,800\ \text{cm} : 7\ \text{cm} = 400$
$\Rightarrow$ Maßstab **1:400**

d) $40\ \text{cm} : 25 = 400\ \text{mm} : 25 = $ **16 mm**

e) $2{,}5\ \text{cm} \cdot 125\,000 = 25\ \text{mm} \cdot 125\,000 = 3\,125\,000\ \text{mm} = $ **3,125 km**

f) $4{,}4\ \text{km} : 2{,}2\ \text{cm} = 4\,400\,000\ \text{mm} : 22\ \text{mm} = 200\,000$
$\Rightarrow$ Maßstab **1:200 000**

Zusammenfassung:

	Maßstab	Länge auf der Karte	Länge in der Realität
a)	1:300 000	11 cm	**33 km**
b)	1:500 000	**7 cm**	35 km
c)	**1:400**	7 cm	28 m
d)	1:25	**16 mm**	40 cm
e)	1:125 000	2,5 cm	**312,5 m**
f)	**1:200 000**	2,2 cm	4,4 km

217 Um die Längen in der maßstabsgetreuen Zeichnung zu berechnen, musst du die angegebenen Distanzen durch 25 000 teilen.

$1{,}25\ \text{km} : 25\,000 = 1\,250\ \text{m} : 25\,000 = 125\,000\ \text{cm} : 25\,000 = 5\ \text{cm}$

$1{,}8\ \text{km} : 25\,000 = 1\,800\ \text{m} : 25\,000 = 180\,000\ \text{cm} : 25\,000 = 180\ \text{cm} : 25$
$= 1\,800\ \text{mm} : 25 = 72\ \text{mm} = 7{,}2\ \text{cm}$

$2{,}3\ \text{km} : 25\,000 = 2\,300\ \text{m} : 25\,000 = 230\,000\ \text{cm} : 25\,000 = 230\ \text{cm} : 25$
$= 2\,300\ \text{mm} : 25 = 92\ \text{mm} = 9{,}2\ \text{cm}$

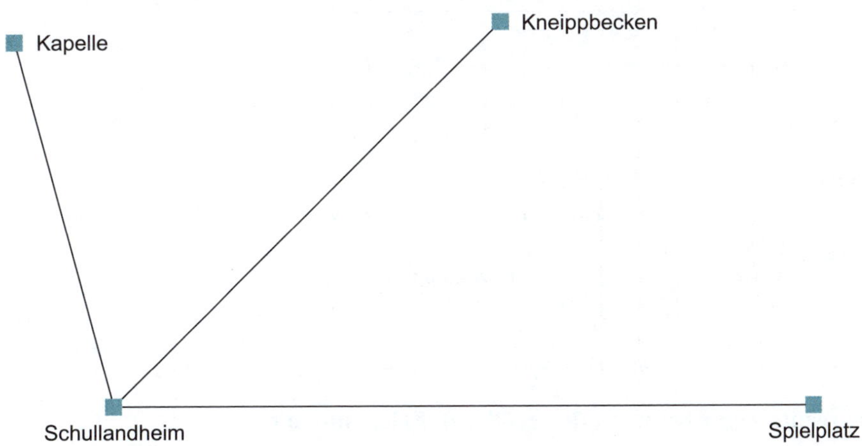

218 Die Spitze, die aus den Punkten B, C und D gebildet wird, besteht aus zwei halben Quadraten mit der Seitenlänge 1 cm. Zusammen ergibt dies 1 cm^2. In die restliche Figur passen 10 Quadrate mit jeweils 1 cm^2 Flächeninhalt hinein.
Insgesamt hat das Neuneck somit einen Flächeninhalt von **11 cm^2**.

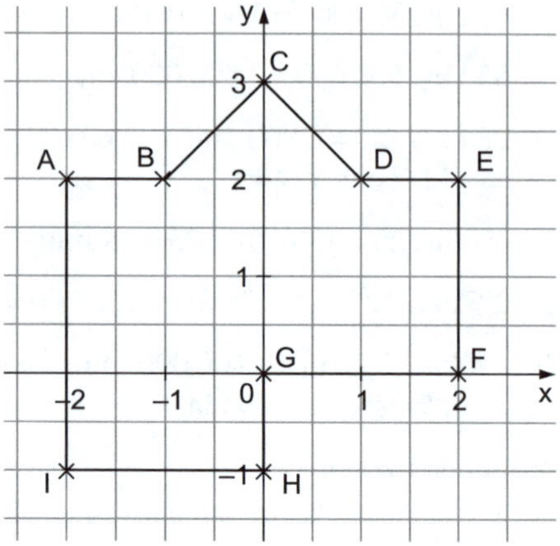

219 An jedem schrägen Verlauf wird gedanklich ein Dreieck ausgeschnitten und um 180° gedreht knapp daneben wieder angesetzt. Auf diese Weise entstehen Figuren mit lauter rechten Winkeln. Die jeweils enthaltenen Quadrate kann man abzählen und vergleichen:

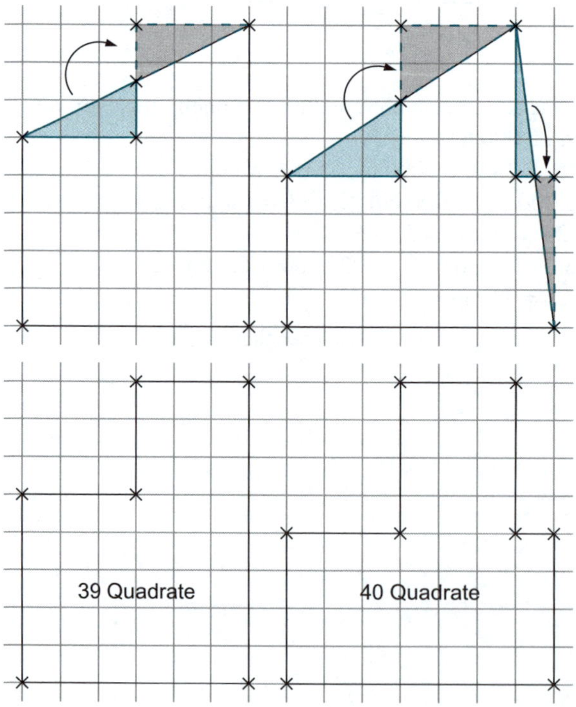

Die **rechte Figur** hat somit den **größeren Flächeninhalt**.

220 a) $123{,}4\ \text{dm}^2 = \mathbf{1{,}234\ m^2}$

Bei der Umrechnung in die nächstgrößere Einheit wird das Komma um zwei Stellen nach links verschoben.

b) $92\,438{,}1\ \text{cm}^2 = \mathbf{0{,}0924381\ a}$

Achte darauf, dass bei der Umwandlung die beiden Einheiten dm^2 und m^2 übersprungen werden.

c) $980\,234\ \text{mm}^2 = \mathbf{98{,}0234\ dm^2}$

Bei der Umwandlung wird die Einheit cm^2 übersprungen.

d) $0{,}015\ \text{km}^2 = \mathbf{1{,}5\ ha}$

Bei der Umwandlung in die nächstkleinere Einheit wird das Komma um zwei Stellen nach rechts verschoben.

e) $0{,}54\ \text{a} = \mathbf{54\,000\,000\ mm^2}$

Hier musst du nach der letzten Ziffer noch 6 Nullen anhängen.

f) $1\,000\,000\ \text{m}^2 = \mathbf{1\ km^2}$

221 a) $7{,}5\ \text{m}^2 = 7\ \text{m}^2\ 50\ \text{dm}^2 \Rightarrow 7{,}5\ \text{m}^2 > 7\ \text{m}^2\ 5\ \text{dm}^2$

b) $17{,}5\ \text{ha} = 17\ \text{ha}\ 50\ \text{a} = 1\,750\ \text{a} \Rightarrow 17{,}5\ \text{ha} = 1\,750\ \text{a}$

c) $321{,}1\ \text{m}^2 = 3\ \text{a}\ 21\ \text{m}^2\ 10\ \text{dm}^2$
$0{,}003\ \text{km}^2 = 0{,}3\ \text{ha} = 30\ \text{a} \Rightarrow 321{,}1\ \text{m}^2 < 0{,}003\ \text{km}^2$

d) $25\ \text{dm}^2\ 230\ \text{cm}^2 = 27\ \text{dm}^2\ 30\ \text{cm}^2 \Rightarrow 25\ \text{dm}^2\ 230\ \text{cm}^2 = 27{,}3\ \text{dm}^2$

e) $703\ \text{mm}^2 = 7\ \text{cm}^2\ 3\ \text{mm}^2 \Rightarrow 703\ \text{mm}^2 < 7\ \text{dm}^2\ 3\ \text{mm}^2$

f) $0{,}0502\ \text{ha} = 5{,}02\ \text{a} = 502\ \text{m}^2 \Rightarrow 0{,}0502\ \text{ha} = 502\ \text{m}^2$

222 Aufsteigend der Größe nach sortiert:

Radiergummi:	$10\ \text{cm}^2$
20-Euro-Schein:	$1\ \text{dm}^2$
Fenster:	$1\ \text{m}^2$
Spielplatzsandkasten:	1 a
Schwimmerbecken:	5 a
Garten:	10 a
Acker:	1 ha
See:	$1\ \text{km}^2$

223 a) Die Zimmer sind jeweils rechteckig, sodass sich der Flächeninhalt als Produkt aus Länge und Breite bestimmen lässt:

Wohnzimmer: $5\ \text{m} \cdot 6\ \text{m} = 30\ \text{m}^2$
Schlafzimmer: $4\ \text{m} \cdot 3\ \text{m} = 12\ \text{m}^2$
Gesamtfläche: $30\ \text{m}^2 + 12\ \text{m}^2 = 42\ \text{m}^2$

Insgesamt muss Franz **42 m²** Teppich kaufen.

b) Für die Sockelleiste muss der Umfang beider Zimmer berechnet werden, von dem dann jeweils die Türbreite abgezogen wird.
Wohnzimmer:
$2 \cdot (5\text{ m} + 6\text{ m}) - 0{,}90\text{ m} = 2 \cdot 11\text{ m} - 0{,}90\text{ m} = 22\text{ m} - 0{,}90\text{ m} = 21{,}10\text{ m}$
Schlafzimmer:
$2 \cdot (4\text{ m} + 3\text{ m}) - 0{,}90\text{ m} = 2 \cdot 7\text{ m} - 0{,}90\text{ m} = 14\text{ m} - 0{,}90\text{ m} = 13{,}10\text{ m}$
Gesamtbedarf: $21{,}10\text{ m} + 13{,}10\text{ m} = 34{,}20\text{ m}$

Franz benötigt insgesamt **34,20 m** Sockelleiste.

224 a) Umfang:
$2 \cdot (9\text{ cm} + 13\text{ cm}) = \mathbf{44\text{ cm}}$

Fläche:
$9\text{ cm} \cdot 13\text{ cm} = \mathbf{117\text{ cm}^2}$

Weil beide Kantenlängen bereits in Zentimetern angegeben sind, können Umfang und Fläche sofort berechnet werden.

b) Umfang:
$2 \cdot (100\text{ m} + 100\text{ m}) = 400\text{ m} = \mathbf{0{,}4\text{ km}}$

Fläche:
$100\text{ m} \cdot 100\text{ m} = 10\,000\text{ m}^2 = \mathbf{0{,}01\text{ km}^2}$

Führe die Berechnungen zunächst in Metern durch und wandle anschließend in die geforderten Einheiten um.

c) Umfang:
$$\begin{aligned} 2 \cdot (244\text{ cm} + 7{,}32\text{ m}) &= 2 \cdot (244\text{ cm} + 732\text{ cm}) \\ &= 2 \cdot 976\text{ cm} \\ &= 1\,952\text{ cm} = \mathbf{19{,}52\text{ m}} \end{aligned}$$

Fläche:
$$\begin{aligned} 244\text{ cm} \cdot 7{,}32\text{ m} &= 244\text{ cm} \cdot 732\text{ cm} \\ &= 178\,608\text{ cm}^2 \\ &= \mathbf{17{,}8608\text{ m}^2} \end{aligned}$$

Wandle die Breite zunächst in Zentimeter um, führe dann die Berechnungen durch und gib zuletzt in den geforderten Einheiten an.

d) Umfang:
$$\begin{aligned} 2 \cdot (1{,}1\text{ m} + 70\text{ cm}) &= 2 \cdot (11\text{ dm} + 7\text{ dm}) \\ &= 2 \cdot 18\text{ dm} = \mathbf{36\text{ dm}} \end{aligned}$$

Fläche:
$1{,}1\text{ m} \cdot 70\text{ cm} = 11\text{ dm} \cdot 7\text{ dm} = \mathbf{77\text{ dm}^2}$

Wandle beide Kantenlängen in Dezimeter um und berechne dann die gesuchten Größen.

225

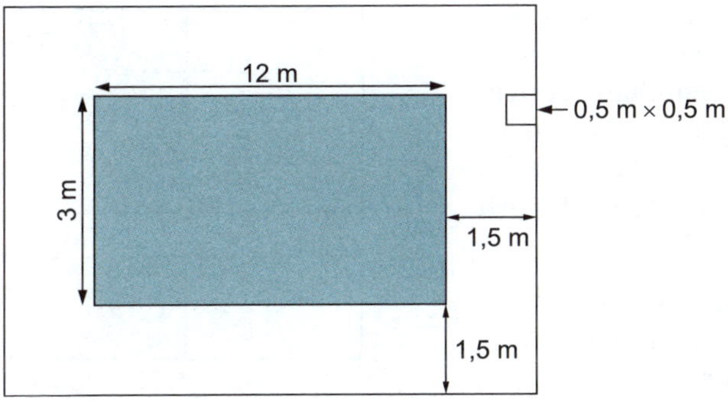

Um die Anzahl der benötigten Platten zu ermitteln, muss man zuerst die Fläche des Weges berechnen. Dazu berechnet man die Fläche des äußeren Rechtecks und zieht anschließend die Poolfläche ab. Weil der umlaufende Weg 1,5 m breit werden soll, ist das äußere Rechteck $12\text{ m} + 1{,}5\text{ m} + 1{,}5\text{ m} = 15\text{ m}$ lang und $3\text{ m} + 1{,}5\text{ m} + 1{,}5\text{ m} = 6\text{ m}$ breit.

Die Wegfläche lässt sich deshalb auf folgende Weise bestimmen:
$(15\text{ m} \cdot 6\text{ m}) - (12\text{ m} \cdot 3\text{ m}) = 90\text{ m}^2 - 36\text{ m}^2 = 54\text{ m}^2$

Die Anzahl der Platten ermittelt Herr Prestele, indem er die gesamte Wegfläche durch die Fläche einer Platte teilt:
$54\text{ m}^2 : (0{,}5\text{ m} \cdot 0{,}5\text{ m}) = 5\,400\text{ dm}^2 : (5\text{ dm} \cdot 5\text{ dm}) = 5\,400\text{ dm}^2 : 25\text{ dm}^2 = 216$

Die Anzahl der benötigten Paletten berechnet man als Quotient aus „Anzahl der Einzelplatten“ und „Platten pro Palette“:
$216 : 32 = 6$ Rest 24

Herr Prestele muss also **7 Paletten** bestellen, wobei er von der 7. Palette nur 24 Stück benötigt. Es bleiben deshalb **8 einzelne Platten übrig**.

226 Tom hat **nicht** recht. Tatsächlich kann ein Rechteck mit relativ kleinem Flächeninhalt einen sehr großen Umfang haben – wenn es nur stark genug in die Länge gezogen wurde.
Gegenbeispiel: Ein Rechteck mit $a_1 = 19$ cm und $b_1 = 1$ cm hat die Fläche $A_1 = 19\text{ cm}^2$ und den Umfang $u_1 = 40$ cm.
Ein zweites Rechteck mit $a_2 = 5$ cm und $b_2 = 4$ cm hat die Fläche $A_2 = 20\text{ cm}^2$ und den Umfang $u_2 = 18$ cm.
Das zweite Rechteck hat somit einen größeren Flächeninhalt, aber einen viel kleineren Umfang als das erste Rechteck.

227 a) Werden Länge und Breite eines Rechtecks verdoppelt, so erkennt man in der Skizze gut, dass sich der **Flächeninhalt vervierfacht**. Für den Umfang kann man durch geschicktes Verschieben der Seiten feststellen, dass sich der **Umfang verdoppelt**.

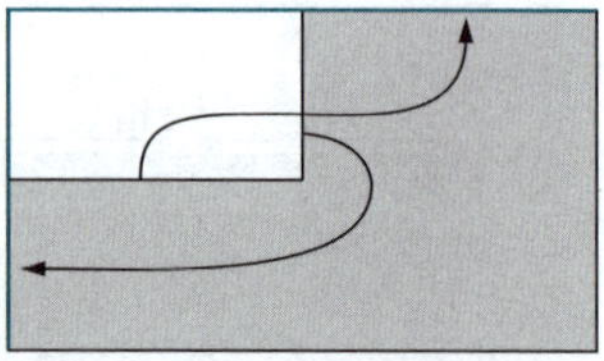

b) Wird nur die Länge eines Rechtecks verdoppelt, so **verdoppelt** sich seine **Fläche**. Der **Umfang** wird dann um die **doppelte Länge größer**.

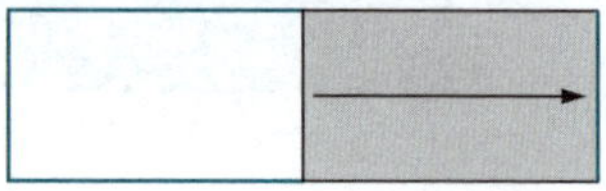

228 Grundstück I:

Möglichkeit 1: **Zerlegen**

$A_I = (46\ m - 13\ m) \cdot 38\ m + 13\ m \cdot (38\ m - 21\ m)$
$= 33\ m \cdot 38\ m + 13\ m \cdot 17\ m$
$= 1\,254\ m^2 + 221\ m^2$
$= 1\,475\ m^2$

Die Aufgabe kannst du sowohl durch Zerlegen als auch durch Ergänzen lösen. Da die Kantenlängen des fehlenden Teils angegeben sind, führt das Ergänzen allerdings etwas schneller zum Ziel.

Möglichkeit 2: **Ergänzen**

$A_I = 38\ m \cdot 46\ m - 21\ m \cdot 13\ m$
$= 1\,748\ m^2 - 273\ m^2$
$= 1\,475\ m^2$

Um den Preis pro Quadratmeter zu ermitteln, wird der Gesamtpreis durch die Anzahl der Quadratmeter dividiert:
177 000 € : 1 475 = 120 €
Das Grundstück I ist **1 475 m^2** groß und der Quadratmeterpreis beträgt **120 €**.

Grundstück II:

Ergänzen:

$A_{II} = 42\ m \cdot 38\ m - 12\ m \cdot 17\ m$
$= 1\,596\ m^2 - 204\ m^2$
$= 1\,392\ m^2$

Diese Aufgabe musst du mithilfe von Ergänzen lösen, da für das Zerlegen zu wenige Kantenlängen gegeben sind.

Für den Preis pro Quadratmeter folgt:
174 000 € : 1 392 = 125 €
Das Grundstück II ist **1 392 m^2** groß und der Quadratmeterpreis beträgt **125 €**.

Grundstück III:
Zerlegen:
$A_{III} = 18\text{ m} \cdot 38\text{ m} + 16\text{ m} \cdot 20\text{ m}$
$= 684\text{ m}^2 + 320\text{ m}^2$
$= 1\,004\text{ m}^2$

Diese Aufgabe musst du mithilfe von Zerlegen lösen, da für das Ergänzen zu wenige Kantenlängen gegeben sind.

Für den Preis pro Quadratmeter folgt:
125 500 € : 1 004 = 125 €
Das Grundstück III ist **1 004 m²** groß und der Quadratmeterpreis beträgt **125 €**.

229 **Karl** wollte die Marmorfläche in vier Rechtecke **zerlegen** und die Teilflächen anschließend addieren. Dabei ist ihm allerdings ein **Fehler** unterlaufen:

$$A = \underbrace{6\text{ m} \cdot 11\text{ m}}_{\text{rechts vom Brunnen}} + \underbrace{3\text{ m} \cdot 8\text{ m}}_{\text{oberhalb vom Brunnen}} + \underbrace{3\text{ m} \cdot \mathbf{11\text{ m}}}_{\text{links vom Brunnen}} + \underbrace{3\text{ m} \cdot 8\text{ m}}_{\text{unterhalb vom Brunnen}}$$

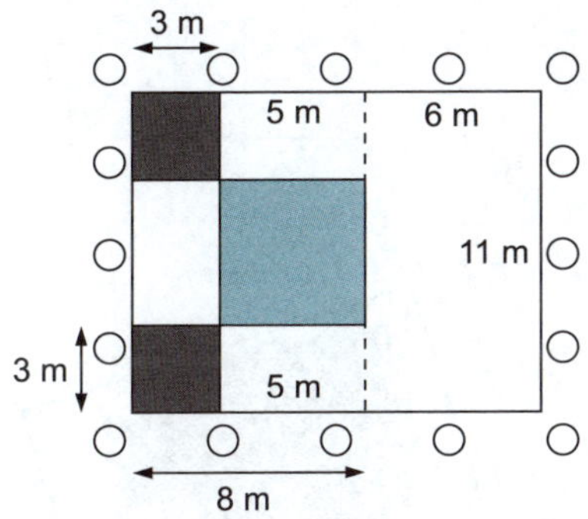

Mit dem zweiten und vierten Summanden berechnet Karl die Rechtecke ober- bzw. unterhalb des Brunnens und lässt diese jeweils bis zum linken Rand des Innenhofs reichen. Mit dem dritten Summanden müsste er anschließend das **nur links** vom Brunnen liegende Rechteck berechnen, er lässt das Rechteck aber nach oben und unten bis zum Rand des Innenhofs reichen. Auf diese Weise zählt er die beiden grauen Quadrate doppelt, weshalb sein Ergebnis um $2 \cdot (3\text{ m} \cdot 3\text{ m}) = 18\text{ m}^2$ zu groß wird.

Nino hat die Marmorfläche zunächst zu einem geschlossenen Rechteck **ergänzt** und anschließend die vom Brunnen eingenommene quadratische Fläche abgezogen. Das Ergebnis ist **korrekt**.

230 Johanna hat die Eins zunächst – wie mit der gestrichelten Linie angedeutet – in das untere Rechteck und das oben sitzende Dreieck zerlegt.

Das Dreieck hat sie anschließend zum Rechteck mit den Kantenlängen 20 mm und 35 mm verdoppelt. Für den Flächeninhalt des Dreiecks muss sie das Ergebnis also durch 2 teilen.

Die Summe der berechneten Flächen liefert tatsächlich den korrekten Flächeninhalt der Eins.

$$A = \underbrace{35\text{ mm} \cdot 10\text{ mm}}_{\text{unteres Rechteck}} + \underbrace{\underbrace{(20\text{ mm} \cdot 35\text{ mm})}_{\text{zum Rechteck verdoppeltes Dreieck}} : 2}_{\text{Dreieck}}$$

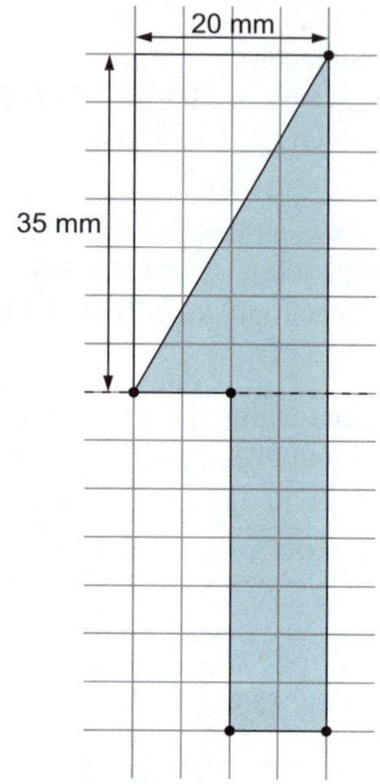

231 a) Das Freibadareal lässt sich näherungsweise als **Rechteck** auffassen. Das Rechteck ist ca. 6 Mal so lang und 4 Mal so breit wie die 25 m lange Seite des Schwimmerbeckens. Damit hat es ungefähr eine Länge von $6 \cdot 25\text{ m} = 150\text{ m}$ und eine Breite von $4 \cdot 25\text{ m} = 100\text{ m}$.

Die Fläche des Schwimmbadareals beträgt daher ungefähr:
$150\text{ m} \cdot 100\text{ m} = 15\,000\text{ m}^2$
$= 150\text{ a} =$ **1,5 ha**

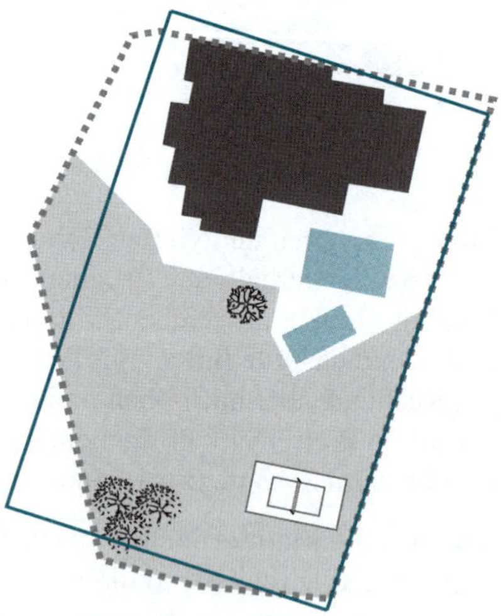

b) Die Liegewiese nimmt etwas mehr als die halbe Freibadarealfläche ein, also ca. $8\,000\text{ m}^2$.
Ein Badehandtuch ist ungefähr 2 m lang und 1 m breit und hat somit eine Fläche von 2 m^2. Man kann deshalb maximal $8\,000\text{ m}^2 : 2\text{ m}^2 =$ **4 000** Handtücher auf der Liegewiese ausbreiten. Mehr Badegäste sollten auf keinen Fall eingelassen werden.

232 a) **Würfelnetz**
Die farbig markierte Kante stößt an die linke Kante des linken Quadrates.

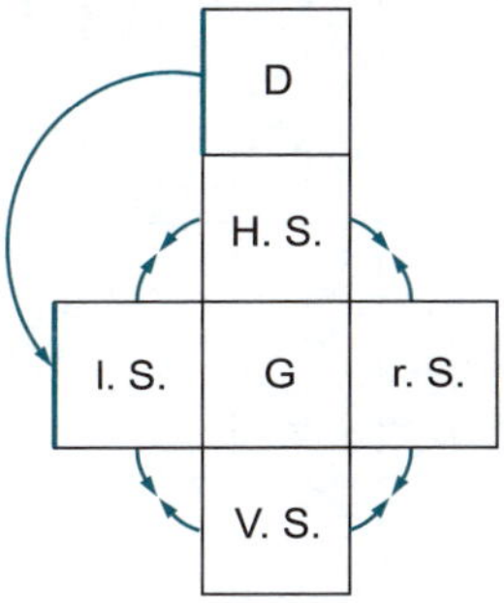

b) **Würfelnetz**
Das Quadrat unten rechts stößt mit seiner unteren Kante an die farbige Markierung.

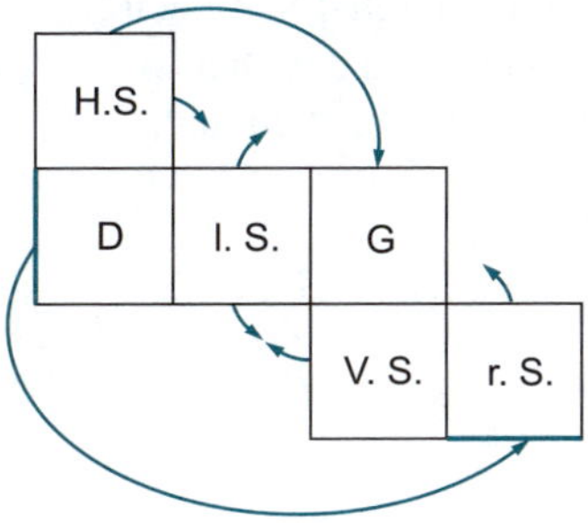

233 Die Grundfläche des Würfels ist in diesem Fall die vollständig gefärbte Fläche. Falte das Netz nun in Gedanken zu einem Würfel zusammen und achte auf halb gefärbte Seiten.

a) Das Netz **gehört** zum eingetauchten Würfel.

b) Das Netz **gehört nicht** zum eingetauchten Würfel, weil die halb eingefärbten Seitenflächen mit der farbigen Seite nicht an der komplett eingefärbten Grundfläche anliegen.

c) Das Netz **gehört nicht** zum eingetauchten Würfel, weil an die komplett eingefärbte Grundfläche direkt die für die Deckfläche vorgesehene vollständig weiße Fläche anstößt.

d) Das Netz **gehört** zum eingetauchten Würfel.

234 a)

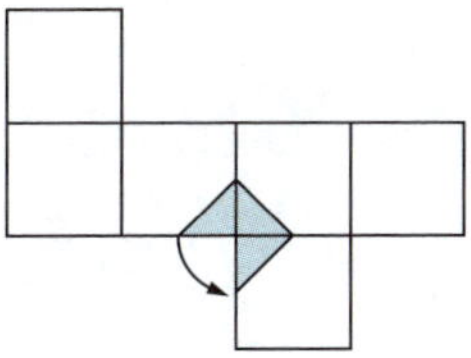

b)

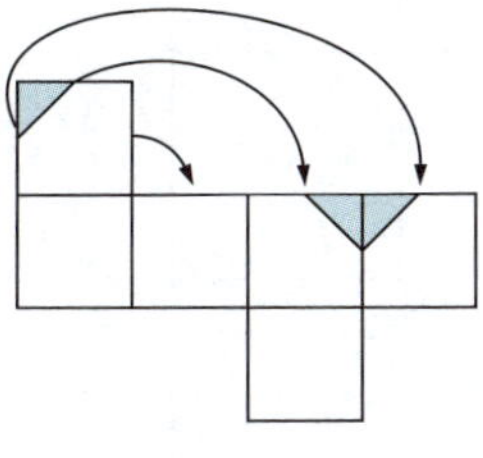

235 a) Die Vorderseite ist ein Rechteck mit 2 cm Breite und 3 cm Höhe. Die nach hinten verlaufenden Kanten werden diagonal durch 4 Kästchen gezeichnet, da der Quader eine Länge von 4 cm hat.

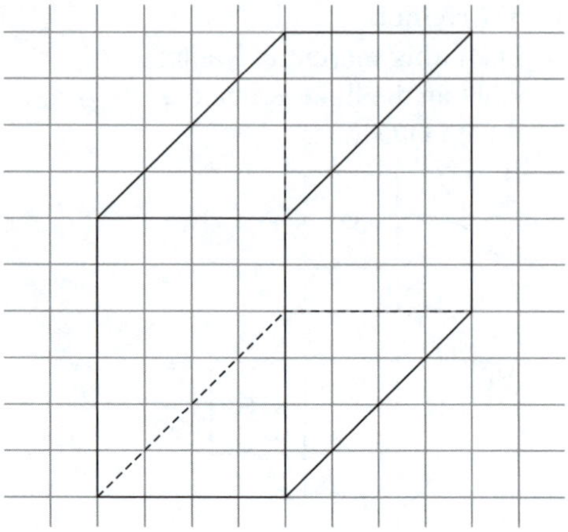

b) Die Vorderseite ist ein Quadrat mit 2 cm Kantenlänge. Da der Quader eine Tiefe von 3 cm hat, müssen die nach hinten verlaufenden Kanten diagonal durch 3 Kästchen gezeichnet werden.

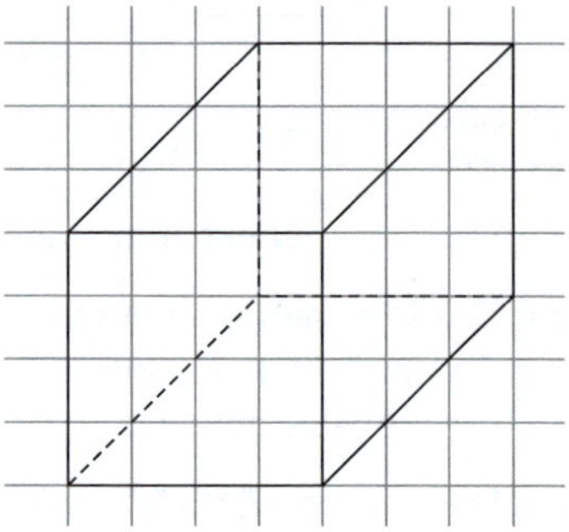

236 a)

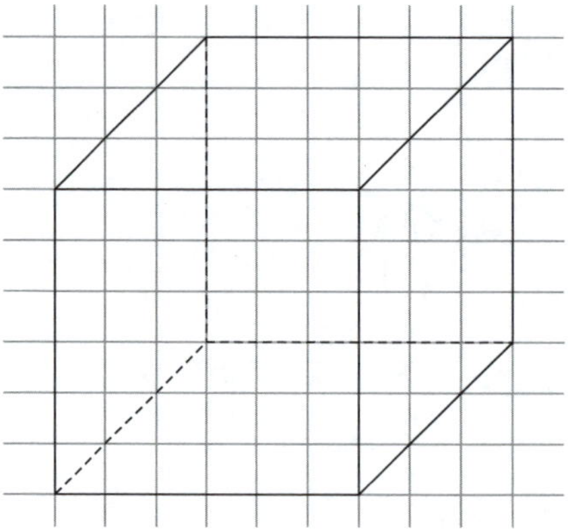

b)

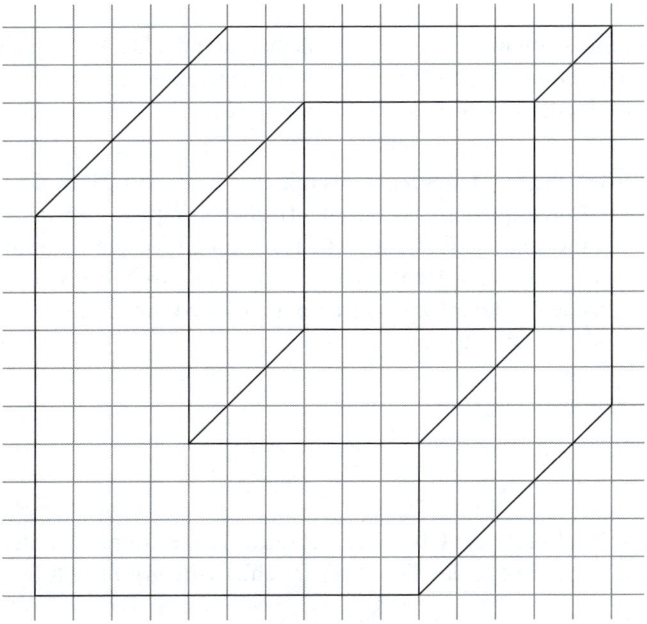

Die gestrichelten Linien werden bei komplexen Zeichnungen weggelassen, um das Bild übersichtlicher zu machen.

237 Die Oberfläche eines Würfels besteht aus 6 identischen Quadraten, deren Kanten so lang wie die Kantenlänge des Würfels sind. Für einen Würfel mit 30 cm Kantenlänge ergibt sich deshalb folgende Oberfläche:

$O_{\text{Würfel}} = 6 \cdot A_{\text{Quadrat}} = 6 \cdot (30\text{ cm} \cdot 30\text{ cm}) = 6 \cdot 900\text{ cm}^2 = 5\,400\text{ cm}^2 = 0{,}54\text{ m}^2$

Die Oberfläche eines Würfels mit 30 cm Kantenlänge beträgt **0,54 m²**.

238 Die Oberfläche des Quaders entspricht der Summe aller 6 Seitenflächen. Jeweils die gegenüberliegenden Seiten eines Quaders sind identische Rechtecke, deren Kantenlängen den Abmessungen des Quaders entsprechen:

$A_{\text{Vorderseite}} = A_{\text{Rückseite}} = 60\text{ cm} \cdot 25\text{ cm} = 1\,500\text{ cm}^2 = 15\text{ dm}^2$

$A_{\text{linke Seite}} = A_{\text{rechte Seite}} = 20\text{ cm} \cdot 25\text{ cm} = 500\text{ cm}^2 = 5\text{ dm}^2$

$A_{\text{Oberseite}} = A_{\text{Unterseite}} = 60\text{ cm} \cdot 20\text{ cm} = 1\,200\text{ cm}^2 = 12\text{ dm}^2$

Für die Oberfläche eines Ytong-Steins folgt somit:

$$\begin{aligned} O_{\text{Ytong-Stein}} &= 2 \cdot 15\text{ dm}^2 + 2 \cdot 5\text{ dm}^2 + 2 \cdot 12\text{ dm}^2 \\ &= 30\text{ dm}^2 + 10\text{ dm}^2 + 24\text{ dm}^2 \\ &= 64\text{ dm}^2 \end{aligned}$$

Der Ytong-Stein besitzt eine Oberfläche von **64 dm²**.

239 Oberer Würfel:
Beim oberen Würfel muss Johannes die 4 Seitenflächen und die Deckfläche streichen. Dabei handelt es sich um 5 Quadrate mit 10 cm Kantenlänge:
$A_{schwarz} = 5 \cdot (10\text{ cm} \cdot 10\text{ cm}) = 5 \cdot 100\text{ cm}^2 = 500\text{ cm}^2 = 5\text{ dm}^2$

Mittlerer Würfel:
Weil der mittlere Würfel oben und unten jeweils mit einem anderen Würfel verklebt ist, muss Johannes die 4 quadratischen Seitenflächen komplett und die Deckfläche zum Teil streichen. Die Gesamtfläche kann am einfachsten ermittelt werden, wenn man von den 5 Seitenflächen des mittleren 20-cm-Würfels ausgeht und davon die quadratische Auflagefläche des oberen 10-cm-Würfels abzieht:

$$\begin{aligned}A_{rot} &= 5 \cdot (20\text{ cm} \cdot 20\text{ cm}) - 10\text{ cm} \cdot 10\text{ cm}\\ &= 5 \cdot 400\text{ cm}^2 - 100\text{ cm}^2\\ &= 2\,000\text{ cm}^2 - 100\text{ cm}^2\\ &= 1\,900\text{ cm}^2\\ &= 19\text{ dm}^2\end{aligned}$$

Unterer Würfel:
Auch beim unteren Würfel muss die Oberseite nur teilweise gestrichen werden. Weil Johannes auch die Unterseite des Turms anstreichen will, ergibt sich für die goldene Fläche:

$$\begin{aligned}A_{gold} &= 6 \cdot (30\text{ cm} \cdot 30\text{ cm}) - 20\text{ cm} \cdot 20\text{ cm}\\ &= 6 \cdot 900\text{ cm}^2 - 400\text{ cm}^2\\ &= 5\,400\text{ cm}^2 - 400\text{ cm}^2\\ &= 5\,000\text{ cm}^2\\ &= 50\text{ dm}^2\end{aligned}$$

Johannes muss **5 dm²** schwarz, **19 dm²** rot und **50 dm²** golden streichen.

240 Die Oberfläche des quaderförmigen Pfostens setzt sich aus der quadratischen Unter- und Oberseite mit jeweils $15\text{ cm} \cdot 15\text{ cm} = 225\text{ cm}^2$ Fläche und den vier identischen Seitenflächen zusammen.
Zunächst wird ausgerechnet, welchen Flächeninhalt jede einzelne Seitenfläche hat. Dafür muss man von der gesamten Oberfläche die Unter- und Oberseite abziehen und das Ergebnis durch 4 teilen:

$$\begin{aligned}A_{Seitenfläche} &= (76{,}5\text{ dm}^2 - 2 \cdot 225\text{ cm}^2) : 4\\ &= (7\,650\text{ cm}^2 - 450\text{ cm}^2) : 4\\ &= 7\,200\text{ cm}^2 : 4\\ &= 1\,800\text{ cm}^2\end{aligned}$$

Da die Fläche eines Rechtecks das Produkt aus den beiden Kantenlängen ist, kann mithilfe der Umkehraufgabe die Länge des Rechtecks ermittelt werden. Hierfür wird die Rechtecksfläche durch die gegebene Kantenlänge dividiert:
$1\,800\text{ cm}^2 : 15\text{ cm} = 120\text{ cm}$

Der Zaunpfosten ist **120 cm** hoch.

Achte darauf, dass das Ergebnis eine Längenangabe ist und eine entsprechende Einheit haben muss.

Bildnachweis

Umschlag: © Evgeniia Trushkova. Shutterstock
S. 1: © dambuster/Fotolia.com
S. 3: © Marén Wischnewski/Fotolia.com
S. 5: © Marc Evans/iStockphoto.com
S. 6: © Tan Kian Khoon/Dreamstime.com
S. 10: © le-parfait/Fotolia.com
S. 12: © Michal Zacharzewski/www.sxc.hu
S. 13: © Anderson5cai/Dreamstime.com
S. 15: © Andrey Kiselev/Fotolia.com
S. 20: © Carsten Reisinger/Dreamstime.com
S. 21: © Tihis/Dreamstime.com
S. 23: © Marco Michelini/www.sxc.hu
S. 24: © Vladimir Hroch /Dreamstime.com
S. 25: © Katrin Merle
S. 27: © Ventura69 I Dreamstime.com
S. 32: © Nikita Rogul/Dreamstime.com
S. 34: © reinobjektiv/Fotolia.com
S. 36: Lehrer an Tafel: © Ljupco Smokovski. Shutterstock;
Mädchen: © Trevor Clifford. Pearson Education Ltd
S. 37: © Dan Jonut Popescu I Dreamstime.com
S. 38: © Tropper2000 I Dreamstime.com
S. 39: Kind 1: © 123rf.com; Kind 2: © VaLiza. Shutterstock; Kind 3: © 123rf.com
S. 42: © mladn61-istockphoto
S. 44: Romulus und Remus: Müller-Baden, Emanuel (Hrsg.): Bibliothek des allgemeinen und praktischen Wissens. Berlin: Bong 1904; Pompeji um 1900: LC-DIG-ppmsc-06584 from Library of Congress, Prints and Photographs Division; Karl der Große: © IqRS; http://commons.wikimedia.org/wiki/File:Karl_der_Grosse.jpg; lizenziert unter CC BY-SA 3.0; Alexandersarkophag: © Ronald Slabke; http://commons.wikimedia.org/wiki/File:Alexander_Sarcophagus_Battle_of_Ussus.jpg; lizenziert unter CC BY-SA 3.0; Wikingerschiff: © Michael Rosskothen/Fotolia.com
S. 45: © Redaktion
S. 50: © andi braun/www.sxc.hu
S. 51: © alperium. 123rf.com
S. 52: © Bernd Wiedemann
S. 60: © Dalibor Sevaljevic. Shutterstock
S. 65: © Jerry Zitterman. Shutterstock
S. 71: © VRD/Fotolia.com
S. 77: Wetterhahn: © Arpad/Fotolia.com
S. 83: © fotos4u/Fotolia.com
S. 84: © Dmitryp I Dreamstime.com
S. 86: © broker/Fotolia.com
S. 87: © Cristiano Machado/www.sxc.hu
S. 89: Mädchen 1: © Jon Barlow. Pearson Education Ltd;
Mädchen 2: © Monkey Business Images. Shutterstock;
Mädchen 3: © Jon Barlow. Pearson Education Ltd;
Mädchen 4: © Studio 8. Pearson Education Ltd
S. 92: © Picstudio/Dreamstime.com
S. 93: © Wolfgang Amri/Dreamstime.com
S. 94: © Frank F. Haub/Fotolia.com
S. 98: © Comugnero Silvana/Fotolia.com

S. 101: © Andreas Meyer/Fotolia.com
S. 104: © digitalproshoot/Fotolia.com
S. 105: © Laura Dominguez/Dreamstime.com
S. 107: © Pavel Jedlicka/www.sxc.hu
S. 110: © Mike73/morguefile.com
S. 112: © Svetlin Rusev/Dreamstime.com
S. 115: © Yoyoshot/Dreamstime.com
S. 117: Kaninchen: © Kostas Jariomenko/www.sxc.hu
S. 118: © canadastock. Shutterstock
S. 119: © HappyAlex/Fotolia.com
S. 120: Stoppuhr: © Ilin Sergey. Shutterstock; Waage: © Luis Louro. Shutterstock; Meterstab: © 123rf.com; Maßband: © Seregam. Shutterstock; Lineal: © StudioSmile. Shutterstock; Messbecher: © Africa Studio. Shutterstock
S. 121: Tulpe: © Tom Viggars. Shutterstock; Kobra: © NorGal. Shutterstock; Junge: © Jaimie Duplass. Shutterstock; Milchtüte: © joingate. Shutterstock; Badewanne: © Morphart Creation. Shutterstock; Gepard: © Svetlana Foote. Shutterstock; Wal: © Computer Earth. Shutterstock; Pickup: © Rob Wilson. Shutterstock
S. 122: © Stefanschurr226 | Dreamstime.com
S. 125: © Jose Antonio Nicoli/Dreamstime.com
S. 126: Schimpanse: © Vladimir Wrangel/Fotolia.com; Geld: © William McKelvie/Fotolia.com
S. 127: © Baris Simsek/Istockphoto
S. 129: © biglama/Fotolia.com
S. 130: © Jan Kranendonk/Dreamstime.com
S. 131: © Fotograf: Stefan Wiese aus der deutschsprachigen Wikipedia; http://commons.wikimedia.org/wiki/File:Cristall_A641.JPG?uselang=de; lizenziert unter CC BY-SA 3.0
S. 132: © Balin/Fotolia.com
S. 133: © altanaka. Shutterstock
S. 134: © Kondor83. Shutterstock
S. 135: © Radhika Banerjee. Pearson India Education Services Pvt. Ltd
S. 136: © Jacek Chabraszewski/Fotolia.com
S. 137: Kartendaten © 2017 GeoBasis-DE/BKG (©2009), Google
S. 139: © Julia R./www.sxc.hu
S. 146: © Redaktion
S. 147: © Maridav. Shutterstock
S. 148: © Artazum. Shutterstock
S. 151: © Fanelli Photography/istockphoto.com
S. 155: © devulderj/Fotolia.com
S. 159: © Redaktion
S. 169: © DNY59/istockphoto.com
S. 202, 203: © Bernd Wiedemann

Richtig lernen, bessere Noten

7 *Tipps wie's geht*

1. ***15 Minuten geistige Aufwärmzeit*** Lernforscher haben beobachtet: Das Gehirn braucht ca. eine Viertelstunde, bis es voll leistungsfähig ist. Beginne daher mit den leichteren Aufgaben bzw. denen, die mehr Spaß machen.

2. ***Ähnliches voneinander trennen*** Ähnliche Lerninhalte, wie zum Beispiel Vokabeln, sollte man mit genügend zeitlichem Abstand zueinander lernen. Das Gehirn kann Informationen sonst nicht mehr klar trennen und verwechselt sie. Wissenschaftler nennen diese Erscheinung „Ähnlichkeitshemmung".

3. ***Vorübergehend nicht erreichbar*** Größter potenzieller Störfaktor beim Lernen: das Smartphone. Es blinkt, vibriert, klingelt – sprich: es braucht Aufmerksamkeit. Wer sich nicht in Versuchung führen lassen möchte, schaltet das Handy beim Lernen einfach aus.

4. ***Angenehmes mit Nützlichem verbinden*** Wer englische bzw. amerikanische Serien oder Filme im Original-Ton anschaut, trainiert sein Hörverstehen und erweitert gleichzeitig seinen Wortschatz. Zusatztipp: Englische Untertitel helfen beim Verstehen.

5. ***In kleinen Portionen lernen*** Die Konzentrationsfähigkeit des Gehirns ist begrenzt. Kürzere Lerneinheiten von max. 30 Minuten sind ideal. Nach jeder Portion ist eine kleine Verdauungspause sinnvoll.

6. ***Fortschritte sichtbar machen*** Ein Lernplan mit mehreren Etappenzielen hilft dabei, Fortschritte und Erfolge auch optisch sichtbar zu machen. Kleine Belohnungen beim Erreichen eines Ziels motivieren zusätzlich.

7. ***Lernen ist Typsache*** Die einen lernen eher durch Zuhören, die anderen visuell, motorisch oder kommunikativ. Wer seinen Lerntyp kennt, kann das Lernen daran anpassen und erzielt so bessere Ergebnisse.